Joe Polish

Was ist für Sie drin?

WEITERE TITEL VON JOE POLISH

The Average Joe's Marketing Book
Life Gives to the Giver
The Miracle Morning for Addiction Recovery
The Little Book of Ass Kickers
Understanding Addiction Recovery (mit Anna David)

Joe Polish

WAS IST FÜR SIE DRIN?

Wie man alles erreicht, was man will, indem man anderen hilft

Übersetzung aus dem Englischen
von Philipp Seedorf

REDLINE | VERLAG

Bibliografische Information der Deutschen Nationalbibliothek
Die Deutsche Nationalbibliothek verzeichnet diese Publikation in der Deutschen Nationalbibliografie. Detaillierte bibliografische Daten sind im Internet über https://dnb.de abrufbar.

Für Fragen und Anregungen
info@redline-verlag.de

Wichtiger Hinweis
Ausschließlich zum Zweck der besseren Lesbarkeit wurde auf eine genderspezifische Schreibweise sowie eine Mehrfachbezeichnung verzichtet. Alle personenbezogenen Bezeichnungen sind somit geschlechtsneutral zu verstehen.

1. Auflage 2023

Türkenstraße 89
80799 München
Tel.: 089 651285-0
Fax: 089 652096

Die englische Originalausgabe erschien 2022 bei HayHouse Inc. unter dem Titel *What's in it for them?*.

Übersetzung: Philipp Seedorf
Redaktion: Britta Fietzke
Umschlaggestaltung: Pamela Machleidt
Umschlagabbildung: Gapingvoid
Satz: Achim Münster, Overath
Druck: GGP Media GmbH, Pößneck
Printed in Germany

IISBN Print 978-3-86881-937-3
ISBN E-Book (PDF) 978-3-96267-515-8
ISBN E-Book (EPUB, Mobi) 978-3-96267-516-5

Sean Stephenson, Dave Kekich und Dr. Janice Dorn gewidmet – drei unglaublichen Menschen und guten Freunden, die der Welt so viel gegeben haben; und Eunice Miller, meiner Chief of Staff, die schon seit 27 Jahren für mich arbeitet; und allen meinen Teammitgliedern bei Piranha Marketing und dem Genius Network.

Wir erleichtern Ihnen das Abrufen der Ressourcen, Tools und Übungen im Verlauf dieses Buchs: Richten Sie einfach nur Ihr Smartphone auf den unten dargestellten QR-Code, und Sie werden direkt auf die Ressourcenseite geleitet:

www.WIIFTbook.com/resources

Ein Teil der Erträge aus dem Verkauf von *Was ist für sie drin?* geht als Spende an Genius Recovery, eine Non-Profit-Organisation, die von Joe Polish für einen weltweit positiven Einfluss auf die Debatte um Substanzabhängigkeit und Rekonvaleszenz nach einer Sucht geschaffen wurde.

www.GeniusRecovery.org

INHALT

EINLEITUNG

Ich möchte gleich auf der ersten Seite mit einer Vogelperspektive auf das Buch beginnen:

Das Geheimnis des Erfolgs im Leben und im Business liegt darin, zu lernen, wie man eine Verbindung zu anderen Menschen herstellt und Beziehungen aufbaut – *aber die meisten wissen nicht, wie das geht.*

Wenn Sie je einen Entrepreneur haben sagen hören, er hasse »das Netzwerken« (oder wenn Sie einer dieser Entrepreneure sind), gibt es zumeist exakt einen Grund dafür: Sie wissen nicht genau, wie sie das machen sollen. »Netzwerken« impliziert heutzutage seichte Gespräche, transaktionale Beziehungen und die Nervosität davor, andere Menschen beeindrucken zu müssen, sodass sie etwas für einen tun. Das Netzwerken muss so aber nicht aussehen – und das werden Sie auf den vor Ihnen liegenden Seiten erfahren.

Dieses Buch hier würde nicht existieren, wenn Dale Carnegie seinen Klassiker *Wie man Freunde gewinnt und Menschen beeinflusst* nicht geschrieben hätte. Ich liebe dieses Buch und es ist für mich nach wie vor eine grundlegende Lektüre. Mir wurde jedoch aufgrund meines Wachstums als Unternehmer in den letzten mehr als 30 Jahren bewusst, dass es ein umfassendes Update benötigt. Ich habe aus erster Hand (und manchmal auf die harte Tour) gelernt, dass Erfolg und Glück nicht davon abhängen, nur Freunde zu gewinnen und Menschen zu beeinflussen, sondern davon ab, die *richtigen* Freunde zu gewinnen und die *richtigen* Menschen zu beeinflussen –

und erst einmal festzustellen, wer diese Menschen sind. Je erfolgreicher Sie im Leben werden, desto wichtiger werden diese Skills.

Ich habe aktiv einen Rahmen geschaffen, um die passenden von den unpassenden Menschen zu trennen. Jede Beziehung, die ich mit »ELF« (Einfach, Lukrativ und Fröhlich) klassifizieren kann, ist gut, aber jede, die ich mit »HALF« (Hart, An-den-Nerven-zerrend, Lahm und Frustrierend) klassifiziere, nicht. Sie können ELF-Kunden und ELF-Teammitglieder haben, oder Sie können HALF-Klienten und HALF-Teammitglieder haben. Früher war ich zu Geschäften mit HALFs bereit, denn diese Connections führten zu lukrativen Gelegenheiten. Man braucht Mut, um diese Connections hinter sich zu lassen, aber aktuell will ich in meinem Leben nur ELF-Beziehungen haben.

Und genau das will ich auch für Sie – es ist der Zweck dieses Buches: Ihre Perspektive auf die Interaktion mit anderen zu ändern, sodass Sie die *richtigen* Verbindungen zu den *richtigen* Leuten auf die *richtige* Weise und in jeder Situation knüpfen können.

Um dies wirklich meisterlich zu beherrschen, muss man sich zu Beginn eine einfache Frage stellen:

Was ist für sie drin?

Indem Sie sich diese Frage stellen, verändern Sie den Fokus von sich auf Ihre Nützlichkeit für andere. Sie verlassen somit das transaktionale Networking-Mindset und bauen transformierende, bedeutende und kollaborative Beziehungen auf (die übrigens meist ELF sind).

Indem Sie sich diese Frage immer wieder stellen, werden Sie mit Menschen eine Verbindung eingehen, denn Sie finden heraus, was diese brauchen, werden ihnen helfen, dies zu bekommen, und ihr Leben dadurch verbessern. Sie reduzieren somit mithilfe dieser Frage auf sehr reale Weise das Leiden anderer, und indem Sie es lindern, werden Sie zu einer anziehenden und wertvollen Person, die von anderen wertgeschätzt wird und mit der andere zusammenarbeiten wollen. Zudem reduzieren Sie durch die reichen Beziehungen, die sich dadurch bilden, und die Türen, die sich Ihnen mit diesen Beziehungen auftun, Ihr *eigenes* Leiden, verbessern Ihr eigenes Leben und machen die Welt insgesamt zu einem besseren Ort.

Bevor wir uns jedoch den Details widmen, fragen Sie sich vielleicht, wer ich denn überhaupt sei, dass ich mir über diese Dinge eine relevante Meinung anmaßen könne.

Ich bin Joe Polish (ausgesprochen wie das Englische »shoe polish« und nicht wie die Nationalität der Polen, »polish«). Als Kind hatte ich Probleme, wurde drogensüchtig, spreche mich daher für Menschen aus, die einen Drogenentzug machen, bin professionell im Marketing tätig und noch vieles mehr. Heute gehört mir eine 16 Hektar große Geisterstadt in Cleator, Arizona, und ich bin Mitgründer eines Virtual-Reality-Unternehmens, GeniusX, aber am bekanntesten bin ich vermutlich für zwei der höchstrangigen Marketinggruppen der Welt – das Genius Network und 100K, für das Mitglieder einen jährlichen Beitrag von 25.000 US-Dollar beziehungsweise 100.000 US-Dollar zahlen – das ursprüngliche »Mastermind«-Modell, das von zahllosen anderen im Laufe der Jahre übernommen wurde. Man hat mich schon den »bestvernetzten Menschen der Welt« genannt. (Ich selbst würde mich nicht so beschreiben, aber andere haben es getan.)

Meine Mission besteht heute aus zwei Schwerpunkten: Entrepreneuren zu helfen, indem ich ihnen beibringe, wie sie ein ELF-Leben und -Unternehmen aufbauen, und die Debatte auf globaler Ebene darum zu ändern, wie Drogensüchtige gesehen und behandelt werden. Das mag wie zwei deutlich verschiedene Punkten klingen, aber für mich sind sie zutiefst miteinander verwoben.

Das ist meine heutige Position, aber meine Anfänge sahen anders aus. Denn ich begann mein Arbeitsleben als völlig abgebrannter Teppichreiniger in Chandler, Arizona. Ich baute mithilfe all meiner Ersparnisse – 1500 Dollar – mein eigenes Unternehmen für Teppichreinigung auf, denn ich wollte für mich eine bessere Zukunft und das war meine beste Option. Schnell lernte ich, dass Teppichreinigung schmutzige und harte Arbeit ist. Mit der Zeit beschäftigte ich mich weniger mit der eigentlichen Reinigung und verlagerte mein Geschäft darauf, Reinigungsprodukte für Teppiche zu verkaufen. Schließlich verkaufte und vermarktete ich Produkte und Dienstleistungen – im Wert von Milliarden von Dollar – für alle möglichen Unternehmen.

Während mein Business wuchs, gab es Momente, Lektionen und Beziehungen, die mir beim Weiterkommen halfen. Ich stelle mir diese als »Dominosteine« vor, denn so, wie ein Dominostein den nächsten umwirft, führt jede Erfahrung zur nächsten – wie eine kontinuierliche Kettenreaktion.

Man weiß nie, wie weit einen ein bestimmter Dominostein bringt. Und ich hoffe, dieses Buch wird zu einem Dominostein in Ihrem Leben – der eine Stein, der schließlich umfällt und eine ganze Kaskade von Veränderungen und Erfolgen für Sie auslöst.

Im Folgenden eine Erklärung der Funktionsweise dieses Buchs:

- Jedes Kapitel nimmt ein Kernprinzip unter die Lupe, das für das Knüpfen von Verbindungen wesentlich ist, basierend auf der »Magischen Rapport-Formel«, ein ursprünglich von Fabienne Fredrickson geprägter Begriff, mit der ich ausgiebig zusammen mit meinem Co-Moderator Dean Jackson in unserem Podcast *I Love Marketing* gesprochen habe.
- Jedes Kapitel beinhaltet Geschichten von meiner Arbeit mit den Mitgliedern des Genius Networks und aus meinem eigenen Leben. Sie werden über einige bekannte Namen stolpern, einfach weil ich diese Menschen kenne, mit ihnen gearbeitet und eine Menge von ihnen gelernt habe.
- Jedes Kapitel betont einige Schlüsselaspekte oder »Dominosteine«, die Sie behalten sollten, sowie Fragen, um die in Ihrem Leben wirkenden Prinzipien besser erkennen zu lernen.
- Neben den positiven Aspekten jedes Prinzips behandelt jedes Kapitel auch die Nachteile und potenziellen, damit einhergehenden Fallstricke – damit Sie diese vermeiden können.
- Jedes Kapitel endet mit bestimmten Übungen und meinen Handlungsschritten, um einige der weltweit erfolgreichsten Unterneh-

mer im Genius Network zu coachen. Einige davon liegen vielleicht völlig außerhalb Ihrer Komfortzone – oder würden Ihnen nie in den Sinn kommen –, teils so sehr, dass manche sie nie ausprobieren werden. Das ist mir durchaus bewusst. Wenn Sie sich aber an diese halten, werden Sie beachtliche Resultate erzielen. (Danken Sie mir hinterher.)

Vor dem tatsächlichen Start möchte ich hier noch ein paar Disclaimer anbringen. Zuerst einmal heißt es in diesem Buch häufig, man solle in Interaktionen mit anderen nett sein, aber »nett« lässt sich auf mannigfaltige Weise interpretieren: cool, interessant, fesselnd, sogar sarkastisch – abhängig vom Kontext. Das soll vielmehr aussagen, dass Sie mit anderen auf eine Art umgehen sollten, die diese verstehen und auf die sie reagieren können.

Zweitens: Angesichts all der Ratschläge in diesem Buch möchte ich nicht von mir behaupten, ich hätte *die* Antwort auf bestimmte Probleme. Für die besten Resultate sollten Sie das, was Sie hier lesen, mit derselben Herangehensweise angehen, die oft bei den Versammlungen eines »12-Schritte-Programms« vorherrscht: »Nimm, was dir gefällt, aber vergiss den Rest.«

Man sollte sich bewusstmachen, dass es in diesem Buch nicht nur um persönliche Fertigkeiten geht, sondern auch um den Charakter – Ihren eigenen und den anderer –, und um das Verständnis, wie dieser Charakter die Art von Verbindungen schafft, die Ihr Leben verändern können. Obwohl ich Ihnen also einen ganzen Schatz praktischer Werkzeuge und spezifischer Erfolgsstrategien mit an die Hand gebe, möchte ich Sie doch auch bitten, sich umfassend mit den psychologischen und emotionalen Fragen zu beschäftigen, die sich Ihnen unterwegs stellen.

Ich habe das in jüngster Zeit selbst häufig getan. Während ich diese Seiten fülle, habe ich gerade ein einjähriges Sabbatical hinter mir, bei dem ich einschätzen und reflektieren wollte, wie sehr mein Leben, mein Business und meine Beziehungen in den Jahren bereichert wurden und gewachsen sind. Ich wollte besser verstehen, wie ich den richtigen Menschen nützlich sein kann, um dieses Wissen besser mit Ihnen zu teilen.

Ich begann meine Karriere mit einer Frage an mich selbst: »Was ist für sie drin?«

Jahre später stelle ich immer noch diese Frage, auch wenn sich einige meiner Antworten verändert haben. Ich hoffe, dass Sie dieses Buch auch zu dieser Frage inspiriert.

EIN HINWEIS AN DIE LESER

Meiner Erfahrung nach lesen Menschen mit einem Interesse an der persönlichen Weiterentwicklung eine Menge Bücher, denn sie suchen immer nach neuen Ideen und Konzepten, um sich selbst und die von ihnen erbrachte Leistung auf die nächsthöhere Stufe zu heben. Dieses Buch ist für diese Menschen gedacht, aber es unterscheidet sich doch etwas von der Konkurrenz.

Denn alles, was ich in diesem Buch geschrieben habe, schrieb ich unter der Annahme, dass die Leser, die es zur Hand nehmen würden, gewissenhafte Menschen seien, für die es wichtig sei, anderen zu helfen und etwas weiterzugeben.

In diesem Geist möchte ich Sie darum bitten, dass Sie sich wirklich Zeit für die folgenden Seiten nehmen und die Ideen nicht nur als Gimmick oder Bonus für etwas anderes verstehen. Es ist dabei meine Hoffnung, dass Sie diese Ideen als maßgeblich ansehen. Wenn Sie diese Prinzipien verinnerlichen und in Ihr Leben integrieren, werden Sie in jeder Hinsicht viel effizienter in Beziehungen, beim Lernen und bei der Interaktion mit anderen werden. Wenn Sie die Ideen in diesem Buch wirklich absorbieren, werden diese Ihnen dabei helfen, auch aus jedem anderen Buch, Seminar, Kurs oder jedem Versuch der Selbstoptimierung mehr Gewinn zu ziehen.

Diese Ideen werden alles in Ihrem Leben verbessern und das aus einem einfachen Grund: An allem, was Sie im Leben tun, sind auch andere beteiligt.

1. KAPITEL

WIE LEIDEN SIE UND WIE KANN ICH HELFEN?

Generell erinnere ich mich nicht mehr an viel aus meiner Kindheit, aber ich habe drei herausstechende Erinnerungen. In der ersten bin ich vier Jahre alt und hüpfe auf meinem Bett herum. Mein Vater zerrt mich daraufhin grob vom Bett. Wir wohnten zu der Zeit in einem ulkigen kleinen Haus in Kerrville, Texas, in dem sich vorn der Schlüsseldienst meines Vaters befand und im hinteren Teil unser Wohnbereich. Meine Mom liegt auf dem Bett und ich glaube, sie wollte, dass ich bei ihr war, aber mein Vater glaubte vielleicht, ich würde ihr wehtun. Sie hatte Eierstockkrebs, was ich aber nicht wusste. Ich wollte einfach nur Spaß mit meiner Mutter haben.

In meiner zweiten Erinnerung stehen mein Bruder, mein Vater und ich dicht nebeneinander am Krankenhausbett meiner Mutter. Ein Schlauch führt aus ihrer Nase heraus und sie sagt etwas wie: »Hört auf euren Vater. Liebt Gott. Seid brav. Ich liebe euch.« Das war das letzte Mal, dass ich sie sah.

In meiner dritten Erinnerung steht mein Vater an einen Baum gelehnt und weint. Es ist ein surrealer Moment, denn ich kann mich nicht daran erinnern, wo wir uns befanden oder wer noch dabei war. Ich kann mich einzig an seinen Schmerz erinnern, und dass ich versuchte, ihn zu trösten, mich aber auch völlig verloren fühlte.

Jetzt als Erwachsener weiß ich, dass man nicht sagen kann, wie Menschen auf eine Situation reagieren. Wie ich auf den Tod meiner Mutter und das Leid meines Vaters reagierte, war einfach: Ich wollte nur seinen Schmerz lindern – egal wie. Darüber hinaus wollte ich diejenigen um mich herum trösten.

Zum Beispiel sollte irgendwann ein Baum hinter unserem Haus gefällt werden, um Platz für ein neues Gebäude zu schaffen. Ich glaubte, die Tiere in diesem Baum würden sterben. Also ging ich, nachdem die Baustelle verlassen war, zu dem herumstehenden Bulldozer und versuchte, einen Plan auszuhecken. Ich könnte die Räder blockieren, sodass der Bulldozer nicht mehr vom Fleck kommen würde. Schließlich könnte der Baum nicht gefällt werden, wenn die Maschine festgesetzt wäre, und die Tiere würden überleben. Ich rannte nach Hause, schnappte mir so viele Bausteine, Spielzeuge und leere Blechdosen, wie ich tragen konnte, und packte sie vor die Reifen des Bulldozers.

Mein Plan funktionierte natürlich nicht. Mein Spielzeug wurde entweder überfahren oder ich bekam es zurück – ich kann mich nicht mehr genau erinnern. Der Baum wurde gefällt, aber das machte mich nur zu einem noch entschlosseneren Menschen.

Mir wurde in jungen Jahren klar, dass die von mir geliebten Menschen litten, und ich wollte unbewusst, dass mein Leben sich darum drehte, Menschen auf möglichst tiefe und bedeutsame Weise zu helfen. Obwohl ich meinen *eigenen* Schmerz und das Leid aushalten musste, beschloss ich, alles dafür zu tun, der Welt um mich herum etwas Positives mitzugeben. Manchmal hatte ich Erfolg, aber manchmal scheiterte ich kläglich.

Auch wenn ich nicht jeden einzelnen Bulldozer aufhalten konnte, machte ich mir ein Mindset zu eigen, das die Grundlage all meines späteren Erfolgs wurde: *Inwiefern leiden Menschen und wie kann ich helfen?*

Dominostein: Um Ihr Leben und Ihre Beziehungen zu verbessern, gewöhnen Sie sich folgende Frage an: »Inwiefern leiden sie und wie kann ich ihnen helfen?«

Frage an Sie: Denken Sie über einen wichtigen Menschen in Ihrem Leben nach und stellen Sie sich die Frage: »Inwiefern leidet die Person und wie kann ich helfen?«

WAS IST LEIDEN?

Bevor Sie die leidenden Menschen identifizieren und ihnen helfen können, müssen Sie wissen, wonach Sie suchen. Kurz gesagt: *Leiden ist Schmerz.*

Leiden kann körperlich, emotional, mental oder spirituell sein – und man muss nicht religiös sein, um tiefen, spirituellen Schmerz zu empfinden. Die verschiedenen Einflüsse darauf reichen vom Leben in Kriegszeiten, über schlechtem Wetter bis hin zu körperlichen Behinderungen. Diese offensichtlichen Formen des Schmerzes sind ein Teil des Lebens, den wir alle beobachten können – andere Formen des Leidens sind jedoch schwieriger zu erkennen.

Es gibt emotionales Leiden wie Scham, Traurigkeit und Bedauern, aber auch das mentale Elend in Form von Angst, Paranoia und Depression sowie den spirituellen Schmerz von Bindungsverlust, Isolation und Sucht.

Einen eindrücklichen Schnappschuss spirituellen Leidens bieten Menschen mit Suchtkrankheit:

- Physische Abhängigkeit von Drogen und ständiges Unbehagen? Ja.
- Beschädigte Beziehungen und verzerrtes Selbstbild aufgrund von Kontrollverlust? Ja.
- Mehrere mentale Probleme wie Angststörungen, Narzissmus und Depression? Ja.
- Das Gefühl, die Verbindung zu sich selbst, zu geliebten Menschen und zur Welt im Allgemeinen zu verlieren? Ja.

Kurz gesagt, es gibt überall Leiden und viel mehr davon, als den meisten bewusst ist.

Auf körperlicher Ebene ist die Quelle des Leidens für jeden verständlich: Schmerz ist, wenn Sie mit der Hand einen heißen Ofen berühren und das Brennen spüren, bis Sie Ihre Hand wegnehmen; Leiden ist das Magenknurren, wenn es nicht genug zu essen gibt.

Aber es gibt noch eine tiefere Sicht auf Leid, das von Denkern wie dem Philosophen und Autor Eckhart Tolle oder den Lehren des Zenbuddhismus betrachtet wird. Aus dieser Perspektive wird das Leid nicht nur durch physische Existenz verursacht, sondern durch unsere Gedanken, Gefühle, Glaubenssätze und unser Urteil über diese Erfahrungen. Wir multiplizieren unser Leiden durch unser Festhalten an den Gedanken und Geschichten, die wir uns selbst über unsere Erfahrungen erzählen, und wie diese Geschichten für weiteres Leiden zusammenwirken. Um den Autor und Mystiker Neville Goddard zu zitieren: »Du siehst nie die Außenwelt, du siehst nur deine eigene Reaktion darauf.« Wenn man sich nicht aktiv die eigenen Reaktionen und Narrative bewusst macht, wird man beträchtliches Leid erfahren, ohne zu wissen, dass man selbst die Ursache ist.

Dominostein: Leiden ist zum Teil eine Sache der Perspektive und unserer Einstellung. Wenn wir unser Leiden, egal in welchem Ausmaß, betrachten, haben wir immer noch die Wahl: den Schmerz zu empfinden oder unsere Perspektive zu ändern.

Frage an Sie: Was ist die Quelle Ihres hartnäckigsten Leidens? Denken Sie an jemanden in Ihrem Leben, der Sie seit Langem frustriert oder eine Herausforderung für Sie ist – wieso verursacht das Ihnen immer noch Schmerz?

IST LEIDEN ETWAS SCHLECHTES?

Ich weiß, was Sie jetzt denken: Meint er die Frage ernst?

Zweifellos ist Leiden unangenehm. Das Verspüren von Schmerzen erhöht die Wahrscheinlichkeit, dass wir anderen ebenfalls Schmerzen zufügen. Es hängt jedoch von Ihrer Perspektive ab, was gut oder böse ist.

Leiden kann auch eine Chance sein, um mit anderen eine Verbindung einzugehen.

Leiden kann sehr wirkungsvoll und nützlich sein. Die Unannehmlichkeiten, die es mit sich bringt, können Ihnen helfen, sich aus schädlichen Beziehungen und von Menschen zu lösen, die Ihnen Energie wie Vampire das Blut aussaugen. Unter anderen Umständen kann Leiden auch helfen, eine tiefe Verbindung zu anderen Menschen und hilfreiche Beziehungen aufzubauen.

Selten halten die Menschen einen Moment inne, um darüber nachzudenken, *wie* Beziehungen gebildet werden und *wofür* sie eigentlich da sind. Die Beziehung entsteht aus einem Grund – normalerweise, um irgendeine Form von Leid zu entfernen, das von einer der beteiligten Parteien empfunden wird –, auch wenn die Verbindung beide Parteien verändert. Schnell einen Rapport mit leidenden Menschen herzustellen, ist also ein natürlicher Multiplikator für Erfolg im Leben – auf persönlicher und beruflicher Ebene.

Mein guter Freund Dan Sullivan, Gründer des Programms The Strategic Coach®, sagt: »Schlechte Neuigkeiten für andere sind gute Neuigkeiten für Sie.« Als Entrepreneur ist es Ihre Aufgabe, die Herausforderungen anderer zu reduzieren oder gar zu eliminieren. Sie sind die guten Neuigkeiten für die schlechten der anderen; die Lösung für deren Leid. Sie halten den Schlüssel für eine faszinierende und bessere Zukunft für andere in der Hand.

Eine Verbindung mit Menschen einzugehen, bedeutet ihnen zu helfen, zu bekommen, was sie wollen, und zu vermindern oder zu entfernen, was ihnen Leid verursacht. Ich will noch einmal wiederholen, was ich in der Einleitung gesagt habe: Indem Sie mit anderen eine Verbindung eingehen, reduzieren Sie Ihr eigenes Leiden, verbessern Ihr eigenes Leben, bereichern Ihre Beziehungen und machen die Welt insgesamt zu einem besseren Ort.

Wie aber macht man nun aus dem Leid ein Werkzeug, um damit Verbindungen zu schmieden?

> **Dominostein:** Leiden kann nützlich sein, wenn es Gelegenheiten schafft, sich mit anderen zu verbinden.

> **Frage für Sie:** Mit wem könnten Sie eine tiefere Verbindung eingehen, indem Sie dessen Leid besser verstehen?

WERDEN SIE ZUM SCHMERZDETEKTIV

Wenn ich mir die Erinnerungsschnipsel ansehe, die aus meiner Zeit als Vierjähriger stammen, habe ich heute in meinen Fünfzigern eine andere Perspektive darauf. Als mein Dad mich an diesem Tag aus dem Bett zerrte, fühlte ich mich verletzt, denn es war mir peinlich, ich schämte mich und es ärgerte mich. *Mom und ich haben hier gerade einen besonderen Moment, Dad. Siehst du das nicht?*

Mein Dad sah es eindeutig *nicht*. Er verstand in diesem Moment nicht, dass ich nur etwas Zeit mit meiner Mutter verbringen wollte. Im Alter von vier Jahren verstand ich meinen Dad aber ebenfalls nicht.

Mein Vater wuchs bettelarm auf und fühlte sich als Opfer, da er das jüngste von neun Kindern war. Einen Großteil seiner Kindheit musste er sich um andere kümmern, das reicht bis hin zur Co-Abhängigkeit. In jungen Jahren wurde er zur Armee eingezogen; bei seiner Rückkehr war er traumatisiert und sogar paranoid. Nach all dem fand er dann doch dank seiner Beziehung zu meiner Mutter sein Glück, bis der Krebs sie dahinraffte. Danach musste er sich erneut allein um andere kümmern.

Nachdem meine Mom gestorben war, verhielt sich mein Vater manchmal körperlich, emotional und mental missbräuchlich gegenüber meinem Bruder und mir. Er hat zwar keine Zigaretten auf unseren Armen ausgedrückt, aber uns mit dem Gürtel geschlagen, angeschrien und ständig kritisiert: Nichts, was wir taten, war jemals gut genug.

Trotz seines oft heftigen Verhaltens spürte ich, dass mein Dad uns liebte, sich sorgte und für uns da sein wollte. Ich hatte den Eindruck, er tat, was er konnte. Statt seine harsche Energie mit Wut oder Schuldzuweisungen zu erwidern, wählte ich etwas anderes: *Neugier*. Ich sah genauer hin. Selbst wenn mein Dad mit einer Gewitterwolke über dem Kopf herumlief, saß ich in seiner Werkstatt und hatte ein breites Grinsen auf dem Gesicht. Kunden blieben stehen und kommentierte es meinem Vater gegenüber: »Was für ein fröhliches Kind.«

Das stimmte eigentlich nicht, aber der Kommentar hob die Laune meines Vaters ein wenig an und ich erhielt etwas mehr Spielraum. Irgendwann machte es bei mir Klick: Ich stellte bei meinen Beobachtungen fest, dass mein Vater einen gewaltigen Schmerz in sich trug – mindestens genauso viel wie ich, vermutlich sogar mehr. Ich beobachtete außerdem, dass allein mein Lächeln und einige nette Worte bereits sehr viel bewirkten. Selbst, ohne die Nuancen dessen zu verstehen, schien mir das interessant.

Ich lächelte also in meiner Kindheit und Jugend weiter, schuf damit Raum und bot Menschen überall, wo ich hinkam, Hilfe an. Mir fiel auf, welch enorme Wirkung ich auf andere haben konnte. Nachdem mein Vater, mein Bruder und ich von Texas nach New Mexico gezogen waren, war ich in der Schule zuerst schüchtern und wenig beliebt, aber ich wendete weiter meine Methode an. Ich war immer noch neugierig auf andere. Nach und nach wurde ich nicht mehr so viel gehänselt und schloss Freundschaften.

Mein Experiment, ausnahmslos zu allen freundlich zu sein, funktionierte anscheinend. Da ich dabei feststellte, mit welch einfachen Mitteln man so viel Schmerz anderer Menschen lindern konnte, wurde ich noch neugieriger: Wie konnte ich Traurigkeit in Freude verwandeln? Wut in Begeisterung? Leiden in Wohlbehagen? Ich wurde langsam des energetischen Feldes gewahr, das unter allen menschlichen Interaktionen wirkt – der Parallelwelt, über die niemand spricht, die aber *alles* zu bestimmen scheint.

Dominostein: Werden Sie zum »Schmerzdetektiv«, um eine Verbindung zu anderen aufzubauen. Konzentrieren Sie sich zuerst auf die andere Person und deren Leiden. Sie und Ihre möglichen Lösungen kommen erst danach dran.

Frage an Sie: Wie hat es Ihnen in der Vergangenheit geholfen, mit anderen eine Verbindung einzugehen, wenn Sie genau auf deren Emotionen geachtet haben?

BESTIMMEN SIE DIE EMOTIONALE ATMOSPHÄRE

Mein Freund und Mitglied des Genius Networks, Dr. Don Wood, ist ein ehemaliger Hockeyspieler, der zum Traumaarzt wurde. Nicht er wuchs mit einem Trauma auf, denn er hatte sich als Kind sicher gefühlt und verstand nicht, wieso einige Menschen so nervös und ängstlich waren. Jedoch litt seine Frau zu Beginn ihrer Beziehung an Ängsten, die in ihrer Kindheit verwurzelt waren, und langsam, aber sicher ergaben ihre Reaktionen auf bestimmte Sachen für ihn einen Sinn. Er ließ sich einen treffenden Begriff einfallen, der beschreiben sollte, was die Menschen zu der Person macht, die sie sind: *atmosphärische Bedingungen*. »Wenn man die atmosphärischen Bedingungen im Leben eines Menschen versteht«, sagte er mir, »ergibt ihr Tun und Verhalten erst einen Sinn.«

Dieses wichtige Konzept ist eines der wertvollsten, das man verstehen sollte, wenn man eine Verbindung zu anderen Menschen schaffen will: Je besser man den Kontext eines Menschen versteht, desto besser wird die Verbindung zu ihm. Manche Leute brauchen ein Leben lang, um das zu verstehen, aber sich des Konzepts bewusst zu sein, kann die Lernkurve schon beschleunigen.

Die Atmosphäre meiner Kindheit machte mich auf natürliche Weise zu einem empathischen Menschen, zu einem Schmerzdetektiv und später in meinem Leben zu jemandem, der die atmosphärischen Bedingungen anderer Menschen ganz genau untersuchte. Sie ließ mich eine Neugier dafür entwickeln, wie die Menschen tickten. Natürlich bedeutete das auch, herauszufinden, wie man anderen mehr Wohlbefinden bescheren könnte, was für mich darin resultierte, dass ich meine eigenen Bedürfnisse hintanstellte, kaum Grenzen setzte, sodass man häufig auf mir herumtrampelte.

Es muss aber nicht so sein. Und Sie müssen nicht über eine natürliche Gabe an Empathie verfügen, um vom Dasein als Schmerzdetektiv zu profitieren. Indem Sie den emotionalen Hintergrund eines Menschen verstehen, können Sie eine Verbindung zu diesem Menschen herstellen. Es gibt mehrere Schritte, um die atmosphärischen Bedingungen eines Menschen zu verstehen, und diese dann für eine bedeutungsvolle Verbindung zu nutzen.

1. Seien Sie aufrichtig neugierig

Als Schmerzdetektiv ist man sich der Emotionen anderer bewusst, erfährt ihre Geschichte und will eine Verbindung aufgrund eines geteilten Schmerzes eingehen. *Das ist die Grundlage dafür, ihre emotionale Atmosphäre kennenzulernen.* Seien Sie *aufrichtig neugierig*, wenn es um andere sowie Hilfsmöglichkeiten geht. Wenn Sie mit dieser Einstellung an die Sache herangehen, wird daraus viel Gutes entstehen.

Beim Verbindungsaufbau besteht eine große Angst der Menschen darin, nicht zu wissen, was sie sagen sollen. Sie bleiben dann im Small Talk stecken oder fühlen sich unbehaglich, weil sie nicht wissen, wie man zuhört oder sein authentisches Selbst zeigt. Dieses Unbehagen ist verständlich, wenn man über dessen emotionale Ursache nachdenkt. Wenn Sie in einer Unterhaltung Mühe bei der Inspiration für das nächste Thema haben, könnten Sie sich durchaus in der Defensive befinden oder etwas vermeiden. Statt die Unterhaltung einfach fließen zu lassen und die eigenen Emotionen einer anderen Person gegenüber auszudrücken, haben Sie …

- Sorge, was Sie als Nächstes sagen werden (oder das Gegenüber sagen wird);

- Angst, dass die Unterhaltung ins Stocken gerät;
- Eile, die Pausen zu füllen.

Solche Unterhaltungen wirken dann so, als würde sich eine Person der anderen »verkaufen« wollen, es fühlt sich unauthentisch an. Dieses »Verkaufen« ist allerdings nicht das Problem, sondern es ist das Fehlen einer echten Verbindung. Wenn diese authentisch ist, dann ist das »Verkaufen« transformierend und nicht transaktional. Denken Sie immer daran: Es geht um Ihr Gegenüber, nicht um Sie!

2. Verkaufen Sie sich auf authentische Weise

Ich habe Dan Sullivan einmal nach seiner Definition von Verkaufen gefragt. Er erwiderte: »Verkaufen bedeutet, jemanden intellektuell an einem künftigen Ergebnis teilhaben zu lassen, das für beide gut ist, und dann die Person dazu zu bringen, sich emotional einer bestimmten Aktion zum Erzielen dieses Ergebnisses zu verschreiben.«

Es herrscht allgemein die Vorstellung, dass es manipulativ oder in gewisser Weise böse sei, etwas verkaufen zu wollen, aber per definitionem ist es ein durchaus positives Verhalten. Sie verkaufen sich selbst in Interaktionen mit anderen – ob Sie das nun wollen oder nicht. Wenn Sie nicht Ihr *wahres* Selbst verkaufen, verkaufen Sie eine Persona, die ein zweitrangiges Produkt darstellt, und Sie werden es vermutlich nicht besonders gut angepriesen bekommen. Ihre Produktqualität hängt von Ihrem Wissen darüber ab, wer Sie sind, wie Sie ehrlich damit umgehen und wie Sie sich auf die andere Person konzentrieren können.

Wenn Sie Ihr wahres Selbst in Interaktionen einbringen und Ihre *ehrliche* Meinung einfühlsam darlegen, zeigen Sie anderen Ihr authentisches Selbst. Auf sehr reale Weise bieten Sie damit einen Wert. Indem Sie anderen zuerst etwas geben, ohne im Gegenzug um etwas zu bitten, zeigen Sie, dass Sie anders sind als andere: Sie wollen helfen, denn Sie sind vor allem ein Geber statt eines Nehmers.

3. Kommunizieren – verbinden – ausweichen

Es gibt drei Positionen, die jeder Mensch bei einer Interaktion einnehmen kann, wenn man eine Bindung oder Connection herstellen möchte: entweder man kommuniziert, verbindet sich oder weicht aus. Wenn Sie wirklich kommunizieren, tauschen Sie Energie und Informationen aus. Sie stimmen einander vielleicht nicht perfekt überein, aber Sie spielen sich einen Ball gegenseitig zu, lernen sich dabei gegenseitig kennen und dazu.

Wenn Sie eine Verbindung herstellen, sind Sie über das reine Kommunizieren hinaus und knüpfen ein echtes Band zu Ihrem Gegenüber. Sie erkennen sich selbst zu einem gewissen Grad in der anderen Person wieder und bauen gegenseitiges Vertrauen auf. Sie haben mehr Rapport, fühlen sich wohl und sind Ihrem Gegenüber herzlicher eingestellt.

Wenn Sie nicht kommunizieren oder keine Verbindung herstellen, versuchen Sie auszuweichen. Das passiert sowohl auf Makro- als auch Mikroebene, während eine Interaktion mit jemandem intensiver oder schwächer wird.

Wie reagiert die andere Person auf das, was Sie sagen?

Bringt sich Ihr Gegenüber ein oder zieht es sich zurück?

Gibt Ihr Gegenüber kurze oder ausführliche Antworten?

Wenn man über diese drei Positionen Bescheid weiß, kann man sein Gesagtes ändern, um mehr über die atmosphärischen Bedingungen eines anderen Menschen zu erfahren.

4. Berühren Sie den wunden Punkt

Der Produzent Jason Headly hat ein Video mit dem Titel *It's Not about the Nail* gemacht, das mehr als 20 Millionen Views hat. Dieses Video zeigt eine Frau, die sich über schreckliche Kopfschmerzen beschwert, während ein Nagel aus Ihrer Stirn ragt. Als ihr Partner sie auf den Nagel hinweist, beschwert sie sich bei ihm, »immer alles in Ordnung bringen zu wollen«, obwohl sie nur wolle, dass er zuhöre.

Darin sind ein paar Lektionen verborgen, von denen eine lautet, dass man eine Wahl bei den Narrativen anderer Menschen hat: Zuerst einmal kann man Empathie bezeugen und jemanden in seiner eigenen Story leben lassen. Oder man kann wie ein Schmerzdetektiv sagen: »Du hast einen Nagel im Kopf und wir können ihn herausziehen.«

Wenn sich eine Mitarbeiterin beschwert, dass sie überarbeitet sei, und zudem anmerkt, dass sie in der Nacht zuvor nur eine Stunde aufgrund ihres kranken Kindes geschlafen habe, würde ein mitfühlender, empathischer Chef, der ein Schmerzdetektiv ist, sich nicht nur die Geschichte anhören. Abhängig vom Grund ihrer Müdigkeit könnte der Chef sogar gestatten, dass sie nach Hause geht und sich, ohne negative Konsequenzen befürchten zu müssen, ausruht.

Eine Art könnte also sein, zu sagen: »Gehen Sie nach Hause und ruhen Sie sich aus.« Effektiver wäre die Frage: »Wenn Sie sich jetzt ausruhen würden, könnten Sie dann später Ihre Arbeit voller Energie und erholt erledigen?«

Wenn man einer Person sagt, sie habe das Äquivalent eines Nagels im Kopf, könnte man damit vielleicht eine Grenze in der Beziehung überschreiten, weil man etwas sagt, das nicht gesagt werden kann – aber es muss gesagt werden, und je schneller man den Schmerzpunkt findet, desto besser.

Dominostein: Wir alle sind von unterschiedlichen Hintergründen geformt und beeinflusst. Dieser stellt zusammen mit den gegenwärtigen Lebensumständen die emotionale Atmosphäre eines Menschen dar. Es kann also hilfreich sein, etwas über die emotionale Atmosphäre eines Menschen zu erfahren, um ihn besser zu verstehen und einfacher eine Verbindung herzustellen.

Frage an Sie: Welche atmosphärischen Bedingungen herrschen in Ihrem Leben und schaffen in einer bestimmten Form Leiden für Sie? Wie sehen die atmosphärischen Bedingungen der Menschen aus, mit denen Sie eine tiefere Verbindung eingehen wollen?

VERBINDUNGEN SCHMIEDEN UND VERBINDUNGEN LÖSEN

Kurz nach meinem Eintritt in die Highschool versuchte ich, mich dort zurechtzufinden, und tat mein Bestes, ein netter und hilfreicher Schmerzdetektiv zu sein. Dennoch hatte ich trotz dieser Bemühungen das Gefühl, als hätte ich zu niemandem eine Verbindung.

In der zehnten Klasse fing ich mit meinem Drogenkonsum an. Ich machte aber in diesem Jahr auch einen Töpferkurs und liebte es, zu meiner Überraschung, sehr. Ich war schüchtern und introvertiert, mochte keinen Mannschaftssport, hatte keine Lust auf die Theatergruppe oder die meisten anderen Klubs in der Schule, aber ich wusste eines: Töpfern war toll. Die Kombination aus der sich drehenden Scheibe und meinen Händen, die das Chaos des feuchten Tons zu etwas Greifbarem formten, ließ die Stunden wie Minuten vergehen. Ich vergaß meine Probleme und war im Flow mit dem Ton. Ich mochte Töpfern so sehr, dass ich es drei Jahre lang machte.

Je älter ich wurde, desto mehr Drogen nahm ich und desto mehr ging ich auf Partys, um mit all meinen heftigen Gefühlen fertigzuwerden. Parallel half mir die Arbeit mit dem Ton dabei, einen Teil meines Schmerzes zu betäuben, sodass ich weniger gehemmt war, mehr aus mir herausging und mehr Selbstvertrauen hatte.

Nach und nach lernte ich mehr Leute kennen und wurde beliebter, aber ich hatte nie das Gefühl, meinen Freunden besonders nahezustehen. Wir rauchten und tranken gemeinsam, aber wir entwickelten nicht die festen Bande, nach denen ich eigentlich suchte.

Auch wenn es mir damals noch nicht bewusst war, so brachte mich das Töpfern in *Verbindung* zu mir selbst, während die Drogen diese *löste*. Auch wenn es auf mich so wirkte, als hätten sie beim Umgang mit meinem Schmerz eine ähnliche Wirkung, so hätte der Unterschied nicht größer sein können.

Worauf man dabei achten sollte: Wenn man Schmerz empfindet oder leidet, sucht man nach einer Verbindung, um diesen Schmerz um jeden

Preis zu lindern – aber wie gut das funktioniert und wie die Ergebnisse aussehen, hängt von der Absicht dahinter ab, größtenteils davon, wie geerdet und »verbunden« man mit sich selbst ist. Wenn Sie eine Verbindung zu sich selbst haben, werden Sie sich selbst genügen und können der Welt um sich herum etwas *geben*. Ohne Verbindung zu sich selbst werden Sie sich gebrochen fühlen oder so, als wären Sie sich selbst nicht genug und das resultiert darin, sich etwas zu *nehmen*, um diese Lücke zu schließen. In meinem Fall war das der Drogen- und Alkoholmissbrauch, um den Schmerz zu betäuben oder nach Bestätigung und Status zu *suchen*, wenn ich mit anderen zusammen war, statt meine Kreativität der Welt mithilfe der Töpferei zu *geben*.

Es kann knifflig sein, den Unterschied zu erkennen, denn oft geht es nicht wirklich um unser Handeln, sondern um unsere Art und Intention dahinter. Sie können den beliebtesten Menschen in Ihrem Umfeld teure Geschenke *geben*, um den Eindruck von Großzügigkeit zu erwecken, das wird Sie nur mit sich selbst in Verbindung bringen, wenn Sie auch auf andere Art *tatsächlich* großzügig sind. Ich habe unzählige Male Menschen erlebt, die ihnen völlig gleichgültigen Wohltätigkeitsorganisationen Geld gespendet haben, nur damit sie selbst besser dastanden und ihren unethischen Background verschleiern konnten. Wenn Sie wissen, dass Sie nicht wirklich so sind und somit die Leute nur zum Narren halten, dann nutzen Sie in Wahrheit Menschen aus, wenn Sie ihnen etwas »geben«.

Es geht hierbei nicht darum, über alles zu sehr nachzudenken oder die Punkte zu überanalysieren, sondern sich der Nuancen bewusst zu sein, wenn man zu anderen eine Verbindung aufbaut oder sie löst. Um sich wirklich mit anderen zu verbinden, müssen Sie zuerst mit sich selbst auf grundlegende Weise im Reinen sein, trotz Ihrer Makel. Sie können charmant und weltgewandt sein, wenn Sie sich mit anderen vernetzen, aber wenn Sie tief in Ihrem Herzen glauben, dass Sie die Zeit dieser Menschen nicht wert sind, oder den Eindruck haben, immer charmant sein zu *müssen*, weil sonst alle Ihr *wahres* Ich sehen würden, das Sie selbst nicht leiden können, dann werden die Menschen das spüren. Sie werden das Gefühl haben, keine echte Verbindung zu sich selbst zu haben und irgendwann werden sich auch andere Ihnen nicht mehr verbunden fühlen.

Nicht alle haben wie ich mit einer Sucht zu kämpfen, aber das Prinzip, nach Verbindung zu sich selbst und anderen zu streben, weil man verbunden sein will, gilt für alle. Für das Erschaffen starker Beziehungen ist eine einfache Wahrheit essenziell: Alle wollen sich verbunden fühlen und niemand will ohne derartige Verbindungen leben, aber für solche Verbindungen, nach denen Sie streben, müssen Sie eine Verbindung zu sich selbst haben. Und zu guter Letzt muss man immer präsent sein, Geduld haben und es üben, wenn man den Unterschied zwischen einer echten Verbindung und der Unverbundenheit erkennen will.

Dominostein: Verbundenheit und Unverbundenheit können sich manchmal ähnlich anfühlen, aber sie sind sehr verschieden. Suchen Sie sich Aktivitäten und Menschen, bei denen Sie in sicherer Umgebung einen Zugang zu Ihren Emotionen finden, aber vermeiden Sie Aktivitäten, die Sie Ihre Emotionen beiseiteschieben oder sich davon dissoziieren lassen.

Frage an Sie: Welche Aktivitäten sorgen dafür, dass Sie sich am wenigsten mit sich selbst verbunden fühlen? Welche Aktivitäten bringen Sie authentisch mit Ihrem innersten Selbst in Verbindung?

VERTRAUEN, RAPPORT, GEBORGENHEIT – WARUM SIE ALLE DREI BENÖTIGEN

Eine Verbindung zu anderen Menschen erfordert ein Gleichgewicht aus Vertrauen, Rapport und Geborgenheit – selbst, wenn sich alle drei Punkte ähnlich anhören, lassen sie sich tatsächlich deutlich unterscheiden. Normalerweise dreht es sich bei diesem Thema oft darum, anderen gegenüber

Vertrauen, Rapport und Geborgenheit zu empfinden, aber das lässt sich auch auf Ihre Verbindung zu sich selbst anwenden. Glauben Sie daran, dass Sie Erfolg haben könnten? Verfügen Sie über »Rapport« mit sich selbst (stellen Sie es sich als eine Art Sinn für Humor vor - können Sie über sich selbst lachen)? Kommen Sie mit sich selbst aus?

Eine der vielleicht berühmtesten Stimmen zum Thema Rapport - sowohl mit anderen als auch mit sich selbst - ist mein Freund Neil Strauss, der *Die perfekte Masche: Bekenntnisse eines Aufreißers* und *Die nackte Wahrheit: Von der erregenden Kunst, treu zu sein* geschrieben hat. Bei Letzterem habe ich mitgewirkt. In *Die perfekte Masche* beobachtete Neil eine Gruppe von Pick-up-Artists in Los Angeles und dokumentierte ihre Beziehungen sowohl zueinander als auch zu Frauen. An einer Stelle im Buch bietet er eine einfache Formel dafür, wie man Verbindungen zu anderen Leuten herstellt: »Rapport ist Vertrauen plus Geborgenheit.«

Es mag seltsam wirken, eine Definition für Rapport aus der Welt der Pick-up-Artists zu hören, aber die Wahrheit ist - unabhängig von den verfolgten Absichten -, dass kaum jemand die Funktionsweise von Rapport so genau analysiert hat wie diese Gruppe Männer. Interessanterweise haben die Gründe für ihre Fähigkeiten eine Menge mit Leiden und dem Unterschied zwischen Verbundenheit und dem Gefühl der Unverbundenheit zu tun.

Neil beschrieb in all seinen Büchern und Gesprächen seine Kindheit und Jugend als eine Zeit ohne viel Erfahrung mit Frauen, wonach er zu der Annahme gelangte, dass er nicht das »gewisse Etwas« habe - also diesen natürlichen Charme, der einige Männer bei Frauen erfolgreich sein lässt, andere aber nicht. Er erfuhr das erste Mal von einem Verleger von diesen Pick-up-Communitys, der von ihm ein How-to-Buch basierend auf ihren Lektionen verfasst haben wollte. Als ernsthafter Journalist weigerte sich Neil - seine Einsamkeit und Neugier aber brachten ihn dazu, sich unter einem Pseudonym als Mitglied in der Community anzumelden, in der Hoffnung auf mehr Erfolg bei Frauen und ein gesteigertes Selbstbewusstsein. Mit der Zeit interessierte sich Neil für die Menschen dort und erfuhr so viel über ihre Welt, sodass daraus doch das Buch *Die perfekte Masche* entstand.

Nachdem er die Menschen getroffen hatte, die er in *Die perfekte Masche* beschrieb, wurde Neil klar, dass das »gewisse Etwas«, von dem er dachte, es fehle ihm, anders ausgebildet war, als er es sich als junger Mann vorgestellt hatte. Es war kein bestimmter Aspekt, man hatte es nicht oder doch, es war nichts Magisches. Das »gewisse Etwas« war eher eine Reihe Fähigkeiten, die man *erlernen* konnte.

In den Communitys, über die er schrieb und von denen er lernte, konnten diese Menschen vor allem aus einer Notwendigkeit heraus das Konzept zur Herstellung von Rapport in allen Facetten erläutern. Viele von ihnen hatten sich ihr ganzes Leben lang von anderen entfremdet gefühlt, was zu Schmerz und Einsamkeit geführt hatte. Daher verspürten sie das tiefe Bedürfnis, ihrem Schmerz zu entfliehen, und wollten unbedingt alles über das Thema Verbindungen lernen. (Eine kleine Anmerkung: Es dürfte wenig überraschen, dass die Menschen aus diesen Communitys zu Beginn der 2000er-Jahre später erfolgreiche Marketingexperten wurden!)

Das kleine interessante Detail an dieser Geschichte ist allerdings Folgendes: Wenn man lernt, nur auf externe Weise eine Verbindung herzustellen, ohne die interne Arbeit zu leisten, die zum eigentlich erst richtigen Fundament dafür führt, so mag das zwar *funktionieren*, aber eben nur zu einem gewissen Grad und nur eine Zeit lang. Denn leider holt einen die innere Unverbundenheit irgendwann wieder ein. Neil selbst erklärte über die Jahre in seinen Büchern und Interviews, dass es seine eigenen Unsicherheiten und Ängste waren, die ihn überhaupt erst so tief in die Welt eintauchen ließen, die er in *Die perfekte Masche* beschreibt. Was weniger oft erwähnt wird – aber als Neils Freund darf ich das verraten –, ist die Tatsache, dass seine Selbsterkenntnis und sein engagiertes Streben nach persönlichem Wachstum letztlich dazu geführt haben, dass er diese Welt hinter sich ließ.

Neil schrieb mehr über diese Entscheidung in *Die nackte Wahrheit*, einem Buch, in dem es um die Verarbeitung der Schmerzen aus der eigenen Kindheit geht und darum, ein Gespür für die Verbindung zu sich selbst zu entwickeln, um gesunde, erfüllende und tragfähige langfristige Beziehungen führen zu können. Das Buch ist im Grunde eine Fortsetzung von *Die perfek-*

te Masche, das die Story mit der zweiten Hälfte abschließt: dass es gefährlich und sogar schädlich sein kann, sehr wirkungsvolle, externe Skills einzusetzen, um andere zu bezirzen, ohne tragfähiges Fundament und einer Verbindung zu sich selbst.

Auch wenn sich der Ruf der »Pick-up-Art« mit den Jahren verändert hat (und Sie vielleicht Besseres mit Ihrer Zeit anzufangen wissen, als möglichst viele Menschen zu verführen), sind die zugrundeliegenden psychologischen Prinzipien, die von diesen Communitys ausgelotet wurden, immer noch lehrreich – sowohl in Beziehungen als auch im Business.

Sie müssen sich nicht auf perfekte Weise selbst akzeptiert haben, um bessere Verbindungen mit anderen einzugehen, aber es *wird* Ihnen vermutlich helfen, sich mit anderen zu verbinden, um auch zu sich selbst eine tiefere Verbindung herzustellen. Denken Sie einfach daran: Es kommt auf Ihre Absicht an, wenn Sie Ihre Skills zur Erstellung von Rapport für eine Verbindung zu anderen einsetzen. Es kann schnell kippen und zu einem völligen Verlust jeder Verbindung führen, wenn Sie sich dessen nicht bewusst sind. Als ich mit Neil darüber redete, was ihn *Die perfekte Masche* und *Die nackte Wahrheit* über Rapport gelehrt hatten, fasste er es möglichst einfach zusammen: Sich Rapport für eine Verbindung zu anderen zunutze zu machen, ist gut, aber für eine Manipulation ist es schlecht. Wenn Sie mehr über den Aufbau von Rapport und Selbstvertrauen hören wollen, können Sie sich (nach dem Login) eine längere Unterhaltung zwischen Neil und mir auf www.JoePolish.com/WIIFT anhören.

Unabhängig davon, wie wir ihn erreichen, *Rapport* ist normalerweise das, worauf wir bei unseren Interaktionen mit anderen Menschen abzielen. Sobald Sie ihn haben, kommen Sie gut mit Ihrem Gegenüber aus. Sie wissen, dass Ihr Gegenüber Sie mag und glaubt, eine Unterhaltung mit Ihnen sei die Zeit wert.

Das Problem für viele von uns ist, wie wir an diesen Punkt gelangen – inklusive all der unterwegs gemachten Fehltritte.

Sollten wir mehr Witze reißen?

Sollten wir mehr Fragen stellen?

Sollten wir lauter über die Witze *der anderen Person* lachen?

Zum Glück hilft die oben erwähnte Formel bei der Antwort auf diese Frage. Sie müssen für Rapport zuerst Geborgenheit und Vertrauen herstellen – und von diesen beiden hat Geborgenheit Vorrang.

Geborgenheit ist leicht verständlich: Sie bedeutet, dass jemand anderes sich in Ihrer Gegenwart entspannt und frei fühlt. Es bedeutet, dass die Person keine Angst hat, dass Sie sie plötzlich anschreien oder schlagen. Es bedeutet, dass sie weiß, dass Sie nicht absichtlich etwas Unangenehmes sagen oder Ihr Gegenüber oder seine Freunde bloßstellen werden, dass Sie ein Gespür für deren Gefühle und Bedürfnisse haben.

Geborgenheit kann mithilfe von ein wenig Aufmerksamkeit relativ schnell erreicht werden. Aber was ist mit Vertrauen? Das braucht seine Zeit. Denn in gewisser Weise ist Vertrauen tatsächlich »Geborgenheit plus Zeit«. Wir fühlen uns vielleicht bei einer Person in einem bestimmten Augenblick geborgen, aber woher sollen wir wissen, dass sie nicht nur just ihre beste Seite zeigt?

Was, wenn diese Seite nur eine Fassade ist?

Was, wenn diese Person versucht, etwas von uns zu bekommen, indem sie lustig, nett oder hilfsbereit ist?

Tatsächlich kann sich Vertrauen nur über eine längere Zeit aufbauen, denn diese Zeitspanne zeigt die Zuverlässigkeit einer Person. Aber wie bei der Geborgenheit kann man wenigstens *etwas* Vertrauen kurzfristig aufbauen, indem man sich nicht zu unvorhersehbar verhält, unhöflich ist, persönliche Grenzen überschreitet oder Ähnliches.

Es ist wenig überraschend, dass dies zum großen Teil auf dem Erkennen von Schmerz basiert – mit einem Haken: Man kann bei einem ersten Eindruck nur begrenzt etwas über jemanden erfahren, und wenn man auch noch so empathisch oder aufmerksam ist.

Manche Menschen lassen sich einfach lesen, aber bei anderen braucht es Zeit und Erfahrung, um sie in Gänze zu erfassen. Zudem gefällt Ihnen manchmal vielleicht nicht, was Sie entdecken. Viele Menschen, die auf den ersten Blick charmant und charismatisch erscheinen, stellen sich als manipulativ, narzisstisch oder sogar als gefährlich heraus. Selbst in diesen Situationen wird es Ihnen jedoch helfen, ein Schmerzdetektiv zu sein, um herauszufinden, wann Sie eine Verbindung eingehen oder lösen sollten. Dann können Sie proaktiv einen Schutzschild aufbauen und sich noch vor wirklichen Schäden von Nehmern, Blutegeln und Energievampiren lösen!

Dabei ist es keine Frage, ob, sondern wann.

Im privaten und beruflichen Leben werden Sie auf jeden Fall manipuliert und ausgenutzt werden, aber mit Übung und zielgerichtetem Vorgehen können Sie die entsprechenden Fertigkeiten eines Schmerzdetektivs erlernen, die Ihnen zu einem viel genaueren Urteil verhelfen. Sie werden spüren und sehen, ob eine Verbindung zu Geborgenheit, Vertrauen und letztlich zu Rapport führt, Sie werden schnell merken, ob Ihr Gegenüber ein Geber oder Nehmer, ob die Verbindung transformativ oder transaktional ist.

Dafür können Sie einige wichtige Vorkehrungen treffen. Viele Menschen tun dies bereits ganz unbewusst. Für eine wirkliche Einschätzung einer Situation können Sie dabei jedoch ein wenig zielgerichteter vorgehen:

- Wenn Sie jemanden kennenlernen, reden Sie nicht nur über sich selbst und Ihre eigenen Leistungen, sondern **stellen Sie der anderen Person Fragen**!
- **Haben Sie keine Angst, vor Ihren Stärken eine Schwäche oder einen persönlichen Makel zu erwähnen.** Das erleichtert die Identifikation mit Ihnen und Sie werden sympathischer wirken, was Vertrauen aufbaut.
- **Achten Sie auf Ihre Körpersprache** – lächeln Sie häufig, blicken Sie Menschen in die Augen, stehen Sie nicht direkt vor jemandem, sondern leicht zur Seite gedreht, damit Sie weniger konfrontativ wirken.
- Sobald Sie etwas Geborgenheit hergestellt haben, **machen Sie einen Witz**! *(Das kann auch ein schlechter sein!)* Es sollte Spaß machen, neue Menschen zu treffen, also scheuen Sie sich nicht vor etwas Lockerheit.

- **Reden Sie langsamer** als normalerweise. Zu schnelles Sprechen ist normalerweise ein Zeichen für Nervosität oder Unsicherheit, das könnte andere zu Zweifeln Ihnen gegenüber verleiten.
- **Bitten Sie Menschen zu Beginn bald um einen oder tun Sie ihnen einen kleinen Gefallen.** Abhängig von der Situation kann Sie das einander näherbringen.
- **Geben Sie Menschen Bestätigung!** Wenn Ihnen jemand sagt, wie er sich fühlt, versuchen Sie nicht, denjenigen zu korrigieren oder versuchen gar, ihm einzureden, dass er übertreibe. Akzeptieren Sie einfach die Gefühle anderer Menschen.
- **Seien Sie ehrlich bezüglich Ihrer eigenen Gefühle und Absichten.** Menschen können anhand Ihrer Körpersprache erkennen, was Sie denken und empfinden, also fürchten Sie sich nicht, es auszusprechen.

Auch wenn jede Situation anders ist, wird es Ihnen festen Grund unter den Füßen geben und helfen, schnell Rapport herzustellen, wenn Sie die obigen Prinzipien in Unterhaltungen anwenden. Sobald Sie das getan haben, sollten Sie einfach immer wieder für diese Person da sein.

Dominostein: Vertrauen, Rapport und Geborgenheit sind erforderlich, um eine Verbindung zu anderen herzustellen – selbst, wenn diese Begriffe ähnlich wirken, sind sie doch deutlich unterscheidbar. Zum Glück lassen sich alle drei entwickeln.

Frage an Sie: Wo können Sie heute mehr Vertrauen, Rapport und Geborgenheit in einer Schlüsselbeziehung aufbauen?

UNAUTHENTIZITÄT – AUF EIGENE GEFAHR

Wenn ich an mein jüngeres Ich zurückdenke, kann ich einen deutlichen Bogen spannen vom lächelnden Vierjährigen hin zum schüchternen Highschool-Schüler und zu dem, was danach kam. Spoiler-Alarm: Letzteres war nicht sonderlich schön.

Meine Mühen, eine fröhliche Fassade aufrechtzuerhalten und stets Glück auszustrahlen, hatte einen positiven Effekt auf einen Teil der Welt um mich herum, aber meine Fassade maskierte nur, was in mir vorging – und das verheimlichte ich vor allen. Niemand erfuhr vom Schicksal meiner Mutter, davon, wie mein Leben zu Hause aussah, oder dass ich vergewaltigt, missbraucht und dafür bezahlt worden war, nichts davon zu verraten – und das ab dem Alter von neun Jahren.

Stattdessen lernte ich, dass ich zwar kein guter Mannschaftssportler, Akademiker oder Theaterschauspieler war, aber ein sehr guter Drogensüchtiger und Partygänger war. Irgendwann war ich die ganze Zeit high. Ich verpasste sogar meine eigene Abschlussfeier an der Highschool und beobachtete sie stattdessen beim Crackrauchen aus der Ferne aus dem Hinterhof eines Freundes.

Nach dem Abschluss rauchte ich jeden Tag Crack und schnupfte Kokain – dreieinhalb Monate lang. Ich verkaufte Drogen zur Finanzierung meiner eigenen Sucht. Ich war 1,78 Meter groß und wog, nachdem ich eine Woche lang kaum gegessen hatte, noch 47 Kilo. Einmal schaffte ich es an einem Tag, Alkohol zu trinken, zu rauchen, zu kiffen, Kokain zu schnupfen, Crack zu rauchen, Crystal Meth zu schnupfen und LSD zu nehmen. Ich war zum Vollzeitjunkie geworden, und mein Leben als chaotisch zu klassifizieren, wäre untertrieben.

Mitten in diesem Schlamassel wurde mir klar, dass ich aus Arizona wegmusste oder sterben würde. Irgendwann packte ich also meine Koffer und fuhr nach New Mexico, um dort bei meinem Vater in einem Wohnwagen unterzukommen. Ich brach mit all meinen alten Freunden und Beziehungen, und versuchte, clean zu werden (was sich als brutaler, ein halbes Jahr währender Kampf erwies).

Nach zwei Jahren mit Nebenjobs, einem 12-Schritte-Programm und viel Sport wurde mir klar, dass ich nicht einfach für irgendjemanden arbeiten wollte. Stattdessen überzeugte mich ein Freund, meine Ersparnisse – all meine 1500 Dollar – für Ausrüstung und Material lockerzumachen und eine Teppichreinigungsfirma zu gründen. Was ich auch tat.

Ich zweifelte bald an meiner Entscheidung, während ich in der Sommerhitze schweres Equipment aus Apartments in Gebäuden ohne Klimaanlage schleppte, die nach Katzenpisse stanken. Immerhin hatte ich eine Katzenhaarallergie. Egal, wie hart ich auch arbeitete, ich versank immer tiefer in den Schulden.

Meine Strategie änderte sich, nachdem ein anderer Freund mich zum Jetskifahren auf dem Saguaro Lake mit ein paar seiner Freunde eingeladen hatte. Es würde wohl auch ein erfolgreicher Immobilieninvestor dabei sein, und ich hoffte, ich könnte etwas von ihm lernen (auch, wenn ich so pleite war, dass es mir schwerfiel, einen Samstag nicht zu arbeiten).

Am See schilderte ich dann diesem Mann, während er auf der Heckklappe eines Pick-up-Trucks saß, meine Lage – dass ich nicht genug Geld mit der Teppichreinigung verdiente und mich fragte, ob es nicht ein besseres Geschäftsfeld für mich gäbe.

»Verdient irgendjemand in deiner Branche Geld?«, fragte er.

Ich erwiderte, ja, einige täten das.

»Dann ist nicht die Branche das Problem, sondern du.« Auf dem Heimweg an diesem Abend, mit Sonnenbrand, kam ich zu dem Schluss, dass er recht hatte. Ich war genauso fähig wie alle anderen, denn ich hatte schließlich meine Kindheit überlebt. Da konnte ich doch wohl meine Teppichreinigungsfirma zum Erfolg führen.

Nachdem ich weitere Bücher über Business und systematisches Denken gelesen hatte, lernte ich, wie man die besten Teile eines Unternehmens für eine bessere Effizienz systematisieren konnte. Das brachte mir die nötige Inspiration.

Ich würde den Teil des Geschäfts systematisieren, der das Geld einbrachte: das Marketing.

Ich lieh mir Geld und buchte einen Werbetexter, denn ich wollte meine Message unter die Leute bringen. Wir schrieben meinen ersten Verkaufsbrief, den *Kundenratgeber für die Teppichreinigung*. Er enthielt die wichtigsten Fakten darüber, wie man einen moralisch einwandfreien Teppichreinigungsfachmann engagierte, aber eigentlich wendete ich einfach meine These an, wie wichtig es war, ein Schmerzdetektiv zu sein.

Es war schließlich keine besonders leichte Entscheidung, einen moralisch einwandfreien Teppichreinigungsfachmann zu engagieren. Meine Strategie bestand nicht darin, die Kunden zu überlisten oder zu überreden, sondern ich wollte ihnen etwas beibringen und helfen. Ich glaubte, dass sie mir vertrauen würden und ich Rapport aufbauen würde, wenn ich ihnen etwas beibrachte. Ich würde ihnen einen Wert bieten, bevor ich um irgendetwas bat.

Dies funktionierte vom geschäftlichen Standpunkt aus, denn innerhalb eines halben Jahres verdiente ich statt durchschnittlich 2.100 Dollar im Monat nun 12.300 Dollar. Nun dachte ich nicht mehr nur über die Teppichreinigung nach, sondern verlagerte meinen Fokus auf die Message und das Marketing, sodass mein Unternehmen weiter wuchs.

Ich möchte aber auf Folgendes hinaus: Wenn Sie Leiden aufspüren können, können Sie auch die Probleme der Menschen aufspüren, die einer Lösung harren, und wenn Sie diese Probleme lösen, kennt Ihr Erfolg keine Grenzen. Das ist ein Eckstein für Ihr Business und Ihr Leben. Indem Sie Schmerzpunkte identifizieren und für Menschen auf positive Weise einen Raum schaffen, öffnen Sie die Türen für die Transformation. Gutes Marketing wendet diese Strategie nahtlos an: Es identifiziert den Schmerz anderer Menschen, um so dann eine Verbindung herzustellen, die auch an eine größer angelegte Zukunftsvision anknüpft und wiederum dorthin eine Brücke schlägt.

Es mag keine stets gültige Begründung geben, wieso man sich um andere Menschen sorgen sollte, aber ich kann Ihnen meine Version bieten. Zum einen möchte ich die Zahl der dankbaren, mitfühlenden, großzügigen und wertschaffenden Menschen erhöhen. Auch, wenn wir in einer Welt des Leidens leben könnten, will ich doch dieses Leiden in großem Umfang mindern – und das Verrückte daran ist: Obwohl das primär für andere Menschen positiv ist, profitiere ich selbst ebenfalls in großem Umfang davon. Tatsächlich ist das der Hauptgrund, wieso ich das Genius Network überhaupt erschaffen habe!

Andererseits scheint sich genau das zu bestätigen, was ich schon als Kind beobachtete, wenn man authentisch und positiv ist. Es geht um Energie. Wenn man nett und positiv eingestellt ist, bringt man damit Positivität in die Welt und kann zusehen, wie sie sich in Wellen ausbreitet. Tut man das verstärkt, werden diese Wellen größer und größer, sie schwappen irgendwann zu Ihnen zurück – und wenn Sie das tun, kann niemand vorhersagen, was es alles mit sich bringt oder wie es Ihr Leben verändern wird. Wenn diese Energie zu Ihnen zurückkommt, kann sie aufregende Situationen schaffen, die einen einerseits demütig machen, aber auch beängstigend sein können. Für mich ist das das Aufregendste überhaupt.

Ich möchte, dass man auch dieses Buch so sieht und es für die besten Ergebnisse für sich selbst und andere nutzt.

Eins weiß ich mit Sicherheit: Die Reduktion des Leidens anderer treibt mich an. Vielleicht ist es sogar mein Sinn des Lebens – zumindest der Sinn, den ich gerne erschaffen will.

Dominostein: Es gibt keinen magischen Trick, um immer vollständig zu anderen Menschen eine Verbindung aufzubauen, und häufig versagt die Strategie, immer einen kalkulierenden oder auf monetären Gewinn angelegten Ansatz zu verfolgen. Stattdessen sollten Sie anderen gegenüber authentisch bleiben – alles andere wird Ihnen langfristig schaden.

Frage an Sie: Wo sind Sie in Ihren Beziehungen unauthentisch? In welcher Situation könnten Sie noch heute den Mut aufbringen, ehrlicher und authentischer zu sein?

Die Dominosteine:

- Um Ihr Leben und Ihre Beziehungen zu verbessern, gewöhnen Sie sich das Stellen der folgenden Frage an: »Inwiefern leiden sie und wie kann ich ihnen helfen?«
- Wenn man im Leben oder in Beziehungen auf Probleme trifft, sollte man sich daran erinnern, dass *alle* auf ihre Weise leiden – und das oft mehr, als uns bewusst wird. Das wird Ihre Empathie erhöhen, Gelegenheiten für Beziehungen schaffen und noch vieles mehr.
- Leiden ist zum Teil eine Sache der Perspektive und unserer Einstellung. Wenn wir unser Leiden, unabhängig von dessen Ausmaß, betrachten, haben wir immer noch die Wahl, wie wir damit umgehen.
- Leiden kann nützlich sein, wenn es Gelegenheiten für die Knüpfung von Verbindungen zu anderen schafft.
- Werden Sie zum Schmerzdetektiv, um eine Verbindung zu anderen zu schaffen. Konzentrieren Sie sich zuerst auf Ihr Gegenüber und dessen Leiden. Sie und Ihre möglichen Lösungen kommen dann als Zweites – nicht andersherum. Mit anderen Worten: Dieses Buch wird nicht bei den Menschen beliebt sein, die sich nur auf sich selbst konzentrieren. Dieses Buch ist *nicht* für Narzissten und Nehmer.
- Alle haben einen anderen Hintergrund, der sie formt und ihre Weltsicht beeinflusst. Dieser Hintergrund stellt zusammen mit seinen gegenwärtigen Lebensumständen die »emotionale Atmosphäre« dieses Menschen dar. Es kann hilfreich sein, etwas über die emotionale Atmosphäre eines Menschen zu erfahren, um die Person besser zu verstehen und einfacher eine Verbindung herzustellen.

- Vertrauen, Rapport und Geborgenheit sind erforderlich, um eine Verbindung zu anderen herzustellen – obwohl diese Begriffe ähnlich wirken, sind sie doch deutlich voneinander zu unterscheiden. Zum Glück lassen sich alle drei in Beziehungen aufbauen.
- Es gibt keinen magischen Trick, um wirklich immer zu anderen Menschen eine Verbindung aufzubauen und ein auf einen strategischen oder auf monetären Gewinn angelegter Ansatz ist eine häufig misslingende Strategie. Stattdessen sollten Sie anderen gegenüber authentisch bleiben – alles andere wird Ihnen langfristig schaden.

Übungen und Handlungsschritte

1. Die drei magischen Fragen des Schmerzdetektivs

Um zu den wirklich wichtigen Aspekten durchzudringen, müssen Sie erst hinter die Fassade vieler Menschen blicken. Wenn Sie jemandem helfen wollen, sollten Sie nach Wurzeln graben, statt sich nach den Früchten zu strecken. Als Schmerzdetektiv kommt man an die Wurzel heran. Dafür stelle ich gerne drei großartige Fragen, die mir mein Freund Ken Glickman im Jahr 1991 verriet:

1. Wo stehen Sie?
2. Wohin wollen Sie?
3. Wie kommen Sie dorthin?

Man kann mit diesen Fragen gut herausfinden, was andere antreibt und wie man ihnen helfen kann, aber sie sind bei einem selbst ebenso nützlich, denn wir können ebenso gut vor uns selbst eine Fassade errichten, wie wir es vor anderen machen.

Kurz gesagt: Sie können mit diesen drei Fragen alle im Leben angestrebten, persönlichen oder beruflichen Ziele erreichen.

2. Erschaffen Sie Ihr eigenes Genius Network

Ich habe mal vor Jahren den Satz gehört, dass eine Idee nichts wert ist, wenn man sie nicht auf der Rückseite einer Serviette skizzieren kann. Und einige Zeit später hörte ich ein Zitat vom inzwischen verstorbenen Werbetexter Gary Halbert: »Jedes Problem der Welt lässt sich mit dem richtigen Verkaufstext lösen.«

Zu all dem würde ich noch folgende Wahrheit hinzufügen: »Jedes Problem der Welt lässt sich mit dem richtigen Genius Network lösen« – also einem Netzwerk von Menschen, die bestimmte Fähigkeiten, Ressourcen und geniale Ideen zur Verfügung stellen, wenn Sie eine Connection, Idee oder Lösung benötigen. Menschen, die Ihnen bei Problemlösungen, Herausforderungen oder neuen Chancen helfen können.

Ein solches Genius Network zu erschaffen, mag sich schon jetzt wie ein großartiges Werkzeug anhören, aber Sie fragen sich vielleicht: *Was hat das alles mit* Leiden *zu tun?*

Ich vertrete die Meinung, dass die Verbindung zu anderen immer auf irgendeiner Ebene mit einer Leidminderung zu tun hat, selbst wenn dieses Leid im großen Ganzen betrachtet nur ein kleines ist. Stellen Sie sich an einem Ende des Spektrums zwei einsame, traurige Menschen vor, die sich zufällig treffen, gut verstehen und anfreunden: Ein Zwei-Personen-»Netzwerk« ist geboren, das deren Einsamkeit lindert. Auch wenn eine Freundschaft, die auf persönlicher Nähe basiert, definitiv kein Genius Network ist, so funktioniert es doch ähnlich.

Denn in einem Genius Network sind alle in der Gruppe gut vernetzt, wollen anderen etwas geben und haben vermutlich externe, wenn auch unterschiedlich definierte Charakteristika des Erfolgs. Auf den ersten Blick mag es so wirken, als litten diese Leute keinen Schmerz oder hätten keine Probleme – aber das stimmt nicht. Manchmal sind ihre Probleme im Vergleich zu anderen kleiner (wie der »Schmerz«, nicht zu wissen, wie man gute Angestellte für das eigene Unternehmen findet), aber manchmal eben auch gewaltig (wie der Schmerz, eine schlimme Krankheit vor der eigenen Familie zu verbergen, und die damit einhergehende Angst).

Es unterscheiden sich ein durchschnittliches Netzwerk und ein Genius Network nicht wahnsinnig viel voneinander bezüglich der zugrundeliegenden Motivationen, denn beide können Ihnen helfen, Probleme zu lösen und bessere Erlebnisse für sich und andere zu erzielen. Ein Genius Network ist schlicht viel zielgerichteter, weil man zusammenkommt, um *spezifische* Probleme zu lösen, mit der gemeinsamen Absicht, einander etwas zu *geben* statt einfach etwas zu nehmen.

Wenn ich irgendein Problem lösen, eine Chance ergreifen oder eine Herausforderung überwinden will, frage ich mich, wer die besten Menschen wären, um meine Zeit, mein Geld und meine Energie zu investieren. Dafür nutze ich das Werkzeug des Genius Networks und das entsprechende Mindset zur Lösungssuche.

Die Idee eines Genius Networks fällt einem nicht einfach in den Schoß. Es geht darum, dass man ein Genius-Networker *wird*, der Genius-Networking *betreibt*, sodass er schließlich über ein Genius Network *verfügt*. Was aber heißt das genau? Dabei kann vereinfacht eine simple Übung helfen:

1. Zeichnen Sie in der Mitte eines Blatts Papier einen Kreis.
2. Zeichnen Sie acht kleinere Kreise in einem Ring außen um diesen Kreis.
3. Schreiben Sie in jeden der kleineren Kreise die Namen der acht wichtigsten Personen in Ihrem Leben.
4. Schreiben Sie unter deren Namen ihre Skills und Ressourcen.
5. Denken Sie nun darüber nach, wie Sie jeder dieser Personen helfen können. Und denken Sie darüber nach, wie diese Ihnen helfen können.

Es ist immer wieder spannend, was passiert, wenn Sie zum Eingrenzen auf acht Menschen gezwungen werden. Wer kommt dabei an die Oberfläche?

Diese Übung zeigt, dass ein Genius Network mit dem Nachdenken über den eigenen Wert *für* andere seinen Anfang nimmt. Danach geht es um die Vernetzung und die Verteilung dieses Werts über das gesamte Netzwerk – und als allerletztes geht es um den Nutzen dieses Netzwerks für die Problemlösungen. Das ist für einen richtige Genius Network stets das beste Werkzeug für Lösungen.

Identifizieren Sie dafür zuerst einen verbesserungswürdigen Bereich in Ihrem Leben, eine ausbaufähige Beziehung oder ein zu lösendes Problem. Dann sollten Sie die wertvollsten Beziehungen in Ihrem Leben identifizieren plus deren Ziele und Ressourcen. Finden Sie danach zu guter Letzt heraus, wie Sie diesen Personen am besten helfen können.

Um Dan Sullivan aus seinem Podcast *10xTalk* zu zitieren: »Sie sollten niemals mit einer Chance rechnen, wenn Sie anderen keinen Wert bieten.« Deswegen müssen Sie darüber nachdenken, was Sie für andere tun oder ihnen anbieten können, um ihnen wirklich nützlich zu sein (das Schlüsselwort hierbei ist *wirklich*).

Dafür dürfen Sie nicht auf bestimmte Ergebnisse fixiert oder darauf angewiesen sein, dass andere etwas für Sie tun. Sie dürfen keine einseitige »Nehmer«-Agenda haben.

Im Grunde zwingt Sie mein »Genius Network«-Tool zu folgenden Fragen:

1. Wer sind diese Menschen?
2. Was wollen sie?
3. Über welche Ressourcen verfügen sie?
4. Was weiß ich und wie kann ich ihnen möglichst viel helfen?

Es handelt sich dabei um ein wirkungsvolles Werkzeug, aber es sollte nicht einfach als Gimmick eingesetzt werden. Wenn Sie das Ganze nicht auf authentische Weise angehen, werden Sie das Ziel verfehlen.

Diese Ressource funktioniert nur langfristig gedacht und nur mit jemandem, der den eigenen Charakter weiterentwickelt hat, gute Absichten verfolgt und immer darauf Taten folgen lässt. Es ist ein Tool, das ebenso sehr funktioniert, wie man sich selbst authentisch einbringt und damit befasst. Wenn Sie dazu bereit sind, wird es für Sie sehr wertvoll sein.

2. KAPITEL

INVESTIEREN SIE ZEIT, AUFMERKSAMKEIT, GELD, AUFWAND UND ENERGIE IN BEZIEHUNGEN

Ich habe in meinem Leben schon viele verschiedene Personen verkörpert und verschiedene Leben gelebt, aber am bekanntesten bin ich für meine Gründung des Genius Networks. Das ist eine Gruppe von Unternehmern auf den höchsten Ebenen, die sich vernetzt haben, um bessere Unternehmer zu werden und solche auszubilden, die die Welt mithilfe des ELF(einfach, leicht, fröhlich)-Prinzips verändern wollen. Die Gruppe vernetzt sich mit den weltweit hellsten Köpfen im Businessbereich und arbeitet mit ihnen zusammen, um mehr Schwung und Impuls zu bekommen und einen Beitrag zu leisten.

Es geht also beim Genius Network darum, für einen möglichst positiven Impact auf die Welt in sich selbst, sein Business und die eigenen Beziehungen zu investieren. Die Mitgliedschaft erfordert ein jährliches Investment von 25.000 bis 100.000 Dollar.

Selbstverständlich gibt es viele Menschen, die sich eine Mitgliedschaft im Genius Network nicht leisten können, aber fast alle, die ich treffe, würden gern ihre Fähigkeiten im Aufbau und Erhalt von starken Beziehungen verbessern. Das ist eine für alle essenzielle Lebensfertigkeit – und für jeden erreichbar.

Mein erstes Geheimnis meiner Erfolge im Leben und Business ist simpel: Ich investiere mehr Zeit, Aufmerksamkeit, Geld, Mühen und Energie in meine Beziehungen als in alles andere – und das möglichst langfristig.

WAS SIND BEZIEHUNGEN UND WIE WERDEN SIE GEBILDET?

Mein guter Freund Dr. Robert Cialdini ist Autor mehrerer Bücher, die zu Gamechangern wurden, unter anderem *Pre-Suasion* und *Influence*. Er ist weltweit bekannt als der prominenteste Experte für die wissenschaftliche Betrachtung von Einfluss sowie dessen ethischen Einsatz im geschäftlichen Bereich. Er weiß unheimlich viel über Beziehungen und hat mir erklärt, dass man *Kollaborationen* bei gemeinsamen Erfahrungen für den Beziehungsaufbau mit ins Spiel bringen sollte.

Dr. Ned Hallowell, ein befreundeter Psychiater, zudem Autor von über 20 Büchern, nennt Beziehungen »Vitamin B«. In *Zwanghaft zerstreut: oder Die Unfähigkeit, aufmerksam zu sein,* ein mit Dr. John J. Ratey zusammen geschriebenes, grundlegendes Werk für unser heutiges Verständnis von ADHS, führte Hallowell aus, dass wir Verbindungen zu anderen buchstäblich zum Überleben brauchen.

Wenn man diese zwei Genies möglichst schlicht paraphrasieren wollte, könnte man eine Beziehung als *kollaborative Verbindung* bezeichnen.

Verbindung und Kollaboration ermöglichen es Ihnen, Ihre Fertigkeiten, Anliegen, Kommunikation, Ihren Kontext, Ihr Verständnis, Mitgefühl und Ihre Sorge mit einem anderen Menschen zu teilen, um daraus etwas Neues zu erschaffen. Beziehungen sind auf fundamentale Weise kreativ und in gewissem Sinne sogar künstlerisch.

Die Definition von »Kunst« dürfte den Rahmen dieses Buches sprengen, aber wir können uns wohl allgemein darauf einigen, dass Kunst eine Art von Ausdruck ist, in welcher Form auch immer. Ein Künstler kann etwas zum *Ausdruck* zu bringen. Und an dieser Stelle wird es interessant.

Ob Sänger, Schauspieler, Schriftsteller, Performer oder Athlet – viele der am meisten bewunderten Menschen der Welt sind sehr *ausdrucksstark*. Ihre jeweilige Kunstform kann gewaltige Emotionen beim Publikum hervorrufen. Diese Fertigkeit ist zudem nicht auf das beschränkt, was wir uns normalerweise unter Kunst vorstellen. Herausragende Entrepreneure können wahre Unternehmenskünstler sein, so wurde Steve Jobs als CEO größtenteils aufgrund seiner künstlerischen Fähigkeiten beim Marketing, der Produktverpackung, Marktpositionierung und als Führungsperson so erfolgreich.

Bei Beziehungen geht es um eine Verbindung, und der *Ausdruck* ist ein Teil einer solchen Verbindung. Es geht um Offenheit, Kommunikation und Ungezwungenheit, um anderen zu zeigen, was Sie wollen und wie Sie gemeinsam dorthin gelangen. Die Beziehungen mit den tragfähigsten Verbindungen haben einen gemeinsamen Zweck. Dieser kann in manchen Fällen aus einer Freude heraus entstehen, wie bei zwei Menschen, die leidenschaftlich gern malen und sich gegenseitig zu mehr Experimentierfreude und einer Verbesserung ihres Könnens anregen. In anderen Fällen entsteht ein gemeinsamer Zweck aus dem Schmerz – ein bedeutender Teil eines 12-Schritte-Programms.

Unabhängig davon, worin dieses gemeinsame Band besteht: Eine starke Verbindung ist der Schlüssel zu Beziehungen. Auch wenn es natürlich nicht immer einfach ist, sich in dieser emotionalen Landschaft zurechtzufinden.

Dominostein: Über welche Expertise oder Interessen Sie auch immer verfügen, es ist eine für alle erlernbare Lebenskunst, Beziehungen zu schaffen. Bei Beziehungen geht es darum, eine Verbindung einzugehen, das beinhaltet einen persönlichen Ausdruck.

Man erschafft mit Offenheit und Ausdrucksstärke ein gemeinsames Ziel, einen Zweck, der für mehr Impact sorgt.

Frage an Sie: In welchen Bereichen verfügen von Ihnen bewunderte Menschen über Ausdrucksstärke und Offenheit, die Ihnen selbst unangenehm wären – und was hält Sie davon ab, sich selbst schon heute zum gleichen Verhalten in einer Ihrer wichtigsten Beziehungen zu ermuntern? (Zu den Beispielen gehören: vor Publikum eine Rede zu halten, Singen, Stand-up-Comedy, Kunst, Musik, Tanz und so weiter.)

IN EINE BEZIEHUNG INVESTIEREN ODER SICH VERAUSGABEN

Sie kennen sicher den Spruch »Zeit ist Geld«. Für mich und alle anderen, die wahren Erfolg darin sehen, dass man glücklich ist und etwas erreicht hat, sind *Beziehungen* Geld. Der Unterschied ist wichtig, denn viele finanziell erfolgreiche Menschen haben wenige Verbindungen zu anderen Menschen – und gehören zu den wohl unglücklichsten Menschen.

Der Aufbau von Unternehmen, Wohlstand und Beziehungen gehen auf vielen Ebenen oft Hand in Hand, denn sie funktionieren bei genauerer Betrachtung ähnlich: Man muss für wirkliche Ergebnisse langfristig investieren.

Hervorragende Beziehungen haben mit großem Wohlstand und sozialem Impact eins gemein: Es beginnt mit der eigenen Einstellung. Menschen, die Beziehungen als Transaktionen sehen, verhalten sich, als seien Transaktionen ihr Geschäft, während Menschen, die Beziehungen langfristig betrachten, sich verhalten, als seien diese ihr Geschäft.

Man kann sich den Unterschied zwischen transaktionalen und transformativen Beziehungen auch anders vorstellen: wie der Unterschied zwischen Ausgaben und Investitionen – klingt ähnlich, ist etwas völlig anderes. Denn

Ausgaben sind die notwendigen, wenn auch oft unangenehmen Kosten einer Unternehmung. Eine Investition impliziert eine lange Sicht und benötigt positive, produktive Energie.

Ein auf Ausgaben bedachtes Mindset funktioniert nicht, wenn man die richtigen Leute treffen und sich mit ihnen anfreunden will: Sich in Beziehungen im kurzfristigen, transaktionalen Austausch zu verausgaben, ist erschöpfend. Denn das lässt sich nur aufrechterhalten, wenn man immer mehr Menschen (beziehungsweise Opfer) zum Ausnutzen findet, das aber rächt sich meist irgendwann. Bei solchem Verhalten betrachtet man jede Interaktion mit anderen wie einen Aufenthalt in einem billigen Hotel, in dem man gezwungenermaßen während einer Reise übernachten muss. Das Leben mag eine Reise sein, aber wenigstens einige der Personen unterwegs sollten zu unseren Reisegenossen werden.

Das die Investition in den Vordergrund stellende Mindset ähnelt einem Besuch in einem lokalen Restaurant, dessen Besitzer mit Ihrer Familie gut bekannt ist. Sie sind mit der Belegschaft befreundet und brauchen keine Speisekarte, weil der Kellner bereits Ihre Bestellung weiß.

Bei der Investition von Zeit, Geld und Energie in Beziehungen sieht man alle als ein Investment statt als Kostenpunkt. Das ist nuanciert, denn wenn Sie zu geizig sind für dieses Investment Ihrer Zeit, Aufmerksamkeit, Ihres Geldes, Ihrer Anstrengungen und Energie, wird das nicht in dem gewünschten reichen Leben und den tiefen Beziehungen münden – es wird aber genauso wenig passieren, wenn Sie diese Ressourcen gedankenlos in alle Dahergelaufenen investieren.

Wie bei allem brauchen Sie für Effizienz ein gutes Rahmenkonzept, das ist aber zum Glück bei Beziehungen nur einen Satz lang.

Dominostein: Die besten Beziehungen erwachsen aus der Perspektive eines langfristigen Investments statt einer kurzfristigen Ausgabe. Die Ressourcen, die Sie in Beziehungen ausgeben oder investieren, sind Ihre Zeit und Aufmerksamkeit, Ihr Geld, Ihre Mühe und Energie.

Frage an Sie: An welchen Stellen treten Sie kurzfristig und transaktional an wichtige Beziehungen heran? Was würde sich verändern, wenn Sie einen Ansatz der langfristigen Investition verfolgen würden?

DIE EIN-SATZ-LÖSUNG

Ben Hunt-Davis war 2000 der Captain des britischen nationalen Ruderteams. Ben gab dem Team eine Frage, die sie sich selbst vor jeder Entscheidung und jeder Handlung stellen sollten, sei es beim Training oder außerhalb dessen: »Wird es das Boot schneller machen?« Wenn das Team darüber nachdachte, am Vorabend vor dem Training in den Pub zu gehen, fragten sich alle: »Wird es das Boot schneller machen?« Wenn die Antwort Nein lautete, gingen sie nicht. (Ein kleiner Tipp: Wenn Sie sich die Frage stellen müssen, lautet die Antwort meist Nein.)

Diese eine Frage hatte einen so großen Einfluss auf ihr Verhalten, dass sie bei den Olympischen Spielen 2000 in Sydney die Goldmedaille gewannen. Wenn Sie in Ihren Beziehungen nach der Goldmedaille streben, können Sie dieselbe Strategie anwenden.

Bevor Sie etwas tun, stellen Sie sich die Frage: *Wird die Beziehung daran wachsen?*

Eine Verbindung aufzubauen ist gut, aber in einer guten Beziehung geht es auch um *Wachstum*. Nachdem Sie den Samen mit Zeit, Aufmerksamkeit, Geld, Mühen und Energie gesetzt haben, können Sie nicht einfach verschwinden, denn Sie müssen ihn wässern und sich darum kümmern, wenn es ein großer Baum mit dickem Stamm werden soll.

Es gibt natürlich eine Einschränkung, denn *nicht jedes Wachstum geschieht auf die gleiche Weise*. Sie können entweder eine mächtige Eiche wachsen lassen oder Krebs, der jedes lebensnotwendige Organ befällt. Nicht jedes Wachstum ist Fortschritt oder hilfreich. Sie müssen sicherstellen, dass alle Ihre Beziehungen für beide Seiten nützlich statt destruktiv sind, nachdem Sie Ihre Ressourcen investiert haben. Während Sie sich also der Hege Ihrer Bäume widmen, müssen Sie diese regelmäßig auf Früchte checken. Das ist eine Lektion, die ich wieder und wieder in meinem eigenen Leben auf die harte Tour lernen musste – seit der Highschool.

Meine Beziehung zu meinem Freund Fred ähnelte während meiner Partyzeit dem Film *Ich glaub', ich steh' im Wald*: Fred hatte einen VW-Bus und wir fuhren damit zusammen vom Campus, um etwas zu essen und Drogen zu nehmen. Die erste Warnglocke schrillte, als Fred davonfuhr und mich auf einem Parkplatz zurückließ. Ich machte mir nichts weiter daraus und ging davon aus, dass er mir nur einen Streich spielen wollte.

Einige Tage später sah ich auf dem Weg zu meinem Spind jemanden aus dem Augenwinkel auf mich zukommen. Während ich mich noch umdrehte, schlug mir Fred schon direkt über dem Auge ins Gesicht und mich zu Boden. Danach sprang er noch auf mich drauf und schlug mich wiederholt. Ich dachte nur: *Aber Fred ist doch mein Freund.*

Die Beziehung zwischen Fred und mir war vielleicht nicht besonders tief, aber ich hatte eine Menge Zeit, Aufmerksamkeit und Energie hineingesteckt. Unsere Freundschaft war aber auf destruktive Weise gewachsen – so sehr, dass er wohl kein Problem damit hatte, mich vor meinem Spind zusammenzuschlagen.

Ich lernte daraus eine wichtige Lektion darüber, mit wem ich Zeit verbringen sollte. Die gute Nachricht: Sie müssen für eine Bewertung der Beziehungen in Ihrem Leben nicht darauf warten, dass Ihnen ein sogenannter Freund eine reinhaut.

- Macht das Start-up, das Sie finanzieren, Fortschritte, während Sie immer mehr investieren? Oder verbrennen die Gründer Ihr Geld und Ihre Aufmerksamkeit, ohne Ihnen dafür etwas zurückzugeben?
- Öffnen Ihre strategischen Businesspartner Ihnen neue Türen und verschaffen Ihnen neue Möglichkeiten? Oder schachern nur Sie ihnen Geschäfte zu – zu hohen persönlichen Kosten?

- Fühlen Sie sich in Ihren Freundschaften gleichermaßen unterstützt und respektiert? Oder hören Sie sich ständig nur die Probleme anderer an und helfen stets, wenn es mal »brennt«, aber im Austausch dafür finden Sie kein einziges Mal ein offenes Ohr?

Die Lektion, wie Sie Ihre Zeit, Aufmerksamkeit, Ihr Geld, Ihre Mühen und Ihre Energie einsetzen sollten, ist einfach: Beziehungen haben einen eingebauten Feedbackmechanismus, den man *Wachstum* nennt. Jede (positive oder negative) Beziehung wird sich entwickeln und wachsen, während Sie immer mehr investieren.

Die Frage dabei lautet: Wachsen Sie gemeinsam in die richtige Richtung? Oder taumeln Sie davon in die Finsternis? Was sind die Nebenprodukte oder Früchte der Beziehungen? Welche internen und externen Transformationen bringt sie hervor? Das Feedback aus diesem Wachstum können Sie nur auf eigene Gefahr hin ignorieren. Treffen Sie lieber die Entscheidungen, die das Boot schneller machen.

Dominostein: Bewerten Sie Ihre Handlungen innerhalb von Beziehungen mit einem Satz: Wächst damit die Beziehung? Wachstum ist ein in Beziehungen inhärenter Feedbackmechanismus, der verrät, wie gesund diese sind – aber Wachstum kann positiv oder negativ sein. Kultivieren Sie positives Wachstum und eliminieren Sie das negative.

Frage an Sie: Welches waren Ihre bis dato transformativsten Beziehungen? Welches Wachstum wurde durch die Beziehung ausgelöst?

TIEFGEHENDE BEZIEHUNGEN BEWIRKEN DEN GRÖSSTEN IMPACT

Welchen Impact Ihre Zeit und Energie auf die Welt um Sie haben, hängt größtenteils von deren Einsatz ab: Wenn Sie über eine Agenda reden, die der anderen Person völlig egal ist, werden Sie Ihre Energie verschwenden. Wenn das, was Sie sagen, ihr aber Auftrieb gibt, werden Sie die übertragene Energie sehen können.

Es gibt eine spirituelle Komponente bei der energetischen Dynamik in unseren Beziehungen und welchen Impact sie in der Welt hinterlassen. Wir stellen uns Energie meist wie Kraftstoff vor, den wir auf Lager haben – wie Benzin –, dabei handelt es sich auch um eine Dynamik zwischen Expansion und Kontraktion: Sobald Sie die Energie einer Person oder Situation vergrößern, schaffen Sie unglaublich wirkungsvolle Netzwerkeffekte.

Eines Tages näherte sich mir auf dem Weg zu meinem Auto ein großer Mann mit rasiertem Schädel.

»Joe Polish?«, fragte er mit sanfter Stimme. »Schön, Sie zu treffen.«

»Kennen wir uns?«, fragte ich vorsichtig zurück und mir fiel seine muskulöse Statur auf.

»Nein«, erwiderte er, »aber ich bin Arzt und habe mir vor fast 20 Jahren Ihre Piranha-Marketing-Aufnahmen angehört.« Er bezog sich auf ein Programm namens *Piranha Marketing: Die sieben Multiplikatoren des Erfolgs, mit dem Sie jeden Markt dominieren.* »Sie waren gleich von Anfang an ein wichtiger Grundstein für den Erfolg meines Business. Ich wollte Sie nicht weiter stören, ich wollte Sie nur wissen lassen, dass Sie ein wesentlicher Einflussfaktor meines Lebens waren. Man kann nie wissen, welchen Einfluss man auf Menschen hat.«

Diese Interaktion hat mich wirklich überrascht und mir etwas gelehrt. Es ist einfach, sich darauf zu fokussieren, was eine gute Beziehung für *Sie* tun kann, aber was ist mit der anderen Seite der Gleichung? Wie handeln Sie *gegenüber* anderen oder was tun Sie *für* sie? Das erinnert mich an ein Sprichwort, das Sie vielleicht auch schon einmal gehört haben: »Sei nett zu den

Menschen, die du auf dem Weg nach oben triffst. Du wirst sie auf dem Weg nach unten wiedersehen.« Dieses Zitat erwähne ich seit Jahren gegenüber vielen Menschen.

Ich behandle alle, die ich treffe, als würde ich sie irgendwann wiedersehen. Ich will möglichst und immer, wenn sich die Gelegenheit ergibt, sowohl einen bleibenden Eindruck als auch alles etwas besser hinterlassen, als ich es vorgefunden habe. Die Momente mit dem positivsten Impact waren keine besonders geplanten, strategischen Entscheidungen, sondern erwuchsen organisch aus dieser einfachen Philosophie heraus.

Das Fazit: Verbreiten Sie, wo immer Sie sind, so viel Positivität und Liebe, wie Sie können – nicht um einer imaginären künftigen Bestrafung zu entgehen, sondern weil Sie nicht wissen, welchen positiven Impact Sie auf andere und die Welt haben können. Häufig haben unsere bescheidenen Mühen einen weitreichenderen Effekt, als wir denken.

Dominostein: Ein Netzwerk tiefer Beziehungen schafft einen sich gegenseitig verstärkenden, übergroßen Impact. Das ist auch die Idee hinter dem Genius Network, und Sie können dieselben Prinzipien für Ihr eigenes Netzwerk anwenden.

Frage an Sie: Welchen lebensverändernden Impact hatten andere Menschen in Ihrem Leben – inklusive derer, die Sie nie persönlich kennengelernt haben?

EIN GENIUS NETWORK LOHNT SICH

Bisher haben wir herausgefunden:

1. Man baut Beziehungen durch tiefe Verbindungen auf. Tiefe Verbindungen wiederum entstehen, wenn man sich ehrlich und offen ausdrückt, wenn man Zeit, Aufmerksamkeit, Geld, Mühe und

Energie in andere investiert. Dabei ist es essenziell, diese wertvollen Ressourcen in die *richtigen* Menschen zu investieren. Es kann hier hilfreich sein, sich Ihre Ressourcen als Energie vorzustellen, die sich zusammenzieht oder ausdehnt, statt als Benzintank, der entweder voll oder leer ist. Vermehren oder vermindern Ihre Beziehungen Ihr Energieniveau? Und wie erweitern oder verengen Sie das Leben anderer?

2. Sie können Ihre Beziehungen anhand von Wachstum als Art eingebauten Feedbackmechanismus bewerten. Das Wort *Feedback* impliziert, dass etwas, das Sie hineinstecken, wieder in irgendeiner (positiven oder negativen) Form zu Ihnen zurückkommt. Starke Beziehungen lassen beide Parteien in positive Richtungen wachsen.

Sehen wir uns noch einen dritten Punkt an, auf den wir im Genius Network Wert legen:

3. Es besteht in einer Beziehung ein Unterschied zwischen Ertrag und Dividende. Dieser Unterschied ist der Schlüssel dafür, wie Sie Ihre Zeit, Ihr Geld und Ihre Energie investieren sollten.

Die erste Frage ist eine qualitative: »Würde ich dank der Investition von Zeit, Geld und Energie einen Ertrag *aus* dieser Beziehung erhalten?«

Die zweite Frage ist eine quantitative: »Wie viel Zeit, Geld und Energie sollte ich nun für eine Dividende *auf* diese Beziehung investieren?«

Das macht den Unterschied aus, ob man nur die Besten in seinem Netzwerk hat oder auch mit ihnen auf bedeutende Weise interagiert. Sie wollen eine *Dividende* auf Ihr Genius Network – und das macht es auch so wertvoll. (Aus diesem Grund war eine der Übungen im vorherigen Kapitel eine Auflistung Ihrer eigenen wertvollen Eigenschaften.)

Mit einem Genius Network an Beziehungen in Ihrem Leben werden Sie Ihre Beziehungsdividende erhöhen und können die genialen Fähigkeiten

Ihres Netzwerks nutzen, wie Sie es sich ohne gebendes, anpassungsfähiges, intelligentes und lösungsorientiertes Netzwerk nie hätten erträumen können.

Die Dividende auf Ihr Genius Network könnte man auch eine Dividende auf Ihren Ruf nennen. Wenn man Sie als hilfreiche, fürsorgliche, großzügige Person kennt, wird dieser Ruf zu einem Zinseszinseffekt führen: mit mehr und mehr Menschen in Ihrem Umfeld, die die gleichen Ziele wie Sie haben. Die Formel ist einfach: *Je mehr Gutes Sie tun, desto mehr Gutes werden Sie erhalten.*

Das predige ich schon seit Jahren: Das Leben gibt den Gebern. (*Life gives to the givers* ist auch der Titel eines meiner Bücher, die Sie kostenlos unter www.JoesFreeBook.com erhalten können.) Wenn Sie den Menschen das Richtige geben, wird das Leben Ihnen im Übermaß etwas zurückgeben, wenn Sie aber das Falsche geben, wird es Ihnen immer noch etwas zurückgeben – jedoch vielleicht nicht das, was Sie wollten.

Das Genius Network ist ein Netzwerk der Fertigkeiten, und je mehr davon Sie kombinieren, desto größer ist die Wahrscheinlichkeit, dass Sie etwas für die Kollaboration und die Verbindung dieser Fertigkeiten zurückerhalten. Wie jedes Mitglied eines Netzwerks mit tragfähigen Beziehungen bestätigen kann, kann es Auswirkungen haben, die zusammenwirken und gewaltig sind – sehr viel gewaltiger als alles, was wir allein erreichen können.

Jason Fladlien (ebenfalls ein Mitglied) beschrieb meine Arbeit beim Genius Network mal folgendermaßen: »Du bringst Einhörner zusammen.« Leben die Einhörner in Isolation und sind von Eseln umgeben, geht es ihnen schlecht, daher finde ich diese Einhörner und stelle sie einander vor, denn gemeinsam können Einhörner die Welt verändern.

Dominostein: Der Nutzen von vielen positiven, wachsenden Beziehungen ist eine Dividende auf Ihr Genius Network, auf dessen latente Fertigkeiten und Talente. Dafür müssen Beziehungen aber authentisch und reziprok sein.

Frage an Sie: Welche Dividende erhalten Sie auf die Investitionen, die Sie in Ihre Beziehungen stecken? Haben Sie Ihr eigenes Genius Network mit anhaltenden Dividenden?

DIE 12 GEFAHREN BEI DER INVESTITION IN BEZIEHUNGEN

All die grundlegenden Vorarbeiten, die wir hier betrachtet haben – wie man sich vernetzt, seine Energie investiert, Beziehungen weiterentwickelt und in der Welt einen gewaltigen Impact macht –, haben mit den positiven Seiten von Beziehungen zu tun. Natürlich gibt es auch potenzielle Nachteile. Mir hat ein 12-Schritte-Programm über meine Süchte geholfen sowie meine Perspektive auf mich selbst und die Welt verändert. In Anlehnung daran habe ich meine eigene Liste von 12 Punkten zusammengestellt, die Sie in Ihren Beziehungen vermeiden sollten – wie Sie unwissentlich Ihre Zeit, Ihr Geld oder Ihre Energie falsch investieren. Ich bin selbst in all diese Fallen getappt, also weiß ich Bescheid. Sie können eine Menge über diese Themen in den Podcasts und Interviews hören, die ich mit einigen der cleversten Menschen dieser Welt geführt habe – unter www.JoePolish.com/WIIFT.

Gefahren bezüglich der Zeit

1. **Ihre eigenen Wünsche, Ihr Wachstum, Ihre Talente und Fertigkeiten dem Gutdünken eines anderen ausliefen.** Das passiert bei fehlendem Verständnis für die eigenen Fähigkeiten oder bei nötigen, aber fehlenden Skills für ein freies, autonomes Handeln. Sie sollten den Unterschied zwischen Übung und Praxis kennen, so verbringt ein Profisportler weitaus mehr Zeit mit dem Training für einen Wettbewerb als mit der Teilnahme daran. In den Phasen Ihres Lebens, in denen Sie etwas lernen, weiterentwickeln und versuchen, in etwas richtig gut zu werden, müssen Sie geschickt mit

Ihrer Zeit haushalten lernen. Die Gefahr hierbei ist, dass Sie nach all den vielen Wiederholungen einen Gang hochschalten müssen und Ihren eigenen Wert erkennen müssen. Wenn Sie sich nie die Identität eines Profis zu eigen machen, werden Sie in mittelmäßigen Beziehungen stecken bleiben und mittelmäßige Resultate erzielen, trotz der vorhandenen Fertigkeiten und Potenziale.

2. **Überengagement**. Je visionärer oder kreativer sie sind, desto einfacher verfallen Sie dem Glauben, dass Sie mehr als tatsächlich leisten können. Üben Sie, den Zeitfaktor eines Projekts einzuschätzen. Für mich funktioniert dabei eine Regel: Wenn man ein neues Projekt beginnt, sollte man einberechnen, wie viel Zeit, Energie und Geld erforderlich sind. Verdoppeln Sie diese Zahlen. Große Unterfangen brauchen normalerweise zweimal so viel Mühe als gedacht. Wenn ich das früher in meiner Karriere gewusst hätte, hätte ich mir selbst jede Menge Bauchgrimmen erspart. Wenn Sie realistisch die nötigen Ressourcen für eine engagierte Herangehensweise an ein Projekt einschätzen, können Sie bei Ihren Zu- und Absagen zunehmend wählerischer werden.
3. **Desorganisation**. Wenn Sie zu viel besitzen oder konsumieren, wird all das Zeug, das Sie umgibt, konstant Aufmerksamkeit erfordern. Häufen Sie lieber nichts an. Besitzen Ihre Gegenstände eher Sie? Wenn Ihre Zeit und Aufmerksamkeit auf zu viele Sachen verteilt sind, kann man nicht mehr mit irgendjemandem oder irgendetwas in die Tiefe gehen, sondern nur noch an der Oberfläche kratzen. Dabei ist Tiefe in Bezug auf die Investition in Beziehungen stets besser. Investieren Sie an den Stellen, wo sich die Dividende von selbst vermehrt.
4. **Immer Ja sagen.** Für die Suche nach Gelegenheiten ist eine Not-to-do- besser als eine To-do-Liste. In jungen Jahren ist ein gewisser Hunger und das sofortige Ergreifen von Chancen eine gute Sache, aber wenn Sie das zu häufig oder zu lang tun, werden Sie zu weit von der Spur abkommen. Wenn Sie aber vorher wissen, was Sie

nicht tun werden, sparen Sie Zeit, reduzieren Ihren nötigen Energieaufwand für Entscheidungen und ermöglichen sich die Konzentration auf das Wesentliche. Sagen Sie lieber häufiger Nein. Mein Freund Derek Sivers fasst es wie folgt zusammen: »Wenn du nicht das Gefühl hast, ›Verdammt ja, das hört sich fantastisch an!‹, dann solltest du Nein sagen.«

Gefahren bezüglich der Energie

5. **Schlafmangel**. Wie lösen Sie ein Problem, das wiederum 5, 10 oder 100 andere Probleme löst? Sie schlafen länger. Wenn Sie Ihre Schlafprobleme lösen, verbessern Sie damit Ihren Energiehaushalt und Fokus, was zahllose andere Probleme in Ihrem Leben löst. Unterschätzen Sie nicht die Macht des Schlafs.
6. **Schlechte Ernährung**. Es ist entscheidend, wie Sie Ihren Körper mit Nährstoffen versorgen. Die von Ihnen gegessene Nahrung, die zugeführte Flüssigkeit und die Menge an Bewegung ist entscheidend für Ihren Energiehaushalt. Wie bei anderen lebenden Wesen braucht Ihr Körper Wasser, Nährstoffe, Bewegung und Zeit im Freien. Parallel zu einer verbesserten Gesundheit beeinflusst das auch positiv Ihr Umfeld.
7. **Das falsche Umfeld.** Wenn Sie sich im falschen Umfeld befinden, kann Sie das auslaugen, während Ihnen das richtige neue Energie spendet. Ist Ihr Umfeld lebensspendend? Entwickeln Sie sich dank Ihres Umfelds positiv weiter?
8. **Blutsauger, Parasiten und falsche Freunde.** Wenn Sie erfolgreicher werden, aber dabei die falschen Freunde um sich haben, kann das zu einem niedrigen Energielevel, zu Erschöpfung, Co-Abhängigkeit, Schuldgefühlen und einem Verfehlen Ihrer Ziele führen. Wenn alles rund läuft, sind alle nett, um von Ihrem Erfolg zu profitieren, wird es aber mal schwieriger, sollten Sie darauf achten, wer sich dann noch blicken lässt. Es wird Menschen in Ihrem Leben

geben, die, solange Sie auf deren Niveau bleiben, großartige Freunde sind. Werden Sie erfolgreicher oder wachsen über diese Menschen hinaus, können diese auch mal schnell zu Ihren Erzfeinden werden. Investieren Sie Ihre Energie also in die Menschen, die Ihnen, komme, was wolle, Liebe, Wertschätzung und Unterstützung zukommen lassen. Es kann ein hartes Stück Arbeit mit vielen Veränderungen sein, die falschen Freunde auszusortieren.

Gefahren bezüglich des Geldes

9. **Leichtsinnig Geld ausgeben und Glücksspiel.** Episodische oder sporadische Geldausgaben sind das Gegenteil eines strategischen Vorgehens. Wenn es um das Management Ihres Geldes geht, sollten Sie eine Spielermentalität vermeiden. Prüfen Sie sorgfältig, worin Sie Ihr Geld oder Kryptowährung investieren. Investieren Sie lieber in absolut vertrauenswürdige Menschen, aber halten Sie sich von jenen mit den kühnen Versprechungen fern, bei denen Ihre Warnglocken schellen.
10. **Fehlende Absicherung.** Geld sollte gemanagt und geschützt werden. Dafür muss man sich ein wenig mit Versicherungen, den rechtlichen Begebenheiten und Steuern auskennen. In den nächsten Jahrzehnten dürfte der Wohlstand durch den Handel von Kryptowährungen und mit Blockchains gewonnen und verloren werden – ganz abgesehen von den Möglichkeiten, die wir jetzt noch gar nicht kennen. (Während ich dieses Buch schreibe, sind NFTs der letzte Schrei, aber wer weiß, was es gerade ist, wenn Sie es lesen?) Investieren Sie in Beziehungen, die auf Zusammenarbeit beruhen, und vermeiden Sie die offensichtlich riskanten.

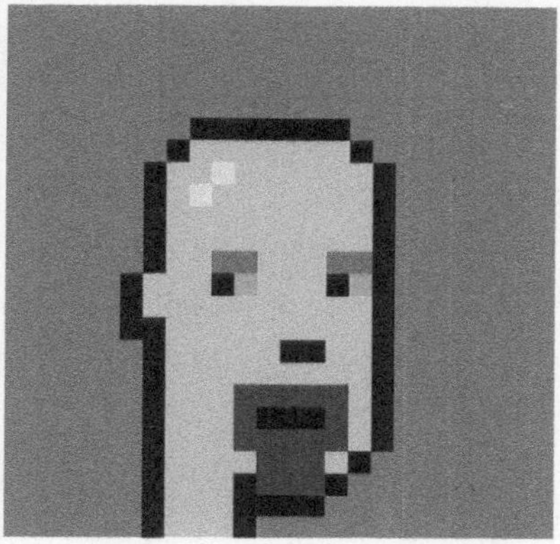

Oben abgebildet ist ein Cryptopunk, eines der ersten begehrten Sets, die 2017 veröffentlicht wurden – aus meiner eigenen NFT-Kollektion. Sehen Sie die Ähnlichkeit?

11. **Der leichtfertige Umgang mit Schulden.** Sie sollten den Unterschied zwischen verdientem und geliehenem Geld kennen. Denn es ist einer der größten Erfolgskiller, wenn man nicht selbst im Besitz der eigenen Zukunft ist. Wenn Ihre Zukunft von jemand anderem finanziert wird, sollten Sie nicht leichtfertig so tun, als hätten Sie die Zügel in der Hand. Borgen Sie sich Geld nur mit Bedacht und von den richtigen Leuten, oder Sie werden dann Schulden bei jemandem haben, bei dem Sie lieber keine haben sollten.
12. **Versuchen, andere zu beeindrucken.** Kaufen Sie sich schöne Autos, Häuser, Kleidung oder Status in den sozialen Medien, wenn Sie dafür eigentlich gar kein Geld haben? Die Wurzel all dessen liegt in der Eifersucht und Unsicherheit bezüglich anderer, erfolgreicher Menschen. Diese Einstellung kann zu illusionärem Denken führen oder gar zu finanzieller Waghalsigkeit. Verlassen Sie sich weniger auf Geld, sondern lieber auf Scharfsinn, Talent und die Verbindungen zu den richtigen Leuten. Nachhaltigkeit ist weit-

aus wichtiger als der Aufbau eines falschen Images. Meiden Sie also Menschen, bei denen sich alles nur um den Status dreht.

Diese 12 Tipps werfen ein Licht auf die Stolperfallen, die man auf seinem Weg durch die Welt vermeiden sollte. Jeder dieser Punkte könnte zu Ihrem Kryptonit werden. Und auch wenn sie vielleicht nicht alle auf Sie zutreffen, so ist es doch auf lange Sicht unschätzbar hilfreich, die eigenen persönlichen Gefahrenzonen zu kennen.

Dominostein: Beim Beziehungsaufbau lassen sich die größten Gefahren und gefährlichsten Fallstricke fast immer auf ein Missmanagement dreier Sachen zurückführen: Zeit, Energie und Geld.

Frage an Sie: Welche der 12 Gefahren trifft am ehesten auf Sie zu?

FINDEN SIE IHREN FLOW UND HABEN SIE SPASS DABEI

Mein Freund Dan Sullivan fragt die Menschen stets, ob sie jemals im Meer geschwommen sind. Wenn die Menschen die Hand heben, fragt er sie dann: »Wenn Sie das Meer wieder verlassen und jemand Sie fragt, wie es gewesen sei, antworten Sie dann: ›Naja, ganz nett, aber ich habe eine Menge vom Ozean verpasst‹? Wie viel Wasser brauchen Sie beim Schwimmen?«

Wenn alles in Ihrem Leben sich nur darum dreht, Zinseszinseffekte zu nutzen und Chancen zu vermehren – wenn Sie sich Sorgen machen, nicht genug vom Ozean abschöpfen zu können –, dann verhalten Sie sich, wenn auch unbemerkt, zunehmend transaktional. Das wäre, als würden Sie ein Wellnessbad eröffnen, weil sie so gern dort zum Entspannen hingehen – plötzlich ist die Entspannung weg. Wollen Sie zum Beziehungsexperten werden, müssen Sie Ihren Flow finden, Ihre Zeit produktiv managen, um Ihr gewolltes Ziel zu erreichen, und das ohne Verausgabung.

In einem der vielen Interviews von Richard Branson erklärt er, dass er mit einer Stunde Sport am Tag mental und körperlich das Gefühl habe, vier produktive Stunden gewonnen zu haben. Wenn Sie die richtige Rezeptur für Beziehungen finden, sollte es sich genauso anfühlen, wenn Sie Zeit, Aufmerksamkeit, Geld, Mühe und Energie investieren.

Es gibt keine perfekte Methode zum fehlerfreien Beziehungsaufbau, keine Liste der richtigen Menschen, die man kennen sollte. Wir werden immer Gelegenheiten verpassen, und es wird immer Möglichkeiten geben, wie wir unsere Zeit besser hätten nutzen können. Letztlich zählt: Sind Sie glücklich? Läuft es in Ihrem Leben? Lernen Sie und erweitern Sie Ihren Horizont? Und am wichtigsten: Machen Ihre Beziehungen Ihnen *Spaß*? Denn das sollten Sie. Menschen verbringen gerne mit denen Zeit, die sie mögen. Sie machen Geschäfte mit denen, die sie mögen. Manchmal machen sie auch Geschäfte mit denen, die sie nicht mögen, meist aber nur, wenn sie keine andere Wahl haben. Haben sie diese aber, werden sie die Menschen suchen und finden, die ihre Probleme lösen können *und* dafür sorgen, dass sie sich besser fühlen. Das stimmt immer, wohin Sie auch sehen.

So sehr es im Leben auch um die Verbindung zu anderen gehen mag, so geht es doch auch um das Lösen von wenig dienlichen Verbindungen. Wenn Sie sich auf diese Reise begeben, sollten Sie sich bewusstmachen, dass Sie stets einfach etwas hinter sich lassen können. Und achten Sie darauf, wenn andere *Ihnen den Rücken kehren*, vor allem, wenn es sich um ein sich wiederholendes Muster handelt.

Wenn Sie nicht wollen, dass andere Ihnen den Rücken kehren, sollten Sie sich kümmern und anderen nützlich sein. Seien Sie die Person, mit der sich andere vernetzen wollen. Je erfahrener und erfolgreicher Sie werden, desto mehr werden Sie sehen, dass sich sehr viel im Spiel des Lebens einfach nur um Nettigkeit, Offenheit und Zusammenarbeit dreht.

Das alles sind Skills, die entwickelt werden können. Woher ich das weiß? Weil ich als Kind wahnsinnig schüchtern, introvertiert und linkisch war. Ich hatte Angst, mit Menschen zu reden, hatte keinerlei Selbstvertrauen. Mir wurde aber irgendwann klar, dass ich einige meiner Ängste überwinden können würde, wenn ich mich nützlich machte und dazulernte. Ich hätte jedoch nicht im Traum daran gedacht, *wie* weit mich dieses Bedürfnis bringen würde. Ich lernte, mich nützlich zu machen und für andere da zu sein. Das können Sie auch.

Dominostein: Konzentrieren Sie sich auf Ihren eigenen Flow, um Ihre Beziehungen aus der richtigen Perspektive zu betrachten, und richten Sie sich nicht nach einem bestimmten Regelwerk. Vor allem sollten Beziehungen Spaß machen.

Frage an Sie: Wie können Sie dafür sorgen, dass Ihre Beziehungen spaßiger und »im Flow« sind? Wo können Sie unnötige Reibungspunkte entfernen?

Die Dominosteine:

- Über welche Expertise oder Interessen Sie auch verfügen mögen: Die Erschaffung von Beziehungen ist eine allgemeine Lebenskunst, an der alle arbeiten können. Dabei geht es darum, eine Verbindung einzugehen, was auch einen persönlichen Ausdruck beinhaltet. Mit Offenheit und Ausdrucksstärke erschafft man ein gemeinsames Ziel, einen Zweck, der für mehr Impact sorgt.
- Verbunden oder unverbunden zu sein, kann sich trotz des riesigen Unterschieds manchmal ähnlich anfühlen. Suchen Sie sich Aktivitäten und Menschen, bei denen Sie in sicherer Umgebung Zugang zu Ihren Emotionen finden, und vermeiden Sie solche, bei denen Sie Ihre Emotionen beiseiteschieben oder sich davon dissoziieren.
- Die besten Beziehungen entstehen bei langfristigen Investments statt kurzfristigen Ausgaben. Es sind die Res-

sourcen Zeit und Aufmerksamkeit, Geld, Mühe und Energie, die Sie in Beziehungen ausgeben oder investieren.

- Bewerten Sie Ihre Handlungen innerhalb von Beziehungen mit dem folgenden Satz: Wächst die Beziehung damit? Wachstum ist ein Feedbackmechanismus, der in Beziehungen eingebaut ist, und verrät, wie gesund diese sind – Wachstum kann aber positiv oder negativ sein. Kultivieren Sie also Ersteres, aber eliminieren Sie Letzteres.
- Der Nutzen vieler positiver, wachsender Beziehungen ist eine Dividende auf Ihr Genius Network, auf die latenten Fertigkeiten und Talente Ihres Netzwerks. Dafür müssen Beziehungen jedoch authentisch und reziprok sein.
- Die größten Gefahren und gefährlichsten Fallstricke entstammen im Beziehungsaufbau einem Missmanagement von drei Aspekten: Zeit, Energie und Geld.
- Um Ihre Beziehungen aus der richtigen Perspektive zu betrachten, fokussieren Sie sich darauf, den Flow zu finden, statt sich an ein bestimmtes Regelwerk zu halten. Beziehungen sollten vor allem Spaß machen.

Übungen und Handlungsschritte

1. Was muss gelöst werden?

Für eine Dividende auf Ihr Genius Network gehen Sie erneut die Liste der verschiedenen Genies in Ihrem Leben durch, die Sie am Ende vom ersten Kapitel zusammengestellt haben. Identifizieren Sie als Nächstes ein zu lösendes *Problem* in Ihrem Leben; eines, das Sie nicht allein lösen können. Nutzen

Sie dafür die Übung, die ich *Was muss gelöst werden?* nenne, und die die folgenden Fragen stellt:

1. Welches Problem in Ihrem Leben muss gelöst werden?
2. Wie würde Ihr Leben oder Ihr Business aussehen, wenn Sie dieses Problem lösen könnten?
3. Was wären die drei größten Vorteile, die aus der Lösung dieses Problems entstünden?
4. Wer könnte Ihnen bei der Lösung des Problems helfen?

Die ersten drei Fragen sind wichtig für die Klarheit, während die vierte Frage etwas in Bewegung setzt.

Denken Sie an die Lektion dieses Kapitels: Sie müssen *Zeit, Aufmerksamkeit, Geld, Mühe und Energie* in Beziehungen für die größten Erfolge im Leben *investieren*. Die Verbindung zu anderen erfordert tatsächliches Handeln, wobei Ihnen diese leichte und effiziente Methode helfen kann.

2. Die Not-to-do-Liste für Beziehungen

Wie die obige Gefahrenliste bezüglich Zeit, Geld und Aufmerksamkeit gezeigt hat, geht es beim Erfolg im Leben manchmal nicht um das tatsächliche Handeln, sondern um das, was Sie *nicht* tun.

Wir alle verfügen nur über begrenzte Zeit. Wenn sie einmal verstrichen ist, kann man sie nicht zurückerhalten, aber wir können stattdessen aufhören, Zeit für das zu verschwenden, was uns von unserem Purpose abbringt. Früher gab ich gerne den Ratschlag, Not-to-do-Listen im beruflichen Bereich zu erstellen, um so die Zeitfresser zu identifizieren und zu streichen. Das geht auch mit Beziehungen. Und zwar wie folgt:

1. **Welche Ihre Beziehungen verursacht die wenigsten Spannungen und mit wem verbringen Sie am liebsten Zeit?** Das sind die Menschen, mit denen Sie ein ELF-Leben (einfach, lukrativ und

fröhlich) führen können, also sollten Sie am meisten Zeit mit ihnen verbringen. Notieren Sie sich fünf oder sechs Beispiele.

2. **Welche Ihrer Beziehungen hilft Ihnen beim meisten Wachstum? Welche am meisten beim Geldverdienen?** Diese beiden Listen können unterschiedlich aussehen, denn manchmal bringt uns jemand im Leben menschlich voran, ohne dass wir daran viel Geld verdienen – und manchmal sorgen unsere Beziehungen dafür, dass wir uns mit bestimmten Verhaltensweisen zurückhalten, aber dabei reich werden. Was könnten Sie, wenn Sie bedeutende Unterschiede zwischen diesen beiden Listen feststellen, ändern, um diejenigen, mit denen Sie am liebsten Zeit verbringen, und diejenigen, mit denen Sie am meisten Geld verdienen, besser in Einklang zu bringen?
3. **Was sind in den nächsten 90 Tagen Ihre drei wichtigsten Ziele bezüglich Ihrer Beziehungen?** Nachdem Sie Ihre Antworten mit den ersten beiden Punkten verglichen haben, sollten Sie eine Idee haben, wie Sie Ihre Zeit umverteilen können, um Sie mehr mit Menschen zu verbringen, die den ELF-Kriterien entsprechen *und* mit deren Hilfe Sie Geld verdienen. Wenn Ihnen keiner der Menschen, die für Sie ELF sind, Geld einbringt, könnte eines Ihrer Ziele in der Suche von Menschen bestehen, auf die das zutrifft – oder entwickeln Sie eine ELF-Idee für die Menschen, deren Gegenwart Sie am meisten genießen.
4. **Welche Handlungsschritte können Sie in Richtung dieser Ziele unternehmen?** Definieren Sie die Schritte, um Ihre Ziele zu erreichen, und *setzen* Sie diese dann *um*. Es liegt in Ihrer Verantwortung, auf Ihre Pläne auch Taten folgen zu lassen, und es wird sich in Ihren Resultaten niederschlagen.
5. **Nachdem Sie sich all die obigen Punkte klargemacht haben: In welche Beziehungen sollten Sie *weniger* Zeit, Aufmerksamkeit, Geld, Mühe und Energie investieren?** Die hier notierten Beziehungen werden zu einem HALF-Leben (hart, an-den-Nerven-zer-

rend, lahm und frustrierend) führen. Schreiben Sie fünf oder sechs Beziehungen auf.

6. **Wie können Sie Grenzen in Ihren Beziehungen setzen, um Zeit und Energie einzusparen?** Wir sind oft dazu gezwungen, einige Beziehungen aufrechtzuerhalten, die für uns nicht ELF sind. Niemand hat aber jemals behauptet, dass Sie von diesen auch Ihr Leben bestimmen lassen müssen. Das Ziel dieser Übung besteht darin, möglichst viel Zeit mit den Menschen auf der ersten Liste zu verbringen und dafür zu sorgen, dass sich die erste in die zweite Liste übertragen lässt. Für alle anderen sollten Sie alles tun, um Grenzen zu setzen, Ihre Bedürfnisse deutlich zu kommunizieren und keine Zeit zu verschwenden. Und denken Sie daran: Des einen HALF ist des anderen ELF.

In einem Unternehmen haben Sie vielleicht einiges, was auf beide Listen vertreten ist, was Sie ziemlich gut können und was Ihnen Geld einbringt – aber nicht ELF ist. Ähnlich gibt es eben auch Beziehungen zu Menschen auf der ersten Liste, mit denen Sie gern Zeit verbringen, die Sie aber dennoch bremsen und Ihnen schaden; oder Menschen auf der zweiten Liste, die Ihnen zwar eine Menge Geld einbringen, aber kaum zu ertragen sind.

Es gibt bei Beziehungen keine Patentlösung für alle, nutzen Sie diese Informationen also mit Bedacht. Denn nicht alle, mit denen Sie gern Zeit verbringen, müssen Ihnen auch finanziell etwas einbringen; und Sie müssen es nicht immer genießen, die Zeit mit Menschen zu verbringen, die Ihnen beim Wachstum helfen. Es gibt gute Gründe für einen aggressiven Personal Trainer, wenn Sie völlig außer Form sind. Dennoch sollten Sie diese Hilfestellungen nutzen, um sich ein Bild davon zu machen, welche Beziehungen die größten Auswirkungen auf Ihr Leben haben.

3. Die Nicht-jetzt-Liste

Die obigen Übungen sollen Ihnen bei der Identifikation Ihrer Probleme helfen, sodass Sie mithilfe einer Liste sowie einigen Regeln und Grenzen Ihre Beziehungen neu aufstellen können, um sich auf die Lösung Ihrer Probleme konzentrieren zu können. Man kommt dennoch, auch wenn man schon eine gewisse Vorstellung davon hat, worin man seine Zeit investieren sollte, leicht vom Kurs ab oder verliert den Überblick (besonders all jene mit Entrepreneursgeist, denen eine Menge vor allem ungeordneter Ideen durch den Kopf schießen).

Es ist nicht leicht, die eigenen Lebensziele im Griff zu behalten, während man seine Beziehungen überarbeitet, sich besser vernetzt und die Fähigkeiten eines Schmerzdetektivs erlernt, um das Leid anderer zu lindern. Tatsächlich sind zu viele Projekte auf einmal oft eine Garantie dafür, keines davon so zum Abschluss zu bringen, wie man es in einer idealen Welt gerne täte – und dieser Stress kann sogar noch *mehr* unnötiges Leid für Sie selbst und für andere verursachen statt es zu lindern.

Aus diesem und anderen Gründen ist eine Nicht-jetzt-Liste hilfreich, weil man damit jedes Puzzlestück des Lebens in die richtige Reihenfolge bringen kann. Ich habe zum ersten Mal dank David Bach, einem Freund und Bestsellerautor, von diesem tollen Konzept gehört und es gefiel mir so gut, dass ich daraus ein seit Jahren bewährtes Tool machte, um mich vor der Überwältigung zu bewahren und zu entscheiden, was ich wann tue. Stellen Sie sich dafür die folgenden Fragen:

1. Welche sind momentan meine größten Prioritäten?
2. Welche Ideen, Chancen, Menschen, Projekte und Aufgaben sollte ich, obwohl sie derzeit keine Priorität haben, im Blick behalten?
3. Welcher Wert, Impact oder welches Resultat wird daraus erwachsen, wenn Sie sich diesen Punkten widmen und etwas investieren?
4. Welche Einsichten bekommen Sie, wenn Sie Ihre aktuellen Prioritäten mit der anderen Liste abgleichen?

Bei dieser Übung geht es weniger um ein Richtig oder Falsch, sondern um Zeitmanagement. Es soll ebenso wenig ein automatisches Werturteil mit Ihrer aktuellen Priorität (im Hinblick auf die Punkte, die Sie noch aufschieben) verbunden sein. Sie können aber diese Beurteilung mit der vierten Frage vornehmen.

Hat etwas in Ihrem Leben Ihrer Meinung nach eine zu hohe Priorität? Gibt es Beziehungen und Projekte, die eher zu einem ELF-Leben führen, die Sie aber aktuell hintangestellt haben? Nutzen Sie diese Übung zur Reflexion und gehen Sie die entsprechenden Veränderungen an.

3. KAPITEL

WERDEN SIE ZU JEMANDEM, BEI DEM ALLE GERN ANS TELEFON GEHEN

Eines Tages rief mich eine Bekannte an, eine wohlhabende Frau, die einen sehr reichen Geschäftsmann geheiratet hatte. Beim Anblick ihres Namens war ich mehr als überrascht, denn wir hatten in den letzten acht Jahren nicht miteinander geredet!

Ich hob ab und sie erzählte nach ein wenig Small Talk, dass ich in einem ihrer Träume vorgekommen sei. Ich sei darin zusammen mit ihrem Ehemann aufgetaucht, wir hätten uns die Hände geschüttelt und gelacht. Sie erzählte aber auch, dass ihr Mann ein Jahr zuvor gestorben war, und wollte wissen, ob ich ihm im wahren Leben je begegnet sei. Ich verneinte – konnte es aber auch nicht dabei belassen, weil es sie eindeutig stark aufwühlte. Nach ein wenig weiterer Plauderei schlug sie vor, dass wir uns treffen sollten, wir vereinbarten also ein gemeinsames Abendessen in einem erstklassigen Resort in Arizona, wo sie momentan übernachtete.

Gleich zu Beginn des Treffens wurde mir klar, dass sich meine Bekannte in einem noch schlechteren mentalen Zustand befand als gedacht. Sie stand unter enormem Druck.

Nach dem Tod ihres Ehemanns hatte sie sich mit Anwälten herumschlagen müssen, die Leute ausbezahlten, und mit zahllosen weiteren Menschen, die etwas von dem Vermögen abbekommen wollten, das ihr Ehemann ihr hinterlassen hatte. All ihre gemeinsamen Unternehmen liefen weiter unter dem jeweiligen Management, aber die Situation war prekär und sie kam nicht wirklich damit zurecht.

Während unseres Gesprächs wurden zwei Punkte offensichtlich: Zum einen war sie in ihrem angegriffenen Zustand ein leichtes Opfer für andere, und zum anderen war ihr Anruf etwas Besonderes gewesen, schließlich hätte sie jeden anrufen können.

Diese Frau war einerseits schwer traumatisiert, aber auch unglaublich wohlhabend – eine schwierige Situation. Obwohl sie Schmerzen litt und Hilfe brauchte, konnte sie nicht einfach jedem von ihrem Leid erzählen, denn es war schließlich die perfekte Gelegenheit, um sie auszunutzen.

Gegen Ende unserer Unterhaltung erzählte sie mir, dass sie gern Menschen mit Suchtkrankheiten helfen wollte. Sie hatte selbst einen Entzug machen müssen und ich hatte da das Gefühl, dass der aktuelle Druck es ihr erschwerte, nüchtern zu bleiben. Ich sagte daher zu ihr, dass sie sich im Moment noch nicht um andere kümmern, sondern sich auf sich selbst konzentrieren sollte. Denn sie musste sich erst erholen, bevor sie einen Impact bei anderen erzielen konnte – in ihrem angegriffenen Zustand und mit einem solch großen Vermögen trug sie quasi eine Zielscheibe auf dem Rücken.

Vor unserem Abschied stellte ich ihr noch einen brillanten Psychiater aus meinem Genius Network vor und bat ihn um den Gefallen eines kostenlosen Gesprächs mit ihr. Ich hatte kein einziges Mal während unseres Treffens etwas von ihr gewollt; ich wollte nur, dass sie die nötige Hilfe bekam.

Es war mir auch auf dem Nachhauseweg weiterhin ein Rätsel, wieso sie mich angerufen hatte (oder wieso ich in ihrem Traum aufgetaucht war). Ich erinnerte mich dann, dass ich ihr und ihrem Ehemann bei unserem ersten Treffen einige Kontakte und Telefonnummern von Leuten gegeben hatte, die meiner Meinung nach den beiden helfen könnten. Dabei wurde mir bewusst, dass ihr das, was ich vor acht Jahren gesagt und getan hatte, in Erinnerung geblieben war und einen Einfluss auf ihr Leben gehabt hatte.

Dominostein: Wir sind letztlich soziale Wesen, obwohl wir auch das Alleinsein und eine innige Verbindung mit uns selbst brauchen. Uns beruhigen Verbindungen mit anderen, denn wir sind dafür *geschaffen*.

Frage an Sie: Haben Sie aktuell Verbindungen in Ihrem Leben, die Sie vertiefen könnten, um Ihr Leben und das der anderen Person zu verbessern? Hält Sie etwas davon ab?

BEI WEM LOHNT ES SICH, ANS TELEFON ZU GEHEN?

Wir in der modernen Welt haben mehr Connections, und weitreichendere zudem, denn je. Wir betreiben also eine Menge »Beziehungspflege« mit unseren Smartphones (oder mithilfe dessen auch über Nachrichten in den sozialen Medien), was es zu einem guten Hilfsmittel für die Bewertung Ihres und den Charakter anderer macht.

Ein Teil dieser Einsicht beruht natürlich auf meiner eigenen Lebenserfahrung.

Nach dem Tod meiner Mutter fühlte ich mich als Kind sehr einsam. Mein Vater packte, egal wo wir wohnten, jedes oder jedes zweite Jahr während meiner Kindheit unsere sieben Sachen und zog mit meinem Bruder und mir um, entwurzelte uns – meist während einer seiner Angst- oder depressiven Phasen. Er fühlte sich jetzt, da meine Mutter nicht mehr da war, nirgends wirklich zu Hause, also zog er immer wieder um.

Das zwang mich zu einer Menge Kurzzeitbeziehungen – deren mangelnde Qualität ich mit Quantität *wettzumachen* versuchte. Dennoch beschlich mich der Eindruck, dass ich mit dieser Strategie nur verlieren konnte.

Ich wünschte mir, während ich möglichst viele Beziehungen unter einen Hut zu bringen versuchte, gleichzeitig tiefere und profundere Verbindungen zu anderen. Ich wusste, dass ich mich dafür darauf konzentrieren musste, weniger Zeit und Energie auf alle, die danach verlangten, zu verschwenden, um sie für die *richtigen* Leute zu haben. Ich wusste zwar nicht, welche der vielen Verbindungen in meinem Leben tatsächlich die richtigen und es der Pflege wert waren, aber ich wusste, dass ich es herausfinden musste.

Eher rein zufällig fand ich einige Hinweise darauf, welche Verbindungen die richtigen waren, also jene, nach denen ich suchte – dank der Erfindung der Rufnummernerkennung. Vor dieser Erfindung wusste man vor dem Abheben des Telefons nur, dass irgendjemand irgendwo mit einem reden wollte. War man sozial und freundlich, nahm man den Hörer immer ab, wenn es klingelte – um sich in einer Unterhaltung mit jemandem wiederzufinden, mit dem man vielleicht gar nicht reden wollte. Die Rufnummernerkennung gab uns allen plötzlich die Wahl, welche Gespräche wir annehmen oder ablehnen wollten.

Während ich mich also an diese neue Technologie gewöhnte, fiel mir auf, dass ich viel eher ans Telefon ging, wenn eine positive Energie ausstrahlende Person anrief. Fröhliche, begeisterte, freundliche und fürsorgliche Menschen. Ebenso hatten die anderen, die bei mir ans Telefon gingen, mir gegenüber das gleiche Gefühl positiver Energie.

Wenn man sich mit *diesen* Leuten unterhält, fließen die Gespräche sanft dahin und niemand hat das Gefühl, eigentlich woanders sein zu wollen. Wenn die Themen plötzlich tiefsinniger wurden, war das völlig in Ordnung – es wollten noch immer beide Seiten daran teilnehmen und im Endeffekt wuchs die Beziehung daran. Für mich ergab sich daraus eine einfache Regel: Ich hatte bessere, tiefergehende Verbindungen zu anderen, bei denen ich gerne ans Telefon ging – und diese Fertigkeit konnten alle erlernen.

Dieser Ratschlag ist einfach, aber das liegt schlicht daran, dass er funktioniert! Wenn Sie ein Projekt aus den Startlöchern bringen möchten, mit wem würden Sie dann mehr Zeit verbringen wollen: mit der Person, die sich von neuen Möglichkeiten begeistern lässt und Sie weiter befeuert, oder mit der, die Sie schon gleich am Anfang entmutigt oder aus Eifersucht Ihr Projekt sabotieren will?

Wen würden Sie im sozialen Umfeld vorziehen: jemanden, der anderen gegenüber Empathie zeigt und darum besorgt ist, dass alle im Raum miteinander auskommen und eine schöne Zeit erleben, oder jemanden, dessen Gedanken sich nur um sich selbst drehen und dem die Gefühle anderer gleichgültig sind? Ich könnte diese Liste noch weiterführen, aber ich denke, Sie wissen schon, worauf ich hinauswill.

Um ein wahrlich ELFiges Leben zu führen, müssen Sie Leute einschätzen und einsortieren lernen, um jene mit der positiven Energie zu finden – jene, für die es sich lohnt, ans Telefon zu gehen. Dafür müssen Sie jedoch zuerst diese Arbeit bei sich selbst leisten. So, dass also die Menschen bei Ihnen gern ans Telefon gehen.

Die einfachste Methode, um zu dieser Art Mensch zu werden – jenseits der bereits erwähnten Qualitäten hinaus –, besteht darin, sich darauf zu konzentrieren, anderen Menschen gegenüber *hilfreich, dankbar und nützlich* zu sein, und zwar ihrer jeweiligen Situation angepasst (worauf ich im nächsten Kapitel noch näher eingehen werde). Die reale Umsetzung dessen ist jedoch eine komplexe Sache.

Wir sehen Fürsorglichkeit, Freundlichkeit etc. gern als objektiv »gut« an, aber in Wahrheit sind Menschen komplizierter als das. Nicht *alle*, nur einige vertrauen sofort einem besonders freundlichen Menschen. Nicht *alle* mögen es, wenn ständig Witze gerissen werden, aber manche wissen etwas Auflockerung durchaus zu schätzen – und wieder andere, mich selbst mit reingezählt, freuen sich über richtig schrägen Humor!

Jemand zu sein, für den andere ans Telefon gehen, impliziert die Balance dreier Aspekte:

1. Im Kern zu wissen, wer man ist und was man mag.

2. Im Kern zu wissen, wer die anderen sind und was sie mögen.
3. Sich so anpassen zu können, dass sowohl Sie als auch andere Menschen in einer breiten Palette von Situationen Spaß haben können und davon profitieren.

Die Anwendung dieser Prinzipien kann trotz ihrer Einfachheit bei Menschen, die sehr unterschiedlich gestrickt sind, durchaus knifflig sein – vor allem beim dritten Punkt. Wie kann zum Beispiel jemand, der ein sehr geregeltes Leben führt, sich mit jemand super Spontanem verstehen? Wird nicht der eine das Gefühl haben, die Kontrolle zu verlieren, während sich der andere eingeschränkt fühlt?

Wir umgeben uns tendenziell mit Menschen, die entweder so sind wie wir oder dieselben Sachen mögen. In beiden Fällen hilft es, sich die Menschen als Spiegel vorzustellen. Die als positiv wahrgenommenen Charakteristika der anderen sind meist Eigenschaften, von denen wir unterbewusst glauben, sie bereits zu verfügen – oder die wir gern hätten. Ähnlich sind ihre »negativen« Charakteristika die nicht akzeptierten Schattenseiten unserer selbst.

Wenn Sie diese Unterschiede zwischen den Personen in Ihrem Leben sehen, sollten Sie sich vielleicht kurz besinnen und darüber nachdenken, wieso es Spannungen gibt. Was genau stört Sie, wenn sich jemand auf bestimmte Weise verhält, und was sagt das über Sie als Person aus? Was sagt es über Ihr Gegenüber als Person aus? Wissen Sie die Antwort vielleicht gar nicht? Vielleicht sollten Sie fragen?

Indem Sie diesen ursprünglichen Konflikt in aufrichtige Neugier auf das Leben und die Ideen eines anderen verwandeln, öffnen Sie die Tür zu einer Verbindung. Dieses Gefühl der Großzügigkeit schafft wiederum eine tragfähigere Verbindung und mehr Raum für ein gegenseitiges Verständnis und Toleranz gegenüber den Unterschieden zwischen den Beteiligten, was es zu einer angenehmeren Erfahrung für alle macht.

Im besten Fall kann es Sie sogar zu einer ausgeglicheneren Person machen, weil Sie nun einige der Qualitäten entwickeln, vor denen Sie zuerst Angst hatten oder sich sogar abgestoßen fühlten!

Diese Art konstruktiver Sozialinteraktionen erinnern mich an Dan Sullivans und Ben Hardys Buch *Das GAP-and-GAIN-Konzept*. Darin ist »die Gap« der Unterschied zwischen dem Ort, an dem Sie gerade stehen, und dem Potenzial, das Sie Ihrer Meinung nach haben. Natürlich kennen wir alle das Mantra, dass wir »unser volles Potenzial entfalten« sollten, aber niemand tut es tatsächlich. Je mehr Potenzial Sie erreichen, desto mehr erschließen Sie sich. Dan fasst es wie folgt zusammen: Sie können den Horizont zwar sehen, aber nie erreichen. Und das Gleiche trifft auf die idealisierten Charaktereigenschaften in Ihrem Kopf zu. Das Streben danach ist wichtig für den ersten Schritt auf einem Pfad, aber Sie sollten sich nicht als Endziel daran festbeißen, sondern müssen diese mithilfe von tatsächlichem *Handeln* zur Realität werden lassen.

Vor 20 Jahren schrieb ich eine Anleitung dafür auf, wie man einen tollen Tag verleben kann. Darin legte ich einige grundlegende Schritte und Anleitungen fest, jedoch sind die Details an dieser Stelle unwichtig. Wichtig hingegen ist deren Ende:

> Wenn Sie sich durch nichts davon besser fühlen, gehen Sie (oder besser noch, helfen Sie dort als Freiwilliger mit) in eine Kinderklinik, ein AIDS-Krankenhaus oder ein Altenheim. Sie werden sofort eine völlig neue Perspektive auf ein erfülltes Leben haben oder darauf, wie großartig es tatsächlich sein kann.

Charakterfehler bekommt man am besten los, indem man nicht all sein Handeln zu sehr analysiert. Bringen Sie lieber Licht in Ihr Dunkel und helfen Sie anderen Menschen.

Dominostein: Sie sollten, um zu anderen eine Verbindung herzustellen, jemand sein, für den man »gern ans Telefon geht«. Das bedeutet in der Praxis normalerweise, dass man fürsorglich, nett und neugierig ist – aber genauer gesagt bedeutet es, dass man Energie ausstrahlt, die andere anzieht.

Frage an Sie: Für welche Menschen in Ihrem Leben gehen Sie stets ans Telefon und was haben sie gemeinsam? Wer würde bei Ihnen immer ans Telefon gehen?

ANZIEHUNG UND ABSTOSSUNG

Mein Freund Gary Halbert, der verstorbene berühmte Copywriter, sagte mir mal, dass eines der wichtigsten Ziele bei Kunden und bei den eigenen Marketingbemühungen die Herstellung einer Verbindung ist. Dieses »Bonding« fand er sogar so wichtig, dass er einen seiner Söhne Bond nannte!

Diese Lektion merkte ich mir dank unserer vielen Unterhaltungen und seines Newsletters schon früh kennen, da ich diesen seit Jahren als eine meiner Hauptinformationsquellen zum Thema Marketing las. Seine Werbebriefe waren schlichte acht Seiten, in schwarz-weiß gehalten, zusammengefaltet und in einen einfachen Briefumschlag gesteckt. Das hatte irgendetwas an sich, sodass ich sie immer sofort öffnen musste, sobald sie mit der Post gekommen waren.

Garys Schreibstil war inspirierend und erweckte den Eindruck, als würde er direkt die eigenen Wünsche und Ziele ansprechen. Letztlich war er einfach ein ausgebuffter, cleverer Typ, der zielgerichtete, ergebnisorientierte Marketingmethoden lehrte. Er war ein überzeugender Lehrer, der das geschriebene Wort wie ein Zauberkünstler einsetzte, um Konzepte zu vermitteln und seinen Lesern etwas beizubringen. Sein emotionaler Schreibstil schuf für mich tatsächlich eine *Verbindung* und damit eine Energie, die seine Botschaft für mich zu etwas *Anziehendem* machte.

Letztlich entspringt der Funke für diese ersehnten Verbindungen aus irgendeiner Form der Anziehung – und die Abwesenheit einer Verbindung aus Abstoßung. Das Knifflige daran ist das, was mein Freund und ehemaliger Dating-Coach Eben Pagan mit folgendem Satz zusammenfasste: »Man hat bei Anziehung keine freie Wahl.« Wir alle finden also, basierend auf unserem persönlichen Hintergrund, verschiedene Qualitäten in Menschen anziehend oder abstoßend, und werden, basierend auf gemeinsamen Interessen, Werten, Charakteristika und sogar unserem Sinn für Humor, von Menschen angezogen oder abgestoßen.

Annie Lalla, eine Freundin von mir und Liebes-Coach, außerdem Ebens Ehefrau, fügte ihre eigenen Erkenntnisse dieser Idee hinzu: »Wahre Liebe besteht zu gleichen Teilen aus Anziehung und Abstoßung.« Damit streicht Annie heraus, dass die tiefsten Verbindungen nicht nur unsere »attraktiven« Qualitäten mit einbeziehen, sondern auch unsere schattigeren Eigenschaften. Wenn jemand sich in Sie verliebt, kann das an einem gemeinsamen Wert liegen – aber oft auch an einem Mangel des anderen! In menschlichen Beziehungen (wie auch im Marketing) entstehen die besten Ergebnisse aus diesem Wechselspiel aus Schieben und Ziehen sowie der Balance dessen.

Ich fühle mich zum Beispiel zu einfallsreichen Menschen hingezogen, die etwas leisten und einen guten Charakter haben. Ich bevorzuge die Gegenwart all jener, die eine gewisse Dringlichkeit an den Tag legen und die an sich für eine Transformation gearbeitet haben, vor allem aber jene, die eine schwierige Kindheit hinter sich haben. Sie sind viel interessanter als all jene, die mein Freund Dan Sullivan zusammenfasst unter: »Sie wurden auf der dritten Base geboren, aber sind in dem Glauben aufgewachsen, einen Triple geschlagen zu haben.«

Natürlich finde ich zudem Menschen anziehend, die in einer schwierigen Situation das Richtige tun, und das wieder unterscheidet sich davon, etwas richtig zu tun. Schließlich gibt es eine *richtige* Methode für einen Banküberfall, aber er ist dennoch nicht das Richtige. Man kann auf die richtige Weise Geld mit Marketing verdienen, aber Menschen auszunutzen, zu belügen oder einen ungerechtfertigten Hype für etwas auszulösen, sind Beispiele dafür, nicht das Richtige zu tun.

Eine Kombination aus Ebens und Annies Rat würde für mich folgendermaßen lauten: Ich kann nicht anders, als mich von Leuten angezogen zu fühlen, die viel geleistet haben und sehr nett sind – idealerweise sollten sie beide Eigenschaften vereinen! Jedoch entspricht es leider der Realität, dass diese beiden Charaktereigenschaften oft entgegengesetzt sind und ständig Spannungen in den Menschen auslösen, die beides miteinander in Gleichgewicht bringen müssen.

Das soll nicht heißen, dass Sie geduldiger mit Menschen sein *müssen*, zu denen Sie keinen Draht haben, oder nach mehr Ausgeglichenheit streben *sollten*. Wir alle haben verschiedene Seiten an uns, die uns stets in die ein oder andere Richtung schieben oder ziehen – sowohl in uns selbst als auch gegenüber anderen. Diese Tatsache als gegeben hinzunehmen und zu verstehen, statt andere zu idealisieren, macht Sie zu einer vollständigeren Version Ihrer selbst – und das wiederum wirkt wie ein Signal auf andere, die Sie für ihre eigene Balance brauchen.

Dominostein: Wir werden alle von bestimmten Energien angezogen, aber diese Anziehung ist nicht frei wählbar. Das kann demnach auch bedeuten, dass Sie von Energien und Menschen angezogen werden, die nicht gut für Sie und Ihr Leben sind.

Frage an Sie: Welche Art Mensch und was an ihnen zieht Sie am meisten an und warum?

WIESO WERDEN MENSCHEN VON GEFAHR UND SCHMERZ ANGEZOGEN?

Im Idealfall ist es eine gute Sache, dass Sie nach Aspekten streben, von denen sie angezogen werden – aber ohne Selbstwahrnehmung kann das eine Schwäche sein. Natürlich sollten Sie ab und zu einen genauen Blick auf das werfen, was Sie anzieht.

Ich habe etwas Wichtiges gelernt, nachdem ich einen genaueren Blick auf Marketingstrategien geworfen habe: *Sie sind nicht Ihr eigener Kunde*. Es sind also nicht unbedingt die Aspekte, von denen wir glauben, dass sie uns oder unser Produkt attraktiv machen, die auf andere anziehend wirken. Manchmal vermarkten wir das, was *wir* wollen, und nicht das, was andere wollen.

Darin verbirgt sich auch eine wichtige Lektion bezüglich unserer Beziehungen. Selbst wenn Menschen vielleicht behaupten, sie suchten nach netten, freundlichen, einladenden, zuvorkommenden, fürsorglichen und lustigen Menschen, so fühlen sie sich in Wahrheit oft zu gefährlichen, narzisstischen Menschen hingezogen, die sie beleidigen.

Wie aber kann das sein? Wieso können beleidigende und lügende Personen immer noch Fans haben, die sich für Treffen, Bilder, Wahlergebnisse und Unterstützung fast überschlagen? Wieso werden Menschen von ihnen, die in der Gesamtheit ihrer Eigenschaften so abstoßend sind, angezogen? (Die menschliche Natur ist faszinierend.)

Man könnte es so sehen: Wenn alle der gleichen Meinung wären, was eine »tolle Person« ausmacht, würden wir alle dasselbe wählen, uns auf dieselbe Art verhalten und so weiter. Tatsächlich haben wir alle verschiedene Werte, die auf unseren Erfahrungen basieren und festlegen, welche Art Mensch und Erfahrung uns anzieht.

Nehmen wir eine Nahrungsmetapher zu Hilfe: Wir haben alle unterschiedliche Geschmäcker, manche mögen Brokkoli mehr als Spinat oder Pommes mehr als Bananen. Und darüber hinaus besteht noch ein großer Unterschied dazwischen, wie etwas *schmeckt* und wie sehr es uns tatsächlich *nährt*.

Beim Essen wie bei Menschen kann man über Geschmack und Vorlieben lange diskutieren – über den Nährwert hingegen eher weniger.

Wieso werden manche von Gefahr, Schmerz und Dysfunktionalität angezogen? Diese Frage geht zu tief, um sie hier in Gänze zu beantworten, aber es gibt mehrere mögliche Gründe: So gibt es eine psychologische Theorie über »Traumabindung«, mit der man dieses Phänomen zu erklären versucht. Ich bin kein Psychologe, also verlasse ich mich für eine Erklärung auf meinen Freund Ken Wells, seines Zeichens ein erstklassiger Suchttherapeut:

> Traumabindungen entstehen aus beschädigten Anhaftungen während der kindlichen Entwicklung. Jedes Kind hat Entwicklungsbedürfnisse, die befriedigt werden müssen – Berührung,

> die Spiegelung von Werten, Vorhersehbarkeit und das Wissen, anderen etwas zu bedeuten, um nur einige zu nennen.
>
> Wenn diese Bedürfnisse befriedigt werden, bilden sich sichere Bindungen. Das führt zu einem Zugehörigkeits- und Sicherheitsgefühl, der Fähigkeit der Selbstregulation, einer Kapazität für intime Verbindungen und der Fähigkeit, sich von nahestehenden Personen zu lösen und Grenzen zu setzen.
>
> Wenn diese Bedürfnisse unbefriedigt bleiben, entwickeln wir uns zu einem löchrigen Schweizer Käse. Wir müssen diese Löcher (unsere unbefriedigten Bedürfnisse) von außen füllen, indem wir Macht, bestimmte Positionen sowie Kontrolle durch Leistung und die Anerkennung anderer anstreben. »Traumabindungen« entstehen also dann, wenn zwei Menschen mit vielen Löchern eine enge Verbindung zueinander bilden, die keinem von beiden nützt.
>
> Fritz Perls ist berühmt für den Ausspruch: »Nichts verändert sich, bis es real wird.« Um ein Trauma zu heilen und Traumabindungen zu vermeiden, müssen Sie zu der Erkenntnis gelangen, dass Ihre toxischen Beziehungen ein Versuch sind, ein psychologisches Bedürfnis zu füllen, das als Kind nie angesprochen oder als Erwachsener missachtet wurde.

Wenn wir in unserer Kindheit zu Opfern werden, besteht unser normaler »Ruhezustand« aus Instabilität und Chaos. Wenn wir dann Menschen um uns herum haben, die sich selbstlos verhalten, gesunde Grenzen setzen oder uns Respekt zollen, werden wir misstrauisch (auch wenn wir auf irgendeiner Ebene wissen, dass wir mehr dieser Menschen in unserem Leben brauchen).

Zudem kann der erste »Funken« der Anziehung, den wir manchmal gegenüber Menschen verspüren, ein Auswuchs einer Traumabindung sein: Wir finden etwas von uns selbst in diesen Menschen wieder. Vielleicht sind diese Menschen ebenfalls Opfer – oder vielleicht sind sie die Täter, die die für uns normalen Lebenssituationen schaffen werden.

Ich möchte damit nicht jemanden an den Pranger stellen, weil er die falsche »Wahl« getroffen hat, oder irgendwen beschämen, sondern möchte auf etwas Größeres hinweisen. Denn Menschen fühlen sich oft von dem angezogen, was sie kennen – was auch immer es sein mag –, außer sie unternehmen eine bewusste Anstrengung und finden heraus, was sie wirklich wollen.

Dominostein: Einige Menschen genießen aufgrund ihrer Erfahrungen die Gefahr und den Schmerz in Beziehungen, suchen sie und werden süchtig danach. Jedoch selbst dann kann man sich von diesen Verhaltensweisen und Energien lösen, was auf lange Sicht besser ist.

Frage an Sie: Haben Sie Freunde, die sich, einem bestimmten Muster folgend, irgendwie in gefährliche oder schmerzhafte Situationen begeben? Woran könnte das liegen? Finden Sie sich in Ihrem eigenen Leben je in gefährlichen oder schmerzhaften Situationen wieder, als Folge Ihrer eigenen Glaubenssätze und Erfahrungen?

VERBESSERN SIE IHRE MENSCHENKENNTNIS

Es gibt einen beliebten Redner, der einmal von einem Autounfall erzählte, in den er verwickelt war. Laut seines Berichts saß er nach dem Unfall blutend am Straßenrand und ihm kam die Erkenntnis, wie wertvoll sein eigenes Leben war. Zum Ende der Geschichte hin stand er weinend auf der Bühne.

Beim ersten Mal war ich schwer beeindruckt. *Das ist so authentisch!*, dachte ich. Mit der Zeit lernte ich ihn besser kennen und sah es noch mehrere Male auf der Bühne. Dabei stellte ich fest, dass er stets auf genau dieselbe Weise weinte, was mir seltsam vorkam.

Ich redete mit seinen Freunden und mit Menschen, die für ihn gearbeitet hatten, und erfuhr, dass die Geschichte ausgedacht war und nur lose auf realen Ereignissen beruhte. Sie sollte Aufrichtigkeit vermitteln, ohne wirklich aufrichtig zu sein – aber er hatte sie so oft erzählt, dass er tatsächlich von ihr gefangen genommen wurde, bis er es selbst glaubte.

Obwohl mich seine Energie und Geschichte angezogen hatten, wir sogar Freunde wurden, musste ich die Verbindung zu ihm kappen, nachdem ich realisiert hatte, wie inkongruent er bei seiner Präsentation auf der Bühne, seinem tatsächlichen Ich und seinem beruflichen Mindset war. Er war letztlich ein Nehmer, kein Geber – da war es unwichtig, wie gut sein erster Eindruck auf mich ausgefallen war.

Den meisten Menschen ist eine ähnlich warnende Geschichte schon passiert, wenn auch meist in jüngeren Jahren. Für mich jedoch ist es noch nicht so lange her! Das war ein guter Reminder, meine Menschenkenntnis zu verbessern. Was aber heißt das genau?

Wir haben nicht nur unsere Sinne fürs Sehen, Hören, Schmecken, Berühren und Riechen, sondern verfügen auch über einen ebenso wichtigen »Sinn für Menschen«. Wenn Ihr Sinn für die Wahl der Menschen um Sie beeinträchtigt ist, dann sind Sie vielleicht auf der Suche nach Verbindungen zu Menschen, die wie Junkfood sind, aber Sie stellen es möglicherweise erst fest, wenn Ihnen bereits schlecht wird.

Da sich ein Großteil meines Lebens um Marketing dreht, fällt es mir schwer, dieses Konzept nicht auch auf die Auswahl der Menschen anzuwenden. In allen Beziehungsarten hat man manchmal Angst, sich selbst zu »vermarkten«, um das Gewünschte zu erhalten, aber in Wahrheit vermarkten wir uns immer – ob bewusst oder nicht. Unser Verhalten und unser Kommunikationsstil mit anderen *ist* unser Marketing – im Endeffekt ist es ein unbewusster Teil unserer Strategie »Menschen auswählen«, denn dadurch sorgen wir dafür, dass andere Menschen einschätzen können, ob sie Zeit mit uns verbringen wollen. Wenn wir das im Hinterkopf behalten, liegt es definitiv in unserem Interesse, dies unter unsere bewusste Kontrolle zu bringen!

Bei Geschäftsbeziehungen kann es sonst dazu führen, dass man »die falschen Klienten anzieht«. Das gilt auch bei den Freunden, mit denen wir Zeit verbringen, besonders, wenn sie nur unsere negativen und selbstzerstörerischen Eigenschaften zum Vorschein bringen. Zudem sollte nicht unerwähnt bleiben, dass dies auch für romantische Beziehungen gilt und für unsere Fähigkeit, Liebe zu finden – etwas, das ich lernte, als ich eine Kontaktanzeige für eine Seelenverwandte schrieb (so seltsam sich das anhören mag).

Mir kam diese Idee das erste Mal in einem Gespräch mit einem Freund unter, der seine Fähigkeiten als Copywriter nutzte, um im Rahmen einer Onlinekampagne eine Kontaktanzeige zu schreiben. Dazu gehörten deutliche Aussagen über seine politischen Ansichten und darüber, wie seine Wunschfreundin sein sollte. Das Ganze war garniert mit einer Menge Humor und Persönlichkeit. Aufgrund der direkten und ehrlichen Art wirkte es auch provokant, es erregte eine Menge (mediale) Aufmerksamkeit und ging viral.

Auch wenn ich nicht unbedingt eine Seelenverwandte finden wollte, dachte ich dennoch darüber nach, wie man Marketingprinzipien für das eigene Liebesleben einsetzen könnte. Dabei dachte ich an eine von Annie Lallas E-Mails, die zu den besten ihrer Zunft als Love-Coach zählt.

Diese E-Mail erreichte mich 2015 mehr oder weniger aus dem Blauen heraus:

> *Joe,*
> *eins ist wichtig: Du tauchst immer wieder in meinen Gedanken auf. Meine Intuition sagt mir, dass wir reden sollten, dennoch habe ich es vermieden, aus welchem Grund auch immer. Inzwischen kann ich aber hinter diese Angst blicken und will dir proaktiv in dieser E-Mail von meiner Idee erzählen.*
>
> *Es drängt mich förmlich, dir zu schreiben, auch, weil ich weiß, wie sehr Eben dich mag, aber ich glaube außerdem, dass dein Herz so vom Leben gezeichnet ist und du so viel*

Schmerz durchlitten hast, dass du deswegen eine der großartigsten Liebesgeschichten am eigenen Leib erfahren könntest, die je ein Mensch erlebt hat. Ich will nicht, dass du eines Tages stirbst, ohne das, was Eben und ich als das herrlichste Spiel des Lebens ansehen, erlebt zu haben: wahre Liebe.

Ich möchte, dass du ebenfalls dieses Gefühl erlebst, so geliebt zu werden, wie du bist – und das tief in deinem Innersten, bevor du diese Welt verlässt. Du sollst wissen, dass du diese höchste Liebe umfassend geben und erfahren kannst; darum geht es bei wahrer Spiritualität.

Ich glaube, ich kann dir helfen, aber nur, wenn du bereit bist, alles zu vergessen, was du über Liebe weißt. Erschaffen wir lieber eine Definition dessen, wie romantische Liebe für dich aussehen kann – von Grund auf neu. Und dann nehmen wir all unseren Mut und Glauben in die Hand, um für dich eine künftige Romanze ganz nach deinen Träumen heraufzubeschwören. Dafür musst du aber all deine Ängste, Zweifel und deinen Zynismus ablegen.

Dabei geht es nicht nur um dich, sondern um die gesamte Menschheit, denn wir Menschen sind darauf angewiesen, dass DU dich verliebst. Wer du wirst – hinsichtlich deines Impacts und Beitrags zur Welt –, steigert sich exponentiell, wenn deine Frau dich findet und dein bestes Ich aus dir herausholt.

Joe, du hast es verdient, dich zu verlieben. Lass mich dir dabei helfen. Ich bin dazu geboren – und du auch.

Ich mag dich auch, wenn du nicht auf diese Einladung reagierst.

Fühl dich fest gedrückt!
Annie

Annie und ich waren schon jahrelang sehr gute Freunde, aber diese E-Mail kam unerwartet und haute mich um. Ich hatte frisch jemanden kennengelernt, also dankte ich Annie für ihre Worte, schlug aber ihre Einladung vorerst aus.

Aus diversen Gründen war ich 2018 wieder Single und erinnerte mich an Annies E-Mail. Also meldete ich mich bei ihr, um die ersten vorsichtigen Schritte in die Richtung zu unternehmen, die sie mir in ihrer Einladung vorgeschlagen hatte.

Zu Beginn unserer Zusammenarbeit führten wir viele Gespräche über Liebe, Beziehungen und all meine unterschiedlichen Glaubenssätze über Liebe und deren (Un-)Möglichkeit für mich. Manchmal schöpfte ich dabei aus meinem Wissensschatz über Marketing, was Annie damit kommentierte, dass der bestmögliche Einsatz von Marketing darin bestand, jemanden zu finden, mit dem ich mein Leben verbringen wollte und dass sie »die PR-Agentin [meines] Herzens« sein wollte.

Mit all diesem Wissen arbeiteten Annie und ich an einer Kontaktanzeige, die auf meinen Kernglaubenssätzen und meiner besten Seite beruhte. Der nachfolgende Text war nach vielem Nachdenken die Anzeige, die wir auf der Suche nach meiner künftigen Seelenpartnerin zu Papier brachten:

Ich möchte dich nicht verändern.

Ich möchte, dass du dich entspannst, bis du zu der Person geworden bist, die du am liebsten sein willst.

Ich bin hier, um deine kreativen, intelligenten, mutigen und zärtlichen Seiten zu beschützen und zu nähren. Ich bin dein Zufluchtsort und dein Trampolin.

Ich möchte eine Frau, die sich etwas so Wichtigem verschrieben hat, dass sie dieser Sache ihr ganzes Leben widmet. Ich will dich dabei unterstützen. Dein Wachstum und deine Entfaltung werden unsere gemeinsame Priorität.

Irgendwo habe ich mal gelesen: »Man verliebt sich nicht in einen anderen Menschen; man verliebt sich in das, was man wird, wenn man in der Nähe dieser Person ist.« Ich möchte, dass du dich in meiner Gegenwart wie du selbst fühlst. Das wird mich inspirieren, es auch zu tun.

Ich bin erfolgreicher Unternehmer mit vielen Leidenschaften. Da ich mich der persönlichen Weiterentwicklung und dem Wachstum verschrieben habe, möchte ich jeder Person, die ich treffe, einen Wert bieten. Ich schaffe Verbindungen zwischen einflussreichen Führungspersonen und kollaborative Netzwerke. Mein Leben ist tempogeladen und intensiv, es erfordert also eine starke Frau, die weiß, wie sie ihre Bedürfnisse geltend machen und einmalige Chancen nutzen kann.

Wenn du stolz darauf bist, wie du anderen Liebe schenkst, in Momenten der Angst sanft bleibst und deiner Fähigkeit vertraust, ein Halt für den Schmerz anderer zu sein, dann werden wir auf einer Wellenlänge sein.

Sensibilität und Ehrlichkeit im Angesicht von Herausforderungen bedarf einiges an Mut. Ich brauche jemanden mit diesem Mut.

Wenn du zu den fünf außergewöhnlichsten Frauen gehörst, die du je getroffen hast, dann möchte ich dich kennenlernen.

Ich verspreche dir, dass ich dich wie eine Königin behandeln werde.

Dafür musst du jedoch bereits wissen, dass du eine bist.

Diese Anzeige wurde deutlich besser, als ich dachte, und zeigte mein wahres Ich. Ich nahm mit Annie eine Podcast-Folge für *I Love Marketing* auf, um dem Publikum von meiner Suche nach einer Seelenverwandten zu erzählen. Wir schalteten die Anzeige auf einigen Dating-Websites. Ich will Sie nicht mit den Einzelheiten über die Ergebnisse oder meinem Privatleben langweilen (aber die vollständige Version dieser Geschichte können Sie sich in der *I-Love-Marketing*-Episode mit Annie anhören, die Sie unter www.JoePolish.com/WIIFT finden). Es reicht die Erwähnung, dass es zum Besten gehört, was ich je getan habe, als ich Annie zur PR-Agentin meines Herzens machte. Es hat mich ebenso viel über die romantische Liebe gelehrt, wie darüber, wie man eine Verbindung zu anderen Menschen herstellt. Es war also auch eine Erinnerung daran, wieso ich mich überhaupt für Marketing interessierte.

Jeder kommt unvoreingenommen auf die Welt. Erst Erfahrungen und unser Umfeld lehren uns dies – ob nun auf gute oder schlechte Art. Ein großer Teil unseres Lernens findet so früh in der Kindheit statt, dass wir uns nicht einmal mehr daran erinnern können, das erschwert das *Verlernen*. Es gibt einige Erfahrungen, die so intensiv oder prägend waren, dass wir sie fast nicht »verlernen« können, sie also einfach ein Teil unserer Identität werden.

Wenn wir das verstehen, bringt uns das ein gutes Stück dabei weiter, um mit anderen Menschen Rapport aufzubauen und zu denen zu gehören, für die andere gern ans Telefon gehen. Ich plädiere hier häufig dafür, anderen Menschen zu helfen – das kann manchmal bedeuten, dass man mit ihnen auf eine Weise kommuniziert, die ihnen klarmacht, dass Sie sie so sehen, wie sie wirklich sind, und dass Sie sie auch genauso nehmen. Bei einigen Menschen können das Neckereien oder Witze sein oder eben leichte Provokationen, statt nur die ganze Zeit nett und unterstützend zu sein.

Bevor Sie dazu allerdings Gelegenheit haben, müssen Sie verstehen lernen, dass es diese Sorte Menschen gibt, Sie mit ihnen interagieren müssen und es einen Grund für ihr Verhalten gibt. Und in gleicher Weise müssen Sie verstehen, dass dies genauso auf *Sie* selbst zutrifft. Auch wenn andere Menschen anscheinend die Gefahr und das Risiko suchen, so gibt es vermutlich Bereiche, in denen wir es auch tun.

Wenn Sie das akzeptieren, werden sich Ihre Optionen vervielfachen. Sie haben dann die Wahl, schwierigen Menschen mit Empathie zu begegnen und lohnende Beziehungen mit ihnen aufzubauen, indem Sie verständlich mit ihnen kommunizieren; oder Sie können die Menschen, mit denen Sie keine Verbindung eingehen wollen, von sich fernhalten, indem Sie Grenzen setzen und zurückweisend kommunizieren.

Diese Fertigkeiten im Bereich Rapport und Verbindung zu verfeinern, kann besonders im geschäftlichen, freundschaftlichen, romantischen und nahezu jedem erdenklichen Bereich mit menschlichen Beziehungen hilfreich sein. Dafür müssen Sie aber verstehen, was sich dahinter verbirgt: Menschen sind unbewusst zum Großteil, ob zum Guten oder Schlechten, ihren eigenen Gewohnheiten und Erfahrungen ausgeliefert.

Das bedeutet jedoch nicht, dass wir unsere Verhaltensmuster nicht ändern oder uns verbessern können – ganz im Gegenteil! Es bedeutet aber, dass wir uns, wenn wir keinen genauen Blick auf unsere eigenen Erfahrungen und Gedankengänge werfen, mit großer Wahrscheinlichkeit immer wieder in denselben Situationen wiederfinden werden. Für jemanden mit sehr negativen oder traumatischen Erfahrungen kann das bedeuten, sich von den Leuten oder Situationen angezogen zu fühlen, die einem dasselbe vertraute Gefühl geben (dieses Prinzip gilt für nahezu alle Menschen, wie auch immer das im Detail aussehen mag).

Ein Verständnis dessen kann Ihr Leben besser Ihrer eigenen bewussten Kontrolle unterstellen und Ihnen eher ermöglichen, Verbindungen und Rapport mit anderen Menschen herzustellen. Das alles basiert auf einer besseren Selbsterkenntnis – und dem Wissen, nach welchen Kriterien Sie sich die Menschen in Ihrem Umfeld aussuchen.

Mein 90-jähriger Freund Harvey Mackay hat vor vielen Jahren ein Buch geschrieben: *Swim with the Sharks without Being Eaten Alive*. Darin geht es eigentlich um Berufliches, aber die Metapher stimmt auch in anderen Bereichen: Das Leben ist wie ein Ozean, in dem Sie beim »Schwimmen« durch den Alltag auf alle möglichen Fischarten treffen werden – weil aber der Ozean riesig ist, werden Sie auch einigen Haien begegnen.

Nach einigen schmerzhaften Begegnungen mit Haien im Laufe der Zeit – sowie den daraus folgenden schmerzhaften Konsequenzen, sich manchmal die falschen Leute in Liebes- und Geschäftsdingen auszusuchen – musste ich einen genaueren Blick auf meine Wahl der Menschen um mich herum werfen. Daher lernte ich einiges über Psychologie, Selbsthilfe und eine tief reichende persönliche Entwicklung, um die Menschen zu finden, die meinen Horizont erweiterten statt ihn einzuengen, also ethische statt unethische Menschen.

Während ich meine Erfahrungen machte und mich abmühte, meine Auswahlkriterien für Menschen zu verbessern, stellte ich fest, dass es viel mehr mit einem *Ver*lernen statt einem Lernen zu tun hat. Während dieses Prozesses kann man sehr viel einfacher erkennen, wieso Menschen sich wieder und wieder in negative Situationen bringen – selbst, wenn dies einen auch danach nicht hundertprozentig vor diesen Fehlern schützen kann.

Dominostein: Wenn Sie in der Kindheit negative Erfahrungen gemacht haben oder es später im Leben schwer hatten, sollten Sie vielleicht Ihre Kriterien zur »Menschenauswahl« verbessern oder sonst riskieren, dass Sie in negative Muster zurückfallen.

Frage an Sie: Welchen Einfluss hatten die schlechteren Erfahrungen in Ihrem Leben darauf, wie Sie sich Menschen aussuchen, mit denen Sie eine Verbindung eingehen wollen?

DIE NOTWENDIGEN KOSTEN BEIM EINTRITT FÜR DIE EIGENEN WERTE

Selbst Menschen, die Nützlichkeit, Dankbarkeit und Qualität gegenüber anderen für wichtige Werte halten, kann es schwerfallen, diese Werte im Alltag anzuwenden und ihnen entsprechend zu leben. Auf ähnliche Weise kann dies, wenn Sie sich zu jemanden machen wollen, für den man gern ans Telefon geht, bedeuten, mehr Zeit mit für Sie unangenehmen Menschen zu verbringen, weil Sie wissen, dass diese Sie aus Ihrer Komfortzone holen und zu bedeutendem persönlichen Wachstum leiten.

Wir alle kennen den Spruch: »Tu jeden Tag etwas, das dir Angst macht.« Das mag prima klingen, bis man diese beängstigenden Dinge tatsächlich tun muss – um die eigenen Beziehungen auf eine selbst ausgesuchte Art wachsen zu lassen, was ein Ausmaß an Verletzlichkeit erfordern kann, das manche Menschen als beängstigend empfinden.

Stellt man sich diesem Unterfangen, kann das Wissen hilfreich sein, dass es ein zweischneidiges Schwert ist, zu jemandem zu werden, für den andere gern ans Telefon gehen. Dafür müssten Sie ebenfalls bereits sein, für andere »ans Telefon zu gehen« – und Ihnen gefällt vielleicht nicht immer der Grund für den Anruf.

Es geht, wenn man jemand ist, mit dem andere gern Zeit verbringen, nicht um Perfektion, sondern häufiger darum, jemand zu sein, der die eigenen Stärken kennt und klare Werte vertritt, der keine Angst hat, diese zu zeigen und mit anderen Menschen zu teilen.

Der Nutzen einer solchen Persönlichkeit besteht darin, dass andere, die diese Werte mögen, dies schon aus der Ferne erkennen können und sich Ihnen nähern werden. Jedoch bezahlt man dafür den Preis, dass auch das Gegenteil zutrifft: Sie werden auch für diejenigen sichtbarer, die Ihre Werte nicht mögen, und diese werden sich Ihnen vielleicht ebenfalls nähern.

Das ist nur eine Illustration eines größeren Gesamtbilds, das sich ergibt, wenn Sie Ihr Leben auf diese Weise gestalten. Um ein vernetztes Leben voller tiefer Beziehungen zu führen, das Ihnen beim Erreichen Ihres höchsten Gutes helfen kann, müssen Sie die notwendigen und unvermeidbaren Kosten tragen – die darin bestehen, Ihre eigenen Werte festzulegen und Ihnen konsistent zu folgen.

Im Verlauf dieses Prozesses werden Sie viele Fehler machen und dazu stehen müssen, um zu wachsen und anderen zu zeigen, was für ein Mensch Sie sind. Wenn man mit besten Absichten lebt und Verantwortung für das eigene Handeln übernimmt, führt das glücklicherweise meist dazu, dass man ähnlich gestrickte Menschen anzieht.

Immer, wenn es darum geht, wie man sein Leben führen soll, muss ich an ein Zitat des verstorbenen amerikanischen Staatsmanns Bernard Baruch denken: »Diejenigen, die mit Bedacht leben, zählen nicht, während diejenigen, die zählen, nicht mit Bedacht leben.«

So wichtig es auch auf dieser Welt sein mag, nach außen zu zeigen, dass man das Beste für andere tut, so werden wir auf diese Weise nicht die gewünschte Art von Verbindungen und Resultaten erzielen, ohne nicht auch die innerliche Arbeit zu leisten.

Dominostein: Auch die Definition der eigenen Werte und die Gestaltung des eigenen Lebens danach wird dazu führen, dass man Fehler macht und dass andere über Sie urteilen werden – aber das ist der Preis für gute Beziehungen und das beste Leben.

Frage an Sie: Nach welchen Kernwerten wollen Sie Ihr Leben gestalten und wie können Sie diese Werte der Welt »vermarkten«, um eine Verbindung zu anderen zu knüpfen?

Die Dominosteine:

- Obwohl Menschen auch das Alleinsein und eine Verbindung zu sich selbst brauchen, so sind wir letztlich doch soziale Wesen. Verbindung zu anderen beruhigen uns, denn wir sind dafür *geschaffen*.
- Für Verbindungen zu anderen sollten Sie jemand sein, für den man »gern ans Telefon geht«. Das bedeutet aus praktischer Sicht normalerweise, dass Sie fürsorglich, nett und neugierig sind – akkurater ausgedrückt bedeutet es, eine anziehende Energie auszustrahlen.
- Wir werden alle von bestimmten Energien angezogen, ohne dass wir dabei eine wirkliche Wahl hätten. Das kann bedeuten, dass Sie natürlicherweise von Energien und Menschen angezogen werden, die nicht gut für Sie und Ihr Leben sind.
- Wenn Sie in der Kindheit negative Erfahrungen gemacht haben oder es im Leben schwer hatten, müssen Sie viel-

leicht Ihre Kriterien zur »Menschenauswahl« verbessern oder sonst riskieren, in negative Muster zurückzufallen.

- Es kann trotz bester Absichten passieren, dass man sich zu sehr verausgabt. Achten Sie darauf, sich nicht »zu weit in die Dunkelheit zu begeben«, um dort Ihr Licht leuchten zu lassen – oder treffen Sie diese Entscheidungen wenigstens sorgfältig.
- Auch die Definition der eigenen Werte und die Gestaltung des eigenen Lebens danach wird Sie nicht vor Fehlern bewahren und davor, dass sich andere eine Meinung über Sie bilden – das ist aber der Preis, den man für gute Beziehungen und das bestmögliche Leben zahlen muss.

Übungen und Handlungsschritte

1. Machen Sie furchtlos Inventur bei sich (und anderen)

Ob bei uns selbst oder anderen, mit denen wir gerne Zeit verbringen: Charakteristika drehen sich um den Charakter.

Wie Sokrates bekanntermaßen sagte: »Das unerforschte Leben ist nicht lebenswert.« In diesem Sinne müssen Sie, wenn Sie Ihr Leben mit tiefen Beziehungen voll auskosten wollen, verstehen, wie Sie im Zusammenspiel mit anderen funktionieren, die Angewohnheiten ablegen, die Ihnen nicht dienlich sind, und bessere entwickeln.

Es lässt sich einfach mit dem Finger auf andere zeigen, wenn etwas schiefgeht, aber es ist auch ein wenig unehrlich. Wenn Ihr eigenes Leben kontinuierlich chaotisch ist, liegt dem vielleicht ein Problem bei Ihrem eigenen Verhalten zugrunde.

Dann sollten Sie als Erstes »furchtlos Inventur machen«, die Art von Inventur, die mit 12-Schritte-Programmen beliebt wurde. Hier eine einfache Methode für den Anfang:

1. **Erstellen Sie auf einem Blatt Papier eine Liste Ihrer Ressentiments sowie Charakterstärken und -schwächen.** Es aufzuschreiben beseitigt Widerstände und bringt Ihnen einen klaren Blick auf sich selbst. Schauen Sie Ihre Antworten genau an, um besser zu verstehen, wie Sie auf andere wirken, was Sie (nicht) mögen, was Sie an anderen Menschen anzieht oder abstößt – und vor allem auf Ihr Handeln, das andere anzieht oder abstößt.
2. **Schreiben Sie dann eine Liste von Fragen auf, auf die Sie dann antworten und über die Sie nachdenken:** Was verursacht mir Schmerzen? Worauf reagiere ich zu sensibel? Wobei bin ich nicht sensibel genug? Wozu tendiere ich? Wo befindet sich vielleicht, basierend auf meinen Lebenserfahrungen, ein blinder Fleck?
3. **Betrachten Sie schließlich inständig Ihre Antworten und versuchen Sie, basierend auf Ihrer Vergangenheit, Erklärungen für das Aufgeschriebene zu finden.** Haben Sie einiges davon von Ihrer Familie erlernt? Von romantischen Beziehungen? Von Freundschaften oder Ihrem Umfeld? Notieren Sie detailliert.
4. **Schreiben Sie nun mithilfe all der neuen Informationen auf, was Sie über sich selbst gelernt haben – und wie Sie von nun an Ihre Stärken besser nutzen und sich Ihrer Schw ächen bewusster sein werden. Setzen Sie diesen Plan sofort in die Tat um.**

Ein Satz, der häufig bei 12-Schritte-Programmen zu hören ist, lautet: »Was hysterisch ist, ist historisch.« Wenn man also auf etwas über- oder zu wenig reagiert, ist dies an etwas in Ihrer Vergangenheit gekoppelt.

Fragen Sie sich also selbst: Wo reagiere ich über und stecke viel zu viel Energie hinein? Wo reagiere ich zu wenig? Um mit diesen Bereichen enger in den Kontakt zu treten, können Sie, wenn nötig, atmen, meditieren, eine Therapie machen oder mehr Sport treiben.

Erst wenn Sie einen Blick auf sich selbst geworfen und die zu leistende Arbeit getan haben, können Sie einen ehrlichen Blick auf die Leute um sich herum werfen. Dafür habe ich eine Übung, zu der ich Leute anleite. Ich nenne Sie »Ihr Lebenszweck.«

Schreiben Sie auf einem leeren Blatt Papier die Namen von sechs Menschen auf: drei Ihnen bekannte Personen, die auch Sie kennen, und drei, die wiederum Sie nicht kennen. Dabei ist es unwichtig, ob diese lebendig oder tot sind oder überhaupt in diesem Jahrhundert gelebt haben.

Danach listen Sie jeweils drei Punkte auf, die Sie an jedem dieser Menschen bewundern (also insgesamt 18 Eigenschaften).

Das mag sich wie eine einfache Übung zu den Menschen in Ihrem Umfeld anhören, enthüllt aber in Wahrheit, welche Qualitäten *Sie* in Ihrem Leben wollen.

2. Rufen Sie einen Freund an

Theorien aufzustellen und sich Spekulationen darüber hinzugeben, wie man zu einer interessanteren und wertvolleren Person wird, kann Spaß machen.

Es gibt aber noch einen einfacheren Weg, Zugang zu diesen Informationen zu erhalten: einfach fragen.

Um zu erfahren, wegen welcher Qualitäten andere bei Ihnen ans Telefon gehen, schreiben Sie fünf bis zehn Namen aus Ihrem Leben auf, die jederzeit bei Ihnen ans Telefon gehen würden, und fragen Sie sie direkt:

- Welche Ihrer Eigenschaften löst bei anderen Loyalität aus?
- Welche Ihrer Qualitäten gefällt anderen am meisten?
- Und welche Charakteristika sorgen andererseits dafür, dass Ihre Freunde bei anderen Personen weniger gerne ans Telefon gehen?

Mit diesen Informationen sollten Sie ein viel besseres Bild der Sachen haben, die Sie richtig machen, die andere Menschen an Ihnen bewundern – und denen von anderen, die Sie lieber vermeiden sollten.

3. Schreiben Sie Ihre eigene Kontaktanzeige

Um die Macht des Marketingdenkens in Beziehungsangelegenheiten besser zu verstehen, können Sie es Annie Lalla und mir nachtun, indem Sie Ihre eigene Kontaktanzeige schreiben, also im Grunde einen »Werbebrief« über sich selbst. Sollten Sie bereits in einer Liebesbeziehung stecken, können Sie diese Übung für Freundschaften oder andere Verbindungen durchführen (um ein Gespräch anzustoßen, können auch Sie als Paar jeweils beide eine Anzeige schreiben und danach vergleichen!).

Wie ungewöhnlich oder oberflächlich dieser Rat auch auf den ersten Blick scheinen mag – bevor Sie darüber urteilen, empfehle ich, sich daran zu erinnern, was ich bereits zum Thema Marketing und Verkauf gesagt habe: Beide sind nicht an sich gut oder schlecht, und ihre Wirkung auf andere hängt von den *Absichten* einer Person ab.

Wenn Sie mehr darüber wissen wollen, wie man diese Ratschläge umsetzt – und das von Annie Lalla selbst (sowie eine Bonuspräsentation des Genius Networks – von Annie Lalla und der Romantikexpertin Any Chan – über Liebe und darüber, wie man in Beziehungen eine Verbindung herstellt oder auflöst), dann schauen Sie rein unter: www.JoePolish.com/WIIFT.

---

4. KAPITEL

SEIEN SIE NÜTZLICH, DANKBAR UND WERTVOLL

Auf gewisse Art ist die Herstellung von Verbindungen zu anderen Menschen in unserem Leben genauso wichtig wie das Atmen und Wassertrinken. Auch wenn viele von uns vielleicht die Zeit allein zu schätzen wissen, so werden Sie doch nicht von vielen hören, dass sie ein Leben gänzlich ohne menschliche Verbindungen führen wollen. Für ein glückliches und bedeutungsvolles Leben ist das schlicht ein Grundbedürfnis.

Zudem besteht der weitere Nutzen von menschlichen Verbindungen in der daraus entstehenden *Vernetzung*, hier aber wird es dann kompliziert. Deswegen zögere ich, wenn Menschen mich »den am besten vernetzten Mann der Welt« oder so ähnlich nennen: Erstens stimmt es nicht und zweitens wird nicht immer klar, was damit gemeint ist.

»Vernetzt zu sein« oder »Connections zu haben« kann manch negativ konnotiert sein – etwa der Aufstieg dank sozialer Kontakte oder Unehrlichkeit –, aber in Wahrheit ähnelt es dem Marketing oder Vertrieb: Es ist weder von sich aus gut oder schlecht, noch hängt es vom Einsatz oder Ihren Absichten ab.

Auf praktischer Ebene sind »Connections« eigentlich nie schlecht. Sie helfen Ihnen häufig beim schnelleren Erreichen Ihrer Ziele oder Ihres Impacts (und idealerweise ist es Teil Ihrer Zielen, anderen zu helfen und die Menschheit voranzubringen). Für eine wirkliche Vernetzung müssen wir also unsere Fertigkeit verbessern, *gewollt* eine Verbindung aufzubauen. Wir müssen zu jedem und überall eine Verbindung herstellen können – selbst, wenn wir es nicht immer *müssen* oder *wollen*, sollten wir über diese Fertigkeit verfügen.

Es gibt nicht diesen einen besonderen Menschenschlag, den wir alle treffen und mit dem wir eine Beziehung aufbauen sollten, aber für große Ziele ist es hilfreich, wenn wir zu einigen erfolgreichen Menschen eine Verbindung haben, denn diese Menschen sind gern wohlhabend, mächtig und im traditionellen Sinn »erfolgreich«. Natürlich haben vor allem diese ihre Schutzschilde hochgefahren, weil sie andere abschrecken wollen, die nur etwas von ihnen haben wollen.

Wie sollen Sie das angesichts dieser schwierigen Bedingungen anstellen? Wenn Sie der anderen Person keinen dicken Scheck oder eine Einladung zu einem exklusiven Event bieten können? Vereinfacht ausgedrückt: indem Sie sich daran erinnern, dass wir alle nur Menschen sind, die genau wie jeder andere Schmerz und Unsicherheit empfinden.

Im Detail gibt es noch Unterschiede, aber letztlich besteht wirklich jede Situation aus drei Schlüssels, um mit anderen eine Verbindung herzustellen: *Nützlichkeit*, *Dankbarkeit* und *Wert* für andere – und diese Eigenschaften werden nie ihre positive Wirkung verfehlen. Sie müssen einfach herausfinden, wie Sie das dem Gegenüber in jeder Situation bieten können. Es geht darum, sich *auf andere einzustellen* und *aufmerksam* zu sein!

Aber das lässt sich vielleicht anschaulicher an einem Beispiel zeigen: Ich reiste am 24. August 2021 nach Kalifornien, um dort meinen Freund Dave Kekich zu besuchen, der damals krank und in einem Hospiz untergebracht war. Nach meiner Landung in Orange County holte mich mein Freund Tim Ringgold am Flughafen ab.

Ganz nebenbei bemerkt: Tim und ich haben uns 2003 bei seinem ersten 12-Schritte-Meeting kennengelernt. Ich arbeitete damals mit rekonvaleszenten Süchtigen zusammen und galt als verlässlicher Ehrenamtlicher des Programms, daher verbrachten Tim und ich viel Zeit direkt nach seinem Entzug miteinander. Seither ist Tim sehr offen mit seiner Sucht umgegangen und hat sogar ein Buch, *Sonic Recovery*, über Musiktherapie beim Drogenentzug geschrieben. Es ist natürlich nützlich, wenn einen jemand am John Wayne Airport abholen kann, aber in meinem Fall verdanke ich das einer 18-jährigen Freundschaft.

An dem Tag brachten Tim und ich uns bei einem Spaziergang am Laguna Beach gegenseitig auf den neuesten Stand. Dabei brainstormten wir auch bezüglich neuer Ideen für Artists for Addicts, einem von mir 2016 gestarteten Programm, mit ich den weltweiten Umgang mit Sucht verändern wollte, weg von Verurteilungen, hin zu Mitgefühl. Dabei sollte uns die Kunst helfen.

Die Ersten, denen ich von der Idee zu diesem Programm erzählte, waren mein Freund Akira Chan, einem Filmemacher und Mitglied des Genius Networks, und Jon Butcher, einem anderen Freund. Innerhalb weniger Monate drehten wir zusammen eine kurze Dokumentation über die Heilungskraft von Kunst bei Traumata, um so das Bewusstsein für Sucht und Entzug zu steigern. Der daraus entstandene Film *Black Star* gewann 2018 den Publikumspreis beim Illuminate Film Festival in Sedona, Arizona. Dank des Films nahm Artists for Addicts bei einer Kunstauktion mehr als 200.000 Dollar für ein Bildungsprogramm über Drogenentzug ein.

Während des Spaziergangs mit Tim realisierte ich, dass Akira und ich immer die Ideen rund um *Black Star* und Artists for Addicts hatten weiterentwickeln wollen, aber mit unseren Unternehmen und Projekten zu beschäftigt gewesen waren. Dann kam mir eine Idee und ich holte sofort mein iPhone heraus, um ein Video von Tim und mir im Gespräch über seine Arbeit mit Musik und Entzug zu filmen. Wir machten sogar einige von Tims Musiktherapieansätzen mithilfe von Trommeln und Rhythmen direkt am Strand vor.

Ich schickte Akira das Video, um zu sehen, welche Ideen davon angestoßen würden, ohne zu wissen, wohin die Reise letztlich gehen würde. Kurz darauf schickte mir Akira ein Video zurück.

»Es ist wohl an der Zeit, eine längere Version dieses Films aufzunehmen, und Tim wäre perfekt geeignet«, sagte er. »Kommt zu mir und wir filmen das hier!«

So hatten wir uns einfach mal eben die nächsten Schritte überlegt, und Akira und Tim vernetzten sich miteinander, um die Logistik zu besprechen. Mit nur zwei Videobotschaften hatte sich »Nützlichkeit« in einen tatsächlichen Wert verwandelt und zu Handlungen geführt! Einen Monat später filmten sie eine Musikszene mit einer Gruppe, die zu einem Teil unseres stets wachsenden Projekts Artists for Addicts werde sollte, neben meiner Stiftung, GeniusRecovery.org.

Um all das ins Rollen zu bringen, hatten Akira, Tim und ich bei unseren Austausch einfach Wert auf *Nützlichkeit*, *Dankbarkeit* und *Wert* legen müssen. Auch wenn deren Bedeutungen sich mit jeder neuen Situation veränderte, wie auch das Maß unserer eigenen Veränderungen im Laufe der Jahre. Bei meinem Freund Dave, der am 9. September 2021 verstarb, waren mir weder Geld noch Geschäftsgelegenheiten am nützlichsten und wertvollsten oder lösten am meisten Dankbarkeit aus – es war schlicht die Anwesenheit eines Freundes, der diese Erfahrung mit mir teilte … und mich vom Flughafen abholte.

Dominostein: Um in nahezu jeder Situation eine Verbindung herzustellen, konzentrieren Sie sich darauf, nützlich, dankbar oder wertvoll zu sein – oder eine Kombination deren. Anders ausgedrückt: Alle drei führen bei anderen zu einem *positiven Resultat* irgendeiner Art.

Frage an Sie: In welcher Weise sind Sie nützlich, dankbar, wertvoll, aufmerksam und auf die Menschen in Ihrem Leben eingestellt? Wie bringen andere Ihnen dieselben Werte entgegen?

WIE SEHEN NÜTZLICHKEIT, DANKBARKEIT UND WERT AUS?

Das sind die drei unersetzliche Qualitäten, wenn man Beziehungen und Netzwerke von Beziehungen aufrechterhalten will: **Nützlichkeit, Dankbarkeit und Wert**. Das bedeutet auf ganz praktischer Ebene, dass man anderen gegenüber nützlich, dankbar und für sie wertvoll ist. Wie sieht es also aus, wenn jemand nützlich, dankbar oder wertvoll ist?

Auf einer Ebene erzielt jede dieser Eigenschaften für andere Menschen ein bestimmtes *Resultat*. Das kann physischer oder materieller Natur wie bei Geld (eine Art von Wert), einem sauberen Garten (etwas Nützliches) oder einer positiveren Einstellung dem Leben gegenüber (eine Form der Dankbarkeit) sein. Das Ausmaß an daraus entstandenen positiven Resultaten ist buchstäblich unbegrenzt.

Um jedes einzelne in Gänze zu verstehen, kann man sich Menschen vorstellen, die diese Prinzipien verkörpern, oder Beispiele aus dem echten Leben hernehmen. Bei der Nützlichkeit mache ich gern selbst den Anfang, denn sie war der Startschuss für meine Karriere.

Nützlichkeit

Sie erinnern sich vielleicht daran, dass meine Karriere im Marketing erst so richtig in Fahrt kam, als ich meine Werbung *nützlich* gestaltete. Mein erster und effektivster Verkaufsbrief (dank eines Copywriters) war 1992 der bereits erwähnte *Konsumentenleitfaden für Teppichreinigung*. Für ein wirkliches Gespür für dessen Nützlichkeit müssen Sie ihn lesen. Der Leitfaden begann folgendermaßen:

Lesen Sie diesen Leitfaden und entdecken Sie:

1. *7 Fragen, die man einem Teppichreinigungsfachmann stellen sollte, bevor man ihn zu sich nach Hause bestellt.*

2. *8 Fehler, die man bei der Wahl eines Teppichreinigungsfachmanns vermeiden sollte.*
3. *Kriechendes Getier und Schmutz: Ein Leitfaden über Schleim, Dreck und Krabbelzeug, das durch Ihren Teppich sickert, kriecht und galoppiert.*
4. *6 teure Fehlannahmen über die Teppichreinigung.*
5. *Wie man 4 Abzockereien bei der Teppichreinigung vermeidet.*
6. *Wie man dafür sorgt, dass der Teppichreinigungsfachmann vollständig für seine Arbeit garantiert.*
7. *Der Unterschied zwischen Wert und Preis.*

Auch wenn allein ein allgemeiner Leitfaden über Teppichreinigung eine gute Sache gewesen wäre, werteten diese spezifischen Punkte zu jedem Prozessschritt das gesamte Angebot deutlich auf! Das war lange vor der Zeit des Internets und dem Onlinemarketing, also baten die Menschen noch telefonisch bei mir um ein Exemplar dieses Leitfadens. Ich erstellte schließlich eine kostenlos verfügbare, zehnminütige Tonbandaufnahme, die den Kunden über den gesamten schriftlichen Inhalt des Leitfadens informierte.

Was glauben Sie, machten viele potenzielle Kunden nach dem Erhalt des Leitfadens? Sie riefen erneut an und fragten mich: »Wann können Sie meinen Auftrag erledigen?« An dieser Stelle fällt ins Auge, dass sie nicht fragten, »Wie viel verlangen Sie?«, denn mein ELF-Marketingsystem hatte bereits meine potenziellen Kunden für mich ausgesiebt, sortiert und gefiltert. Zu diesem Zeitpunkt hatten sie es mir bereits abgekauft. Der Preis würde später zur Sprache kommen, aber sie hatten sich schon für die Zusammenarbeit entschieden.

***

Im geschäftlichen Bereich kann man gut Geld machen und erfolgreich sein, wenn man von den potenziellen und aktuellen Kunden als nützlich wahrgenommen wird und die beste Wahl für ihre Wunschbefriedigung ist. Jedoch funktionieren diese Prinzipien im Privaten genauso gut.

Im Alltag sollten Sie sich für andere auf möglichst viele Arten nützlich zeigen. Auch wenn die meisten Menschen sich unter »nützlich« jemanden mit Pick-up vorstellen, weil er beim Umzug helfen kann, oder mit Pool, geht doch Nützlichkeit weit darüber hinaus (auch wenn ein Pick-up oder Pool durchaus dazugehören können!).

Auch wenn Hard Skills und materielle Gegenstände anderen zweifellos nützlich sein können, variiert die Nützlichkeit doch je nach Person und Kontext. Während Ihre Nützlichkeit viel mit Ihren Skills in der Waagschale zu tun hat, geht es doch als Erstes um Gewissenhaftigkeit und Interesse – sich um andere kümmern.

Das beginnt mit dem Bewusstsein für die Bedürfnisse, Wünsche und Leidenspunkte anderer und mit der Identifikation dessen, was Sie zu einer Interaktion beitragen können, um diese anzusprechen oder zu lindern. Dazu gehört auch, dass man wirklich zuhören kann – aber nicht alle wissen, wie das geht.

Dr. Cheri Ong, eine zertifizierte plastische Chirurgin, die eine Praxis mit Mitgliedsmodell betreibt, hat das besser analysiert als jede andere, die ich kenne, und zu einer dreischrittigen Methode zusammengefasst:

1. **Aktiv zuhören.** Statt darauf zu warten, dass Sie beim Reden wieder an der Reihe sind, sollten Sie im Gespräch die gesamte Zeit aufmerksam sein. Stellen Sie Fragen und wiederholen Sie die Aussagen in anderen Worten, wenn es sein muss, um sicherzustellen, dass Sie die Probleme der anderen so gut wie Ihre eigenen verstehen – Sie sollten sie in- und auswendig kennen.
2. **Zeigen Sie Empathie und überrumpeln Sie andere nicht.** Die Probleme eines anderen Menschen rational zu verstehen ist das eine, aber Mitgefühl zu haben und es dem anderen zu zeigen, ist das sehr viel effektivere andere. Und auch wenn es als Reaktion auf ein Problem verführerisch sein mag, Lösungen anzubieten, über

die eigenen Probleme zu reden oder endlose Informationen herunterzuleiern, so übertreiben Sie es bitte nicht! Das steigert nur unnötig den Stresspegel Ihres Gegenübers.

3. **Bieten Sie einfach umzusetzende Lösungen an.** Manchmal möchten Menschen im privaten Gespräch einfach nur Dampf ablassen. In diesem Fall ist es selten erforderlich, Lösungen anzubieten oder Kritikpunkte zu äußern. Im beruflichen, im geschäftlichen Kontext oder wenn Sie jemand privat um Hilfe bittet, sollten Sie darauf achten, dass Ihre Lösungen einfach und leicht umzusetzen sind.

In ihrer Praxis arbeitet Dr. Ong mit sehr erfolgreichen Klienten und führt intime Prozeduren durch, wie beispielsweise Vaginal-Operationen. Die Unterhaltungen mit ihren Klienten gehören zu den sensibelsten, verletzlichsten und privatesten, die zwei Menschen führen können. Da Dr. Ong als eine der bedeutendsten plastischen Chirurginnen weltweit für Vaginal-Operationen gilt, hat sie eine Menge Übung darin, Rapport, Mitgefühl und aktives Zuhören in diesen Unterhaltungen einzusetzen.

Auch außerhalb des beruflichen oder medizinischen Kontextes ist das aktive Zuhören nützlicher, als den meisten Menschen bewusst ist. Es gibt einem die Möglichkeit, in jeder Situation zu überlegen: »Was will mein *Gegenüber*?« Wenn Sie mit Menschen von dieser Warte aus interagieren, hören Sie ihnen aufrichtig und großzügig und machen Sie sich Gedanken über deren Bedürfnisse. Das Gegenteil ist die Ausnutzung im negativen Sinn, also Opportunismus für kurzfristige Gewinne, ohne Interesse an einer Verbindung, daran, etwas zurückzugeben oder eine Beziehung aufzubauen.

Wenn Sie Ihre Skills oder Fähigkeiten anderen aufrichtig anbieten oder die einzigartigen Talente eines anderen Menschen aufrichtig einsetzen und sich dafür revanchieren, ist das etwas anderes, als jemanden für eine Transaktion in nur eine Richtung zu »benutzen«.

Die ultimativen Win-win-Situationen im Leben und im Business entstehen, wenn niemand benutzt wird. Stattdessen kann man jemanden »sinnvoll einsetzen«. Das ist eine der fünf Methoden, die Dan Sullivan in seinem Denk-Tool, The Opportunity Filter®, skizziert. Laut Dan können wir für unsere Arbeit auf fünf spezifische Arten entlohnt werden, wir können also nicht nur sinnvoll eingesetzt werden, sondern auch belohnt, wertgeschätzt, empfohlen und verbessert werden. Diese fünf verschiedenen Arten sind zufälligerweise auch nützlich.

Dominostein: Nützlichkeit beginnt beim Kümmern. Das beinhaltet zwei Aspekte: Sich der Bedürfnisse, Wünsche, Schmerzpunkte und Probleme anderer bewusst zu werden und eine Lösung anzubieten. Dabei sollte man ein aufmerksamer Zuhörer sein, Empathie zeigen und andere nicht überrumpeln sowie einfach umsetzbare Lösungen anbieten.

Frage an Sie: Wenden Sie die beiden Aspekte des Kümmerns in Ihren eigenen Beziehungen an? Wie könnten Sie das verbessern?

Dankbarkeit

Wenn es um Dankbarkeit geht, fällt mir kein besseres Beispiel als mein verstorbener Freund Sean Stephenson ein. Er war sowohl einer meiner besten Freunde als auch einer der lustigsten Menschen, die ich je kennengelernt habe. Er wurde mit Osteogenesis imperfecta, der sogenannten Glasknochenkrankheit geboren, hatte sich bis zu seinem 18. Lebensjahr mehr als 200 Knochen in seinem Körper gebrochen und saß im Rollstuhl.

Sean wurde seit Kindertagen von anderen gehänselt, er musste also schnell lernen, wie man mit all dieser Negativität fertig wird und sie überwindet. Irgendwann beschloss er, diese negative Aufmerksamkeit zu nutzen und in Humor, die Sorge für andere, Mitgefühl und eine erstaunliche Karriere als Redner umzuwandeln. Wenn die Leute ihn ohnehin anstarrten, so dachte er, könnte er genauso gut ein Redner auf öffentlichen Bühnen werden. Obwohl Sean nie größer als ein Meter wurde, war er ein absoluter Gigant auf der Bühne.

Im Laufe seiner langen Karriere war er Therapeut, Hypnotherapeut und Arzt, Praktikant für Bill Clinton während dessen Präsidentschaft, hielt Vorträge in Schulen und einen TED-Talk aus einem Gefängnis. Er war bei Jimmy Kimmel zu Gast, bei A&E in der Sendung *Der ein Meter große Gigant*, und er schrieb ein Buch *Get Off Your »But«*, in dem es darum ging, keine Ausreden mehr vor der Verbesserung des eigenen Lebens zu haben.

Er hatte mehr Schmerz im Leben ausgehalten als alle anderen, die ich jemals traf, aber er trug immer ein Lächeln auf dem Gesicht. Auch angesichts von Fehlschlägen und Enttäuschungen hatte Sean einen Spruch auf den Lippen: »Ablehnung ist die Schutzeinrichtung Gottes.« Selbst ein Atheist verstand seine Botschaft. Am liebsten nutzte er in jeder Situation die Tools Spaß und Dankbarkeit – bis ans Ende seiner Tage.

Sean hatte am 28. August 2019 zu Hause einen Unfall mit dem Rollstuhl, seine Frau Mindie brachte ihn also möglichst schnell ins Krankenhaus. Sean textete mir auf dem Weg dorthin und wir sprachen über FaceTime noch während der Ankunft auf dem Parkplatz miteinander. Ich machte mich schleunigst auch auf den Weg dorthin, bevor die Ärzte mit einer letzten Operation versuchen würden, sein Leben zu retten.

Auch unter diesen ernsten Umständen folgte Sean seinem eigenen Credo bis zum Ende. Seine letzten Worte aus dem Krankenhausbett lauteten: »Es passiert nicht mir, sondern *für* mich.«

Dankbarkeit ist ein Gefühl der Freude am Leben. Je mehr Sie sich dieses Gefühl wahrer Dankbarkeit bewahren können, desto besser werden Sie auf das Leben *antworten* statt nur *reagieren* können. Es ist eine wertvolle Fähigkeit fürs gesamte Leben, Dankbarkeit für das Leben und die Menschen um Sie herum auszudrücken, aber sie fliegt einem nicht einfach so zu, sondern man muss sie fleißig üben. Undankbarkeit ist deutlich leichter, sich so zu benehmen, als hätte man ein Anrecht auf etwas, oder würde stets Fehler bei anderen finden – eine schlechte Angewohnheit.

Ich habe aus erster Hand Erfahrungen mit wahnsinnig vielen undankbaren Menschen gemacht – auch wenn gerade jemand anderes (manchmal ich, manchmal meine Freunde) Enormes für diese Menschen geleistet hatte. Diese Energie von Menschen, die glauben, sie hätten ein Anrecht auf etwas Bestimmtes, oder denen es an Dankbarkeit mangelt, ist eine »nehmende« Energie ohne Rendite. Daher neigen Nehmer zu Undankbarkeit.

Darin verbirgt sich eine Lektion: Geber neigen zu großer Dankbarkeit – und daran ist besonders interessant, dass Ihre Dankbarkeit mit Ihrem Geben wächst. Wenn Sie freiwillig in einem Obdachlosenheim aushelfen oder ein Ehrenamt ausüben, sehen Sie, was Ihr Geben den Menschen schenkt, die diese Energie empfangen. Sie erfahren etwas über die tatsächliche spirituelle Verbindung, die Ihre Energie mit anderen Menschen eingeht und das stärkt Ihre »Dankbarkeitsmuskeln«. Es gibt Ihnen neue Energie!

Augenblicke wie diese zeigen, dass Dankbarkeit in beide Richtungen wirkt. Sie können der Welt Dankbarkeit entgegenbringen, aber Sie wollen auch selbst welche empfangen, um weiterwachsen zu können. Denn Sie haben der Welt einiges zu bieten, aber wenn Sie Ihren Tank nicht von anderen auffüllen lassen, werden Sie sich irgendwann verausgaben.

Dominostein: Dankbarkeit ist ein Gefühl der *Freude am Leben*. Dieser Zustand sorgt dafür, dass Sie aufs Leben antworten, statt nur zu reagieren – was Sie wiederum anziehender macht und Ihnen mehr Energie verleiht. Daher neigen Geber zu Dankbarkeit – Nehmer aber nicht.

Frage an Sie: In welchem Bereich Ihres Lebens würde mehr Dankbarkeit Ihnen auch mehr Freude ermöglichen, und Ihnen die Fertigkeit schenken, auf Ereignisse zu antworten statt nur zu reagieren?

Wert

Wert ist schwer zu quantifizieren, denn er umfasst alles bisher Erwähnte – und mehr. Außerdem ist er äußerst subjektiv. Wert liegt, ob nun der reelle oder eingebildete, im Auge des Betrachters. Auf gewisse Art ist Wert der ungreifbare Faktor X, den manche Menschen besitzen: ein Glitzern in den Augen, ein einzigartiger Humor oder ihre Präsenz beim Betreten eines Raums.

An dieser Stelle fällt es mir schwer, nicht an meinen verstorbenen Freund Dave Kekich zu denken. Wie so viele besondere und erfolgreiche Menschen hatte Dave eine einzigartige Perspektive aufs Leben und machte auf dem Weg einzigartige Lebenserfahrungen. Er wurde schon in jungen Jahren zum Millionär und verfügte schnell über all die Äußerlichkeiten der üblichen Ansichten zu Reichtum: eine wunderschöne Freundin, ein Haus am Meer, eine großartige Karriere und ein grandioses Unternehmen. Jedoch ließ ihn eines Tages ein Unfall im Fitnessstudio gelähmt zurück.

Danach überfiel ihn in kurzer Folge weiteres Unglück: Zuerst stahl sein Geschäftspartner ihm einen Großteil seines Geldes, dann verließ ihn seine Freundin, schließlich war er permanent ab der Hüfte gelähmt und konnte nicht mehr gehen.

Seine Rückenmarksverletzung erlitt er in den 1970er-Jahren, als es noch keine Technologie zur Heilung gab. Man sagte ihm, er müsse den Rest seines Lebens in einem Rollstuhl verbringen. Dennoch war er einer der charmantesten und charismatischsten Männer, denen ich je begegnet bin – und er nutzte das für eine Steigerung seines Antriebs, seiner Leidenschaft und seines Charmes.

Nach seiner Verletzung bewertete er sein gesamtes Glaubenssystem rund ums Leben und den Tod neu. Technologie verbesserte sich ständig, aber bis sie tatsächlich weit genug fortgeschritten wäre, um ihn zu heilen, so dachte er bei sich, wäre er ohnehin nicht mehr jung genug, um das auch zu genießen. Daher fragte er sich mit diesem Gedanken im Hinterkopf: Was wäre, wenn man das menschliche Leben mit bestimmten Methoden weiter ausdehnen könnte, als es sich irgendwer vorstellen konnte?

Zuerst führte ihn diese Frage auf einen Pfad, auf dem er jahrelang Geld für die Erforschung von Lähmungen aufbrachte – aber später führte sie ihn zu gewagten neuen Methoden der Lebensverlängerung. Dave gründete eine Non-Profit-Organisation, die der Verlängerung des Lebens gewidmet war, und suchte dafür nach holistischen und synergistischen Methoden. Obwohl Dave am 9. September 2021 im Alter von 78 Jahren »starb«, so ist er heute bei Alcor in Scottsdale, Arizona, kryonisch eingefroren. Vielleicht wird Dave eines Tages wieder unter uns weilen und den 100. Punkt seiner Mission des Kekich-Credos erfüllen (die vollständige Liste können Sie sich unter www.JoePolish.com/WIIFT ansehen):

> »Es ist der Zweck des Lebens, den Tod hinauszuzögern, zu vermeiden und letztlich umzukehren.«

Ein altes Sprichwort besagt: »Wenn Sie das verkaufen wollen, was John Smith kauft, müssen Sie die Welt durch John Smiths Augen sehen.« Das ist ein Ausdruck von Wert: Es ist wertvoll, wenn es jemand anderes tatsächlich *will.*

In mancher Hinsicht ist die Frage von Wert nicht unbedingt »fair«. Das geht auf die Ansicht zurück, dass man nicht sein eigener Kunde sei, denn nur weil Sie auf jemanden, abhängig von Ihrem Hintergrund, auf bestimmte Weise reagieren, reagieren nicht automatisch auch alle anderen so darauf. Wir können nicht vorschreiben, was andere wollen und brauchen.

Unter gewissen Umständen kann Wert dieselben Wurzeln haben wie Dankbarkeit. Es beginnt damit, dass man sich sorgt und bewusst auf Bedürfnisse anderer achtet; statt ihnen jedoch das Gewollte zu geben, *verkörpert* eine wertvolle Person die Essenz dieser Wünsche. Anders formuliert, dreht es sich bei Wert mehr um Selbstwert und Selbstbild als bei den anderen beiden Prinzipien. Weil die Welt ein gewaltiger Ort ist und Werte relativ sind, gibt es Raum für jeden, um mit irgendetwas hervorzustechen.

Man könnte auch sagen, dass wir alle Geschmacksknospen haben. Wollen Sie einem Veganer ein Filet Mignon verkaufen, werden Sie vermutlich nicht weit kommen – wie gut Sie auch als Verkäufer sein mögen. Ebenso werden Sie vermutlich eine pflanzenbasierte, mit Antioxidantien gefüllte

Bowl mit Acaibeeren niemandem schmackhaft machen können, der nur Fast Food isst (ich möchte hier kurz festhalten, dass es Schlimmeres als das gelegentliche Fast Food gibt – auch eine Bowl mit Acaibeeren hat ihre Grenzen!).

Wir alle sind unterschiedliche Mahlzeiten im Leben. Wer will also festlegen, was besser ist: Filet oder gesunde Bowl? Beide sind wertvoll, aber ob dieser Wert anerkannt wird oder nicht, hängt von der Situation ab.

Als junger Drogenabhängiger gab es für mich Momente der Nahtoderfahrung wegen meines Drogenmissbrauchs und der gefährlichen Situationen, in die ich mich begab. In dieser Zeit waren Menschen mit Drogen in der Tasche vor meinem Haus das Allerwertvollste. Tatsächlich waren die Drogendealer aus der Perspektive meiner Sucht *nützlich* und ich war *dankbar* über ihr Erscheinen! Sie hatten so viel Macht über mich und waren wertvoll für mich – aber, wie diese Situation nur allzu deutlich zeigt, kann man stets darüber streiten, was wahrlich wertvoll ist und was nur wertvoll wirkt.

All diese Beispiele zeigen, dass die drei Prinzipien der Nützlichkeit, Dankbarkeit und des Werts wichtig sind, und wir sie möglichst stark verkörpern können (und sollten), aber die etwas ausführlichere Wahrheit lautet, dass alle drei stets zueinander in Spannung stehen. Wir bewegen uns in jeder gegebenen Situation zwischen ihnen hin und her.

Denken Sie darüber nach: Wie oft ist die *dankbarste* Person im Raum auch die *wertvollste* oder *nützlichste*? Wie oft ist die *nützlichste* Person wiederum die *wertvollste*?

In aller Deutlichkeit: Dankbarkeit wird stets eine Menge bewirken … aber besonders dann, wenn Sie noch nicht besonders nützlich sind. Wenn Sie noch wenige Fähigkeiten besitzen oder Verbindungen haben, aber lernbegierig, optimistisch und energiegeladen sind, dann werden Sie Energie und Aufmerksamkeit erzeugen, bis sich Ihre nötigen Fähigkeiten und Ihr Netzwerk um Sie herum manifestieren. Wenn Sie jedoch am Verhandlungstisch übermäßig dankbar wirken, sobald Sie den Höhepunkt Ihrer Fähigkeiten erreicht haben, wird die Reaktion im Raum anders ausfallen.

Dominostein: Wertvoll zu sein, dreht sich oft um Selbstwert und Selbstbild – das ist nicht unbedingt fair. Dazu können Nützlichkeit und Dankbarkeit gehören, aber es ist auch eine subjektive Qualität. Eine wertvolle Person verkörpert Qualitäten, die jemand anderes auch verkörpern möchte – abhängig von der jeweiligen Situation. Das heißt, dass nicht jeder gleichermaßen für den anderen »wertvoll« ist oder dass dies schlecht sein muss.

Frage an Sie: Was ist zum jetzigen Zeitpunkt für Sie an anderen Menschen am wertvollsten und was glauben Sie, finden andere am wertvollsten an Ihnen?

EIN SCHNELLKURS ZU MEHR NÜTZLICHKEIT, DANKBARKEIT UND WERT

Es lässt sich leicht jede Interaktion mit anderen Menschen intellektualisieren, aber im Grunde suchen wir alle nach Liebe – nur manchmal an den falschen Stellen. Dabei sollten wir uns nach der folgenden Einsicht richten: Sobald wir die falschen Stellen kennen, sollten wir die *richtigen* suchen, selbst wenn diese kontraintuitiv wirken oder wir uns vor diesen Orten sträuben. Meist ist das, worauf wir am wenigsten einen Blick werfen, oder die Hilfe, um die wir am wenigsten bitten wollen, genau das, was wir am dringendsten brauchen. In den Worten Joseph Campbells: »Die Höhle, die du nicht zu betreten wagst, birgt den Schatz, den du suchst.«

Mit dieser Idee, die Komfortzone zu verlassen oder neue Bereiche zu erkunden, in denen Sie wachsen können, ist eine weitere Vorstellung verbunden, die immer wieder im Leben eine Rolle spielen wird: Menschen werden nicht nützlich, dankbar und wertvoll geboren, sondern müssen es sich *erarbeiten*.

Sie können nicht erwarten, dass Ihnen die Qualitäten für ein wunderbares Leben einfach so in den Schoß fallen – das wäre eine Erwartungshaltung, also das Gegenteil der Dankbarkeit. Sie sollten vielmehr die Gelegenheiten zum Schärfen dieser Eigenschaften nutzen, indem Sie sich fragen: *Wie kann ich hier helfen? Wofür kann ich genau jetzt dankbar sein? Wie kann ich der Welt mehr Wert bieten?*

Beim Thema Wert müssen wir natürlich, wie gezeigt, zwischen echtem und zweifelhaftem Wert unterscheiden. Allein die Tatsache, am Leben und bei Bewusstsein zu sein, sorgt schon für einen Teil Ihres Werts: Sie sind wertvoll, weil Sie Sie sind und existieren, und nichts kann daran etwas ändern (was wir allzu leicht vergessen).

Wir sprechen hier über den Wert, der auf dieser Wahrheit basiert. Dieser sekundäre Wert, über den wir hier reden, dreht sich um Ihr Handeln in dieser Welt und die Reaktion anderer darauf. Das bedeutet nicht, dass die Meinungen anderer über Sie unwichtig sind, denn zu einem gewissen Grad sind sie doch wichtig, Sie können Ihren Wert aber nicht auf etwas basieren, das jeden Tag schwanken kann. Sie müssen verankert bleiben in Ihrem eigenen Wohlwollen und Wert – und den nötigen Aufwand betreiben, um andere davon zu überzeugen.

Viele von uns haben vermutlich schon mal von der Nützlichkeit, Dankbarkeit und dem Wert anderer in unserem Leben profitiert und wissen ob deren Wirkung. Wenn uns unbekannte Menschen nur einen Augenblick lang Dankbarkeit zeigen oder sich nützlich machen, kann das unsere Stimmung und damit unseren Tag verbessern – aber wenn wir zu Menschen, die fast immer dankbar, nützlich oder wertvoll sind, eine Verbindung herstellen, kann das unser gesamtes *Leben* verändern!

Ich nenne diese Menschen die »ersten Dominosteine«, weil ihr Einfluss so groß sein kann, dass sie eine Kettenreaktion in unserem Leben auslösen und viele weitere »Dominosteine« an die richtige Stelle fallen lassen. Andere erste Dominosteine können lebensverändernde Erfahrungen oder großartige Ideen aus einem Buch sein, aber häufiger sind es andere Menschen, die uns zu diesen großen Einsichten führen.

Auch, wenn wir uns wünschen, dass andere als erste Dominosteine in unser Leben treten, so ist die eigentlich Lektion doch die, dass man nur allzu leicht übersieht, dass wir die ersten Dominosteine für andere Menschen sein können (und sollten).

Diese Menschen und Erfahrungen fallen selten einfach vom Himmel, sondern wir müssen den Aufwand und die Energie investieren, um sie zu finden oder zu erleben, wir müssen sie ersinnen und erschaffen. Um für andere wertvoll zu sein, dürfen Sie nicht nur herumsitzen und passiv abwarten, sondern Sie müssen dafür sorgen. Wenn Sie warten und auf die Entdeckung hoffen, dann warten Sie vielleicht Ihr ganzes Leben.

Ein einfaches Beispiel aus meinem Leben: Ich verschicke schon seit Jahren personalisierte Geburtstagsvideos. Das ist einfach und hat zu weitaus besseren Beziehungen geführt, hat einige meiner Freunde dazu angeregt, es mir nachzutun, und mir Türen geöffnet. Tippen Sie für ein paar Beispiele »Joe Polish Happy Birthday« in Ihre Suchmaschine!

Stellen Sie sich vor, Sie würden ein Jahr lang jeden Tag fünf bis zehn persönliche Nachrichten, Glückwunsch- oder Briefkarten schreiben, um zu zeigen, dass Sie an jemanden gedacht haben, jemandem danken wollten, einen Artikel, ein Video oder sogar ein Meme mit jemandem teilen wollten (mit der Einschränkung, dass diejenigen natürlich all das von Ihnen auch erhalten *wollen*). Innerhalb dieses Jahres wird sich Ihr Netzwerk auf ungeahnte Dimensionen ausdehnen und Sie werden als deutlich fürsorglicher, nützlicher, wertvoller und aufmerksamer wahrgenommen!

Das ist eines meiner eigenen, persönlichen Erfolgsrezepte – auch wenn mir bewusst ist, dass es kaum jemand nach der Lektüre imitieren wird. Sollten Sie es aber, kann es Ihr Leben und Ihr Business verändern. Es ist nicht schwierig, nützlich, dankbar und wertvoll zu werden – aber es hat auch niemand behauptet, es sei einfach.

Dominostein: Schicken Sie, um die drei Werte für sich zu üben, täglich fünf bis zehn Menschen eine Nachricht voller Anerkennung, etwas Humor oder mit einem einfachen Gruß. Nur wenige Menschen tun dies, aber es kann Ihr Leben verändern.

Frage an Sie: Mit wem würden Sie, wenn Sie sich vorgenommen haben, den Menschen Botschaften zu schicken, am liebsten wieder in den Kontakt treten?

ALLES IN DER BALANCE HALTEN

Ich habe dieses Buch vor und während eines Sabbaticals geschrieben. Das Sabbatical sollte mir zu volleren Akkus und mehr Energie verhelfen, um mir eine neue Perspektive zu ermöglichen. Währenddessen verlor ich jedoch einige sehr enge Freunde, wie die bereits erwähnten Dave und Sean. Das änderte wiederum meine Perspektive aufs Leben.

Man verurteilt Menschen schnell, steckt sie in Schubladen oder vergleicht sie mit anderen, wenn man sich im Moment befindet – selbst, wenn Ihre Beziehungen reibungslos sind. Sind diese Menschen aber fort, würden Sie alles für mehr Zeit mit ihnen tun, für mehr mentalen Raum, um sich auf das Guten zu konzentrieren, das Sie mit ihnen geteilt haben.

Bevor es zu spät ist, lohnt sich die Realisation, dass die meisten Menschen ihr Bestes geben wollen, auch wenn sie es dann verbocken. Damit will ich nicht sagen, dass Sie Zeit mit jenen verbringen sollten, die Sie mit Granaten bewerfen – im Gegenteil: Sie sollten sich möglichst weit von solchen Menschen fernhalten. Es bedeutet jedoch auch, dass Sie, je mehr Sie die menschliche Natur verstehen lernen, umso mehr erkennen werden, dass *Sie ebenfalls mit Granaten werfen*. Sie werden aber auch lernen, Sie künftig nicht mehr zu werfen. Sobald Sie das verstanden haben, können Sie den anderen zeigen, wie man Granaten zur Seite legt.

Dafür hilft eine Übung meines Freundes Keith Cunningham, die »Nachdenkzeit«. Stellen Sie sich selbst in Ruhe die Frage: »Wie kann ich meinem Unternehmen, meinen Kunden, meiner Community und Familie nützlicher, dankbarer und wertvoller dienen?« Fragen Sie sich weiter: »Inwiefern bin ich NICHT nützlich, dankbar, wertvoll und aufmerksam gegenüber diesen Menschen?«

Allein 10 bis 15 Minuten für diese Fragen wird zu zahllosen neuen Ideen und Gelegenheiten führen, die Sie zu einem besseren Menschen machen wird. Damit wird Ihnen schnell bewusst, wann Sie nicht nützlich, dankbar und wertvoll sind, und wann Sie mehr dieser Qualitäten zeigen könnten, um Ihr Leben zu verbessern.

Dominostein: Es macht sich die Realisation bezahlt, dass die meisten Menschen ihr Bestes geben, auch wenn sie es dann verbocken. Das heißt nicht, dass man schlechtes Verhalten anderer akzeptieren sollte – aber diese Erkenntnis kann Ihnen helfen, sich selbst ebenfalls besser zu verstehen.

Frage an Sie: In welcher Ihrer Beziehungen könnten Sie mehr Toleranz und Geduld zeigen – und welche könnten von etwas mehr Distanz profitieren?

Die Dominosteine:

- Um in nahezu jeder Situation eine Verbindung herzustellen, sollten Sie Ihren Fokus auf Ihre Nützlichkeit, Dankbarkeit oder Ihren Wert legen – oder einer Kombination dessen. Die drei führen zu irgendeinem *positiven Resultat* für andere Menschen.
- Nützlichkeit nimmt seinen Anfang beim Kümmern. Das beinhaltet zweierlei: sich der Bedürfnisse, Wünsche, Schmerzpunkte und Probleme anderer bewusst zu sein und dann eine Lösung anzubieten. Dabei hilft aufmerksames Zuhören, Empathie und keine Überrumpelung sowie das Angebot einfach umzusetzender Lösungen.
- Dankbarkeit ist ein Gefühl der *Lebensfreude*. Dieser Zustand sorgt dafür, dass Sie aufs Leben antworten statt zu

reagieren – was Sie wiederum anziehender macht und Ihnen mehr Energie verleiht. Daher neigen Geber zu Dankbarkeit – aber Nehmer nicht.

- Einen Wert zu haben, dreht sich oft um Selbstwert und Selbstbild – aber es ist nicht unbedingt fair. Dazu können Nützlichkeit und Dankbarkeit gehören, aber es ist auch eine subjektive Qualität. Eine wertvolle Person *verkörpert* Qualitäten, die jemand anders ebenfalls verkörpern will, und das verändert sich von Situation zu Situation. Es sind also nicht alle gleichermaßen für alle »wertvoll« – das ist auch nichts Schlechtes.
- Üben Sie die drei Werte, indem Sie täglich fünf bis zehn Menschen eine Nachricht voller Anerkennung, etwas Humor oder einem einfachen Gruß schicken. Wenige Menschen werden das tun, aber es kann Ihr Leben verändern.
- Es macht sich die Realisation bezahlt, dass die meisten Menschen ihr Bestes geben, auch wenn sie es letztlich verbocken. Das bedeutet nicht, dass man schlechtes Verhalten anderer akzeptieren sollte – aber diese Erkenntnis kann Ihnen helfen, sich selbst ebenfalls besser zu verstehen.

Übungen und Handlungsschritte

1. Die Postkarten-Challenge

Eine der besten und einfachsten Übungen zur massigen Vergrößerung des eigenen Netzwerks ist auch eine, die nur die wenigsten durchführen werden:

Schicken Sie täglich fünf bis zehn Nachrichten an andere, um aufrichtige Wertschätzung auszudrücken, etwas Wertvolles, Lustiges oder Nützliches mit anderen zu teilen oder einfach nur den hilfreichen Menschen in Ihrem Leben Anerkennung zu zollen.

Sie können sie auch an Ihre Belegschaft, Freunde, potenzielle Kunden oder auch andere Geschäftskontakte schicken. Wenn Sie mehr über die Postkarten-Challenge erfahren wollen, schauen Sie vorbei unter: www.JoePolish.com/WIIFT.

2. Die ersten Dominosteine

Wie bereits erwähnt, kann man den Einfluss und die Bedeutung eines »ersten Dominosteins«, der Sie auf einen besseren Pfad lenkt, gar nicht überbewerten. Diese Dominosteine in unserem Leben verändern uns und die Menschen um uns zum Besseren. Dennoch achten wir oft nicht auf diese Dominosteine inmitten unserer Begegnungen oder gemachten Erfahrungen.

Es ist ein fester Kern meiner Philosophie, ein Geber zu sein, das bedeutet, dass man die ersten Dominosteine im eigenen Leben hin zu einem positiven Pfad gemäß der ELF-Kriterien erkennt und wertschätzt. Es ist der Zweck dieser Übung, dass Sie diese Dominosteine immer im Kopf behalten. Sie funktioniert folgendermaßen:

1. **Wer war Ihr erster Dominostein bezüglich Gesundheit, Wohlstand und Beziehungen?** Schreiben Sie nicht einfach nur den Namen der Personen auf, sondern gehen Sie möglichst stark ins Detail bei der Geschichte Ihres ersten Treffens und Ihrer ersten gemeinsamen Erfahrungen.
2. **Für wen waren *Sie* diesbezüglich der erste Dominostein?** Erzählen Sie auch hier die gesamte Geschichte, statt nur einen Namen aufzuschreiben. Sie könnten der Dominostein für jemanden (oder für mehrere Personen) in einem, aber vielleicht nicht in einem anderen Bereich gewesen sein. Das zeigt Ihnen, in welchem

Bereich Ihres Lebens Sie anderen am meisten *geben* und wo Sie sich verbessern könnten.

3. **Und zu guter Letzt: Wer war die erste Person, was war das erste Buch, die erste Idee oder das erste Ereignis, das Sie in allen drei Bereichen auf einen Lebensweg nach ELF-Kriterien geführt hat?** Wieder sollten Sie einige zusätzliche Details notieren statt nur aufzulisten – erwähnen Sie, was genau eine Wirkung auf Sie hatte oder wie Sie sich gefühlt haben.

Bei dieser Übung können Sie mehrere Punkte gleichzeitig erreichen: Sie erschaffen erstens eine Liste der Dankbarkeit gegenüber Menschen oder Sachen mit dem größten Einfluss auf Ihr Leben. Das allein kann Sie daran erinnern, dem Wertschätzung entgegenzubringen oder erneut mit diesen auf Sie einflussreichen Menschen Kontakt aufzunehmen.

Zweitens dient der dritte Teil der Übung als Spickzettel dafür, wie Sie diesen Anstoß der ersten Dominosteine auf andere übertragen können! Haben Sie sich je gefragt, wie man in einem bestimmten Bereich mehr Wert weitergibt? Schauen Sie sich Ihre Liste an! Mit wem können Sie jemanden verbinden, der Sie um Hilfe bittet? Welches Buch könnten Sie demjenigen empfehlen?

5. KAPITEL

BEHANDELN SIE ANDERE SO, WIE SIE GERNE BEHANDELT WERDEN WOLLEN

Die besten Connections und Beziehungen in Ihrem Leben basieren auf den einfachsten Mitteln – und häufig haben sie mit Authentizität und dem Wissen, wie andere behandelt werden wollen, zu tun. Das wiederum hat zu meinem ersten Treffen mit Sir Richard Branson geführt.

Den Anstoß dazu gab ein Telefongespräch mit einem Freund, der mich 2006 eines Tages anrief und fragte: »Hey, würdest du gerne den Milliardär Sir Richard Branson treffen?«

»Okay«, erwiderte ich. »Wo ist der Haken an der Sache?« Er erläuterte, dass einer seiner Freunde ein Dinner mit Richard organisierte, aber für eine Eintrittskarte musste man mindestens 5000 Dollar an seine Wohltätigkeitsstiftung Virgin Unite spenden. Ich dachte etwa eine halbe Minute lang nach, bevor ich beschloss, den erforderlichen Betrag zu verdreifachen.

Ich hatte bereits solche Beträge an Stiftungen gespendet und wollte natürlich Richard treffen. Diese Gelegenheit für eine Verbindung, so dachte ich, wäre sicher mehr wert als dieser Betrag.

Beim Dinner wurde deutlich, dass ich nicht der Einzige mit dieser Idee gewesen war. Etwa ein Dutzend Menschen versuchten alles Mögliche, um etwas Zeit mit Richard verbringen zu können, dabei stellten sie ihm sehr ernste Fragen über Klimawandel, Businessstrategie etc.

Veranstaltet wurde das Ganze von Mike Faith, dem Gründer von Headsets.com, und Richard war allen gegenüber warmherzig und freundlich eingestellt, aber ich wusste einfach, dass ich mit ihm über etwas anderes reden musste. *Dieser Mann hat die Sex Pistols unter Vertrag genommen*, dachte ich. *Er leitete Virgin Records, hing mit Musikern und Rockstars herum, sprang aus Heißluftballons!* (Das war noch vor seinem Weltraumflug mit Virgin Galactic.)

Wir saßen um einen langen Tisch herum und bereiteten uns auf das Dinner vor, als ich ihn fragte: »Hey, wie war das eigentlich so, mit Sid Vicious und Johnny Rotten abzuhängen?« Seine Augen erstrahlten.

Auch wenn wir alle für wohltätige Zwecke bzw. deren Finanzierungen bei diesem Privatdinner waren, also ein ernster Hintergrund, durften wir dennoch auch Spaß haben. Im Verlauf unseres Gespräch schien Richard aufzutauen – und aufgrund meiner Fragen veränderte sich der Ton der Unterhaltung. Schon bald stellte Richard sogar die Frage in die Runde nach dem Alter beim Verlust der Jungfräulichkeit!

Alle hatten sich aufgelockert und die Gespräche drehten sich um Virgin Unite und deren Zweck. Das Projekt wollte Unternehmer auf der ganzen Welt zusammenbringen, um gemeinsam etwas für einen guten Zweck zu leisten, inklusive der Unterstützung von Unternehmern in ärmeren Ländern, eine Mission, die ich vollumfänglich unterstützte.

Im Laufe des Abends erzählte ich von meinen Erfahrungen beim Einsatz von Marketing für mehr Bewusstsein für wohltätige Organisation, vor allem bildungsbasiertes Marketing. Richard schien davon mehr als fasziniert zu sein, denn er bat mich am Ende des Abends mit Hinweis auf seine E-Mail-Adresse: »Könnten Sie mir das alles aufschreiben?«

Nach diesem Abend überwies ich eine große Spende an Virgin Unite und bezahlte Richard für eine virtuelle Rede in einem Livestream im folgenden Jahr (eine weitere Lektion darin, von den eigenen Ideen überzeugt zu sein und seinen Worten Taten folgen zu lassen, um etwas in Bewegung zu setzen).

Danach entwickelte sich alles schnell. Es dauerte nicht lange und ich hatte den Vorsitzenden von Richards Stiftung interviewt und Richard hatte bei einem meiner Genius-Network-Events eine Rede gehalten. Ich wurde, während unsere Beziehung immer tiefer ging, zum größten Fundraiser für Virgin Unite, half bei der Weiterentwicklung des Geschäftsmodells, das sie bis zum heutigen Tag nutzen und das ihnen Millionen Dollar eingebracht hat. Zudem erhielt ich einige neue Einsichten darüber, dass auch bei Stiftungen nicht alles Gold ist, was glänzt (und darüber, wie ich meine eigene Wohltätigkeitsstiftung leiten könnte).

Nichts von alledem wäre jedoch möglich gewesen, wenn ich nicht Richard Branson so behandelt hätte, wie *er* behandelt werden wollte. Natürlich kann sich dies manchmal damit überschneiden, wie *Sie* behandelt werden wollen, aber dennoch ist die Betonung wichtig.

Dominostein: Die besten Verbindungen entstehen dann, wenn man weiß, wie andere behandelt werden wollen – wie so oft besteht der Unterschied zwischen Erfolg und Misserfolg in den kleinen Details.

Frage an Sie: Welche Techniken nutzen Sie oder könnten Sie nutzen, um mehr darüber zu erfahren, wie andere behandelt werden wollen – statt nur Vermutungen anzustellen?

SIE SIND NICHT IHR KUNDE

Ich habe viele interessante Personen unter den ehemals Süchtigen getroffen, eine davon eine Domina. Sie erzählte mir Geschichten über die (teils berühmten) Männer, die sie bezahlten – nicht für Sex, sondern für Dominanz. In ihren Sessions mit diesen Männern wollten viele gedemütigt, verbal beleidigt, körperlich gezüchtigt oder ähnliches werden.

Sie erklärte im Verlauf unseres Gesprächs, dass es auf gegenseitigem Einverständnis beruhte und die Männer es genossen, obwohl es psychisch und physisch schmerzhaft war. Sie verriet auch, dass diese Arbeit ihr dabei half, ihren eigenen Zorn und ihre Ressentiments gegenüber Männern in ihrer Vergangenheit zu verarbeiten. Und sie verriet mir, sie habe mit der Vorstellung zu kämpfen, dass sie und ihre Klienten ihre sexuellen Süchte befriedigten – was die Frage aufwarf, wie viel ihres Verhaltens eine therapeutische »Entscheidung« war oder einfach nur ein Drang zur Befriedigung eines bestimmten Bedürfnisses.

Wie dem auch sei: Die Geschichte soll nicht den Zeigefinger gegen sexuelle Vorlieben erheben, sondern aufzeigen, dass Menschen von Verschiedenem angezogen werden und verschiedentlich zueinanderpassen, ob es nun sinnig wirkt oder nicht.

Wir können also festhalten, dass man nicht immer erklären kann, wieso die Menschen das mögen, was sie mögen, man könnte gar einen ganzen Roman darüber schreiben.

Bei der bereits erwähnten Domina hatten sie wiederkehrende negative Erfahrungen mit Männern seit ihrer Kindheit als Person geformt. Als Erwachsene beeinflussten diese Erfahrungen ihre Berufswahl und wie sie diese Energie auf andere Weise kanalisierte. Ich kann nur über die Motivation ihrer Kunden spekulieren, vermutlich hatten sie ebenso komplexe Hintergründe, die sie verarbeiteten (in Kombination mit dem Verlangen nach dem Dopaminschub, der oft mit Schmerz einhergeht).

Man könnte es sich auch folgendermaßen vorstellen: Jemand, der Countrymusik mag, wird viele verschiedene Gitarrensounds, klagenden Gesang und traurige Texte mögen, während jemand, der Heavy Metal mag, diese Nuancen eventuell nicht hört, sich dafür besser mit Blast Beats, schweren Gitarrenriffs und dem Talent verschiedener »schreiender« Sänger auskennt. Es mag also jeder etwas anderes – das trifft auf Sie ebenso wie auf andere zu.

Das ist die eigentliche Bedeutung hinter dem Axiom »Sie sind nicht Ihr Kunde«.

Im Leben verkaufen Sie anderen Menschen stets Ihre Ideen, Interessen und Leidenschaften, um so eine Verbindung herzustellen – so wie Sie beruflich ein Produkt oder eine Dienstleistung gegen Geld oder für den Neukundengewinn verkaufen. Für die richtige Art des Verkaufs müssen Sie dieses Tauschgeschäft auch von der *anderen* Seite aus betrachten.

Was ist für sie drin? Eine neue Connection mag für Sie toll sein, aber wie sieht es mit der anderen Person aus? Was braucht diese, was Sie ihr bieten können?

Im Kleineren – jenseits der neuen Geschäftsverbindungen oder dem Verkauf – geht es um das Erlernen dessen, wie man mit anderen redet und sich ihnen gegenüber verhält, um authentisch eine Verbindung herzustellen. Dafür müssen Sie herausfinden, was andere Menschen mögen.

Dominostein: Erinnern Sie sich für die Herstellung einer Verbindung zu anderen daran, dass Sie nicht Ihr Kunde sind. Andere müssen nicht unbedingt dasselbe wie Sie mögen.

Frage an Sie: Gibt es eine Situation in Ihrem Leben, die Sie einfacher lösen könnten, wenn Sie mehr über das nachdenken würden, was andere in Ihrem Umfeld mögen?

LERNEN SIE, WAS ANDERE MÖGEN, INDEM SIE IHRE SPRACHE SPRECHEN

Es ist die vielleicht einfachste Methode, um herauszufinden, was andere Menschen mögen, sie einfach zu beobachten und ihnen zuzuhören. Was bereitet ihnen Freude? Wofür interessieren sie sich? Worüber reden sie kontinuierlich? Worüber *beschweren* sie sich?

Es steckt eine Menge Weisheit in der Idee, dass man selbst die Summe der fünf Menschen ist, mit denen man am meisten Zeit verbringt, aber manche treiben das zu weit, wenn es um Beschwerden geht. Sie behaupten, dass alle mit Beschwerden negativ seien, man aber als positiver, wachstumsorientierter Mensch keine negativen Menschen um sich haben dürfe …

Ich sehe das anders, denn manchmal, in Gegenwart der richtigen Personen, beschwere ich mich sehr gern! Beschwerden sind ebenso gut wie andere Methoden dafür geeignet, andere besser kennenzulernen. Denn so erfährt man, wo der Schuh drückt und wie man das beheben könnte, indem Sie ihnen geben, was sie wollen.

Ich habe mich mit Gary Chapman unterhalten, dem Autor von *Die 5 Sprachen der Liebe*, nachdem er vor einiger Zeit eine Rede bei einem Seminar gehalten hat. Er sagte dabei zu mir: »Wenn man die Sprache der Liebe einer anderen Person kennen will, muss man darauf hören, worüber sie sich beschwert.« Diese Einsicht gilt auch jenseits romantischer Beziehungen – sie kann im beruflichen Umfeld ebenso wirksam sein. Beschwerden können auch ein Geschenk darstellen, denn der Grund dessen zeigt auch den Schmerz auf.

Garys Bestseller mag von 1992 sein, aber *Die 5 Sprachen der Liebe* ist immer noch relevant, wenn man Beziehungen verstehen will. In seinem Modell erklärt er, dass es in Liebesbeziehungen fünf wichtige Wege gibt, Liebe zu geben und zu erhalten: durch Worte voller Wertschätzung, gemeinsame Zeit, Geschenke, Gefallen oder Berührungen.

Seine Erkenntnisse gelten ebenso in Freundschaften und am Arbeitsplatz, selbst wenn die »Sprachen« nicht dieselben sind (Gary hat auch ein Buch über Interaktionen am Arbeitsplatz geschrieben). So kann man zum Beispiel für den Anfang herausfinden, was Menschen wichtig ist, indem man sich ihre Social-Media-Profile ansieht und sich online auf die Suche nach ihnen begibt.

Darüber hinaus kann man Fragen stellen: Welche Bücher lesen sie? Für welche Filme interessieren sie sich? Haben sie jemals einen Zeitungsartikel geschrieben? Welche Hobbys haben sie?

Das Ironische daran ist, dass sich viele so darauf versteifen, ihren eigenen

Wert zu beweisen, dass sie nur über sich selbst reden, ohne anderen Fragen zu stellen oder Neugier zu zeigen. Dabei lieben es fast alle Menschen, über ihre Interessen zu reden.

Dominostein: Die wenigsten Menschen verraten Ihnen genau, wie sie behandelt werden wollen, aber dafür sollten Sie wissen, was sie mögen. Was macht ihnen Freude? Worüber beschweren sie sich? Die letztlich wichtigen Qualitäten für einen Erfolg sind Neugier und aufrichtiges Interesse an anderen Menschen.

Frage an Sie: Was macht Ihnen Freude, was ärgert Sie? Wie unterscheiden Sie sich darin von einigen Ihrer engsten Freunde?

SOZIALKOMPETENZ IST VOR ALLEM SITUATIVES GESPÜR

Wenn ich mit jemand Unbekanntem interagiere, versuche ich es oft zuerst mit einem Witz. Dann erzähle ich einen harmlosen Witz, um einzuschätzen, ob jemand einen »echten Sinn für Humor« hat, wie ich es nenne, und ob er Sarkasmus mag. Die Witze erzähle ich in einem lockeren Ton – denn es geht nicht immer um den Inhalt des Gesagten, sondern um die Art. So können Sie schrittweise ausloten, wie gut der eigene Sinn für Humor ankommt.

Es bedarf ein wenig Gespür für die Situation, sich bei Interaktionen langsam voranzutasten, dann man muss darauf achten, wie der Tonfall und die Ausdrucksweise bei bestimmten Menschen in bestimmten Kontexten ankommt. Diese Lektion lernte ich auf die harte Tour in einer meiner ersten Interaktionen mit Dan Sullivan.

Ich habe die letzten 20 Jahren viel mit Dan zusammengearbeitet und ihm dabei geholfen, die Reichweite von Strategic Coach zu vergrößern – diese Gelegenheit wäre mir aber 1999 während meiner ersten Beratungssitzung mit ihm fast durch die Lappen gegangen. Zu Beginn unserer Session lernte ich ihn, seine Frau Babs Smith (die das Unternehmen leitete) und Catherine, eines seiner Teammitglieder, kennen. Ich war jung und spezialisiert auf Marketing, war also überzeugt von meinen Fähigkeiten darin und wollte sie präsentieren.

Also lautete einer meiner ersten Sätze während dieses Meetings: »Ihr Marketing ist Mist.« Was ich nicht wusste: Catherine war die Marketingdirektorin! Der Rest des Meetings verlief von meiner Warte aus wohl recht gut und ich gab ihnen meine bestmöglichen Ratschläge – aber ich hatte auf dem falschen Akkord begonnen.

Am nächsten Tag sagte Dan zu mir, dass er von meinen Ideen und Strategien überzeugt war, aber dass ich den Rest des Teams auch mit ins Boot holen müsste. Und verriet mir, dass ich Babs ziemlich verärgert hatte. »Es gibt zwei Arten, um Menschen zu beeinflussen«, fügte er hinzu. »Sie können ihnen verraten, was falsch läuft und wie sie es verbessern können. Das ist die erste Methode. Die zweite besteht darin, jemandem zu sagen, was richtig läuft und es dann noch weiter zu verbessern. Damit stoßen Sie auf weniger Widerstand und erhalten mehr Zustimmung. Der eine Ansatz drückt aus: ›Das hier stimmt bei Ihnen nicht.‹ Der andere aber: ›Das hier läuft bei Ihnen.‹« Das war eine wichtige Lektion, die bei mir sofort Anklang fand. Ich lernte an diesem Tag etwas.

Als ich verkündete, »Ihr Marketing ist Mist«, hörte das Team nur die Beleidigung all ihrer harten Arbeit und Integrität. Daher wollten sie mir nicht weiter zuhören oder gar die Ratschläge annehmen und die angebotenen Strategien nutzen. Obwohl ich später eine Menge Klienten an Strategic Coach weiterverwies (und es weiterhin tue), brauchte ich fast *fünf Jahre,* um Dans und Babs' Vertrauen wiederherzustellen. Ich würde diesen Fehler nicht noch einmal begehen.

(Zum Glück sieht mich Dan heute als einen seiner besten Freunde an und ist seit 2010 ein Mitglied des Genius Network/100K. Es ist auch einer meiner Kunden, der wiederum die meisten Kunden an mich verweist, und wir moderieren gemeinsam den Podcast *10xTalk.*)

Natürlich machen auch wohlinformierte Menschen Fehler und treten gelegentlich in ein Fettnäpfchen. Das ist schlicht die Realität und das Leben! Aber die Geschichte endet nicht mit dem gemachten Fehler, denn die meisten davon kann man wieder ausbügeln.

Wenn in einer sozialen Situation mal etwas nach hinten losgeht, rufe ich mir immer ein Wort in Erinnerung: *Verantwortung*. Dessen Hauptdefinition hängt damit zusammen, was wir einander schuldig sind, aber ich stelle es mir eher als »gekonnt antworten« vor. Denn die wenigsten reagieren gekonnt, wenn sie etwas verbockt haben, sondern ignorieren es eher oder machen es noch schlimmer. Es gibt ein Sprichwort: *»Man kann das das Singen einer falschen Note nur damit verschlimmern, dass man sie noch lauter singt.«*

Das ist gesunder Menschenverstand, aber viele singen in sozialen Situationen ständig die falsche Note – und das immer lauter.

Wenn Sie mit jemandem keine Verbindung herstellen können oder der Person auf die Nerven gehen, *sollten Sie zuerst mit Ihrer jetzigen Herangehensweise aufhören*. Danach können Sie Fragen stellen, Ihren Fehler identifizieren und den Kurs korrigieren. Wie ein anderes altes Sprichwort sagt: Manchmal kommt man am besten aus einem Loch wieder heraus, indem man aufhört zu graben!

Sie sollten sich im Angesicht von Fehlern an Folgendes erinnern: Entweder gewinnen Sie oder Sie lernen etwas dazu. Manchmal besteht der größte Fehler darin, eine Lektion nicht zu erkennen. Die einzige Methode zur Verbesserung besteht darin, herauszufinden, was *nicht* funktioniert.

Dominostein: Tiefe Beziehungen können manchmal nicht entstehen, wenn man die »Komfortzone« nicht verlässt – jedoch dürfen Sie die Zone Ihres Gegenübers nicht zu schnell und zu weit verlassen. Loten Sie sachte nach dem Kennenlernen die Grenzen aus und verschieben Sie sie, um echte Verbindungen zu erschaffen. Nutzen Sie dennoch Ihr Bewusstsein für eine Situation, um zu wissen, wie weit Sie dabei gehen können.

Frage an Sie: Wie viele Beziehungen könnten Sie vertiefen, indem Sie sie ein bisschen weiter aus der Komfortzone schubsen, und wie könnten Sie damit Ihr Leben bereichern?

DER SITUATION ANGEMESSENES VERHALTEN UND AUTHENTIZITÄT

Eine der Ängste beim Networking und in sozialen Situationen ist die vor der Authentizität bzw. wie man sie erlangt. Für eine Menge Menschen bedeutet sie, dass man Emotionen hat und sie sofort in ungefilterter Form jedem um sich herum mitteilt. Sollten auch Sie diesen Glaubenssatz verinnerlicht haben, werden Sie in jeder Situation, in der Sie jemand verärgert oder anwidert, Sie aber nicht sofort auf denjenigen losgehen, ein Gefühl der Dissonanz haben. Sind Sie nicht authentisch, wenn Sie nicht herumschreien und diese Person ein Arschloch nennen? Kann derjenige von Ihrer Zurückhaltung wissen? Sind Sie »fake«, wenn Sie sich selbst filtern oder Ihre Reaktionen an die Situation anpassen?

Gehen wir einen Schritt zurück. Zuerst einmal ist die Vorstellung von »Authentizität« der meisten von uns etwas fehlerhaft. Wenn die Idee dahinter einfach nur »was Sie in einer bestimmten Situation tun würden« bedeutet, dann ist jede Handlung in einer beliebigen Situation »authentisch«, einfach weil sie stattfand!

Zudem stolpern wir tatsächlich nicht über unser Gespür für Authentizität oder Identität (normalerweise haben wir davon eine relativ gute Vorstellung), sondern fühlen uns unwohl, wenn wir unsere inneren Werte und ethischen Maßstäbe kennen, aber das Gefühl haben, gegen sie zu verstoßen.

In anderen Worten: Es besteht ein riesiger Unterschied zwischen situationsangemessenem Verhalten und situativer Ethik. Beim Thema Rapport drückt sich das darin aus, dass man sich mit seinem Verhalten wohlfühlt, nicht ins Stocken gerät, aber auch fest den eigenen ethischen Idealen verhaftet ist. Ein gutes Beispiel sind hier gute Therapeuten und Patienten, die an einem Trauma oder mit Problemen arbeiten, über die man nur schwer reden kann.

Zu einem Therapeuten sagt man vielleicht: »Dieses Arschloch war so unhöflich zu mir!« Ohne dabei ins Stocken zu geraten, könnte ein guter Therapeut in neutralem, neugierigem Tonfall erwidern: »Verstehe. Was hat das Arschloch gemacht?« Ohne expliziten Verweis darauf zeigt der Therapeut dem Klienten, dass er dessen Wut zur Kenntnis genommen hat, seine Haltung versteht und ihn zum Fortfahren einlädt. Die tatsächliche Bedeutung wird nicht durch das vermittelt, *was* man sagt, sondern *wie* man es sagt.

Das ist eine Form des Spiegelns, eine wohlbekannte Technik, um dafür zu sorgen, dass Ihr Gegenüber sich wohlfühlt, und um Rapport herzustellen. In diesem Fall benutzt der Therapeut die *Sprache* des Klienten, ohne sich die *Überzeugungen* des Klienten zu eigen zu machen. Während dieses Prozesses können Therapeuten den Klienten behutsam in neue Gedankenbahnen lenken, die den Stress des Klienten mindern oder sein Leben erleichtern.

Das Spiegeln hat aber noch weitere Anwendungsbereiche, was einigen nicht klar ist. Im Zwischenmenschlichen ist es Teil eines von mir gelernten Konzepts im Zusammenhang mit Verkauf und Überzeugungsfähigkeit: »Kommunizieren Sie mit Menschen auf einer Ebene, auf der sie reagieren.«

Wenn Sie also darüber nachdenken, wie Sie mit jemandem zur Herstellung von Rapport umgehen sollten, können Sie flexibel sein. Auch wenn Sie im beruflichen Kontext höflich und zurückhaltend sind, können Sie sich in Gegenwart Ihrer Freunde entspannen, denn das sind unterschiedliche Kontexte und erfordern andere Arten der Kommunikation für einen Rapport. Selbst unter Freunden unterhalten Sie sich möglicherweise nicht mit allen über Politik. Sie haben vielleicht einige Freunde, die sensibel sind, und andere, vor denen Sie sorglos kein Blatt vor den Mund nehmen müssen. So wie verschiedene Settings verschiedene Arten der Kommunikation für einen Rapport erfordern, brauchen unterschiedliche Menschen vielleicht jeweils etwas anderes von Ihnen. Nur weil Sie auf spielerische Weise mit dem einen etwas rüder sind, mit einem anderen aber nicht, impliziert das nicht, dass Sie inkonsistent oder unauthentisch sind, sondern höchstens, dass Sie *konsistent* auf die Gefühle der Menschen um Sie herum achten.

Sie verhalten oder kommunizieren vielleicht auf eine bevorzugte Art, aber Sie können das immer noch verändern oder etwas tun, was vielleicht nicht ganz Ihrer natürlichen Neigung entspricht – situativ abhängig. Tatsächlich *müssen* Sie das vielleicht manchmal für die Entwicklung der Situation tun, damit diese Ihrer Absicht entspricht – wie der Beschluss, Ihren Schwarm nicht mit Nachrichten zu bombardieren, obwohl Sie das eigentlich wollen (und obwohl Sie vielleicht wollen, dass Sie mit Texten zurückbombardiert werden), oder nicht allen am Pokertisch zu zeigen, was für unglaubliche Karten Sie auf der Hand haben (obwohl Sie vielleicht *wollen*, dass andere Spieler unabsichtlich ihre Karten verraten).

Alle diese Punkte sind der Grund dafür, dass Sie eine nette und sich sorgende Person sein können, die außerdem auch mal klug daherredet oder sich konstant über die eigenen Freunde lustig macht, oder eine fürsorgliche, potenziell romantische Person, die beim Flirten auch vorlaut und abgehoben ist, um das Interesse einer anderen Person zu wecken. Es macht den Unterschied, wie Sie Ihr Verhalten verpacken. Und wie immer kann man viel von anderen »Verkäufern« in diesem Bereich lernen.

Unerfahrene Verkäufer machen häufig nach einem Verkauf einen Fehler: *Sie verkaufen weiter.* Der Kunde hat dem Produktkauf bereits zugestimmt, aber sie listen weiter alle Punkte bezüglich der Verbesserung des Lebens des Kunden auf. Vermeiden Sie das!

Im Leben wie im Verkauf liegt ein Teil des generierten Werts im Timing und der Dosis – wie man so schön sagt: »Das Timing mach den Unterschied zwischen *Salat* ernten und jemanden ver*kohlen*.« Sie können es sich, wenn Sie jemandem ein Produkt verkaufen oder sich auf eine für Sie unnatürliche Weise benehmen müssen, wie eine minimal effektive Dosis vorstellen: Sie wollen gerade genug tun, um Ihr Ziel zu erreichen – nicht mehr. Schließlich ist ein Löffel Honig in einer Tasse Tee köstlich – aber ein ganzes Glas davon versaut Ihnen alles.

Dominostein: Vermeiden Sie Nervosität in sozialen Situationen und denken Sie daran: Alles, was Sie tun, ist authentisch, denn Sie haben es getan. Es ist in Ordnung, situativ Ihr Verhalten anzupassen, um besser mit anderen zu harmonieren – Probleme entstehen nur, wenn Sie Ihre *ethischen Maßstäbe* ändern, was zu kognitiver Dissonanz führt.

Frage an Sie: Was, wenn Sie an für sich unauthentische oder inkonsistente Verhaltensweise denken, steht davon tatsächlich im Konflikt mit Ihren wichtigsten Glaubenssätzen und Werten, welche aber sind einfach nur neu und ungewohnt?

RICHTIGE UND FALSCHE BEHANDLUNG VS. ERNÄHRUNG UND GESCHMACK

Wenn wir über unser Handeln gegenüber anderen nachdenken und darüber, wie sie behandelt werden wollen, dann setzt das voraus, dass wir sie nicht *falsch* behandeln. Was bedeutet das genau? Wie gehen Sie damit um, wenn Ihr Kind jeden Mittag Eiscreme will?

Natürlich könnte ein Kind zu jeder Mahlzeit Eiscreme essen wollen – aber aus der Sicht der Eltern würden Sie Ihr Kind natürlich falsch behandeln, wenn Sie es zuließen. Man kann richtige oder falsche Behandlung auch mit Ernährung und Geschmack gleichsetzen: Wir mögen eventuell den Geschmack von Eiscreme mehr als den von Brokkoli, aber dieser ist zweifellos nahrhafter – daher dürfte ein Elternteil, das sein Kind zum Brokkoli zwingt, es gelegentlich wohl besser behandeln als eins, das seinem Kind nur Eiscreme gibt.

Selbstverständlich ist ein Kind hier ein recht ungewöhnliches Beispiel, denn Eltern müssen unfassbar viele Entscheidungen für Kinder treffen, die sie niemals für andere Erwachsene treffen würden. Man kann die Analogie aber mit einem genaueren Blick auf Suchtverhalten in die Erwachsenenwelt übertragen.

Als ehemaliger Drogensüchtiger weiß ich aus erster Hand, dass es viele Süchtige gibt, die liebend gern täglich Alkohol, Kokain, Sex, Glücksspiel, Essen, Zucker und sonstigen Drogen, Substanzen oder Verhalten frönen würden. Das würde ihnen aber schaden.

Andererseits ist auch dies wie immer (abhängig vom Kontext) nicht so schwarz oder weiß. Manchmal könnte es für jemanden mit starkem Sexualtrieb eine »bessere schlechte Wahl« sein, sich ab und zu Pornos anzusehen, statt in einen Stripclub zu fahren oder bei jedem auflodernden Verlangen eine Affäre anzufangen. Das kann durchaus nuanciert sein, denn Erwachsene sind letztlich verantwortlich für ihre eigenen Entscheidungen, aber auf dem richtigen Pfad zu bleiben, bedeutet in diesem Fall, sich an seine eigenen ethischen Maßstäbe zu halten und dem eigenen Charakter entsprechend zu handeln. Wenn Sie wissen, dass es jemandem schaden würde, ihn auf eine bestimmte Weise zu behandeln (selbst, wenn derjenige oberflächlich betrachtet »gut« darauf reagieren würde), dann tun Sie es nicht. Und wenn Sie das Gefühl des Kontrollverlusts haben, suchen Sie sich Hilfe.

Dieses Verhalten basiert teilweise auf dem Konzept der Verantwortung und als Folge unserer Reaktionsfähigkeit auf andere. Was also ist Ihre wichtigste Verantwortung? Diese besteht zum darin, die Folgen Ihrer Handlungen im Blick zu behalten.

Die meisten Menschen möchten gern würde-, respekt-, liebevoll und fürsorglich behandelt werden, wenn Sie aber einen Personal Trainer für Ihre Trainings engagieren, wollen Sie nicht, dass dieser es Ihnen zu leicht macht, sondern dass er Sie antreibt.

Dasselbe gilt für die Therapie. Wieso unterzieht man sich ihr? Soll der Therapeut dabei nur behaupten, dass alle Aussagen des Patienten richtig seien? Letzteren wäre sicherlich besser gedient, wenn sie ihre Probleme, Fehler und Lösungswege identifizieren könnten. Wenn jemand nach Wachstum strebt, helfen Sie ihm am besten, indem Sie die Person so behandeln, wie sie es letztlich will.

Mein Freund, der inzwischen verstorbene Sean Stephenson, schilderte einmal, dass die Küstenwache, wenn sie auf ein havariertes Schiff treffe, zuerst die Menschen rette, *die auf sie zuschwimmen*. In dieser Situation wolle die Küstenwache möglichst viele Leben retten, aber sie hätte nur begrenzt Zeit und Energie dafür und würde vielleicht nicht alle retten können. Sie könnten aber die Anzahl der Geretteten maximieren, indem sie zuerst den auf sie zuschwimmenden Menschen halfen, also denen in der Nähe, die bei ihrer eigenen Rettung aktiv halfen. Ich betone das deshalb, weil es mit Ihrem Umgang mit den Menschen in Ihrem Umfeld in Zusammenhang steht, und Ihre Investition von Zeit und Energie.

Es dürfte vermutlich nicht die beste Verwendung Ihrer Zeit und Energie darstellen, wenn Sie Ressourcen auf Menschen aufwenden, von denen Sie wissen, dass diese unerreichbar sind, es nicht zu schätzen wissen oder es ihnen egal ist. Wenn man Menschen miteinander verbinden will, muss man nicht nur deren Worten lauschen, sondern (metaphorisch gesprochen) beobachten, wo sie hinschwimmen und wovor sie wegschwimmen.

Dominostein: Gute oder schlechte Behandlung anderer ist wie der Unterschied zwischen Ernährung und Geschmack. Eltern wissen, dass sie ihre Kinder nicht gut behandeln würden, wenn sie ihnen immer nur Süßigkeiten gestatteten, selbst wenn das Kind es »mag«. Erwachsene können eigene Entscheidungen treffen, aber Ihre Verantwortung besteht darin, die Folgen Ihrer Handlungen in Blick zu behalten.

Frage an Sie: Denken Sie an einen Lebensbereich, in dem Sie schon Ihre Grenzen erreicht haben. Überlegen Sie, wer in diesem Bereich »auf Sie zuschwimmt« und wie Sie dieser Person eine höhere Priorität einräumen können.

DER UMGANG MIT HASS UND NEGATIVITÄT

Ein bekanntes Sprichwort besagt: »Einen ehrlichen Mann kann man nicht betrügen.« Das Prinzip dahinter besagt, dass man Sie, wenn Sie einen guten

Charakter haben, weniger ausbeuten wird, denn Sie ziehen andere Menschen mit gutem Charakter für Ihr Umfeld an.

Dieses Prinzip ist auf einer bestimmten Ebene durchaus fundiert – es zeigt, dass es Ihnen und der Welt um Sie herum nützlich sein kann, ein guter Mensch zu sein und mit anderen fair umzugehen. Ein Wort der Warnung ist dennoch angebracht: Unabhängig von Ihrem Grad an Güte und Integrität werden Sie auf negative Menschen treffen, die Ihnen etwas wegnehmen wollen. Das passiert uns allen –und ist es mir auch schon.

Ein Freund hatte mich mal jemandem mit Interesse am Genius Network vorgestellt. Beim Treffen wirkte die Person wie jemand, der viel erreicht hat und gut reinpassen würde. Wir haben im Genius Network eine Regel: Neue und uns noch unbekannte Menschen müssen Sie sich zuerst ein Jahr lang der 25.000-Dollar-Gruppe anschließen, bevor sie der 100.000-Dollar-Gruppe beitreten können. Das hat mehrere Gründe und einer besteht darin, dass die Mitglieder zuerst jede Menge Wert für ihr Unternehmen erhalten sollen, bevor sie mehr investieren und in die nächsthöhere Stufe aufsteigen. Zudem wollen wir sie erst einmal mit den von uns diskutierten und kontinuierlich verbesserten Konzepten vertraut machen.

Der subtilste Grund aber ist der, dass es meinem Team, mir und all den Mitgliedern des Genius Network die Möglichkeit gibt, jemanden während seiner Zeit in der 25.000-Dollar-Gruppe genauer unter die Lupe zu nehmen. Im Nachhinein betrachtet hätte ich mich wohl mehr an diese Regel halten sollen.

In diesem Fall bestand derjenige darauf, sofort, die erste Gruppe überspringend, in die 100.000-Dollar-Gruppe einzusteigen. »Ich will das unbedingt!«, verkündete er. »Ich bin bereit dafür, ganz sicher!« Nach einigem Hin und Her machten wir eine Ausnahme und ließen ihn in die Gruppe.

Einer der Vorteile der 100.000-Dollar-Gruppe des Genius Network besteht darin, dass man auch die Treffen der 25.000-Dollar-Gruppe ohne zusätzliche Kosten besuchen darf – es dauerte also nicht lang, bis ich ihn in jedem einzelnen unserer Meetings sah. Normalerweise ermutige ich die Leute genau dazu, da es in beiden Gruppen zu einem Mehrwert und weiteren Connections führt – nur in diesem Fall stimmte irgendetwas nicht.

Etwas später trat diese Person an mich heran zwecks der Aufnahme eines Trainingsprogramms und Livestreams – am liebsten in meinem Büro. Das war eine etwas seltsame Bitte, da wir uns damals noch nicht so gut kannten, aber er engagierte sich eindeutig in der Gruppe und als 100.000-Dollar-Mitglied ließ ich ihn das kostenfrei tun.

Gegen Ende seines ersten Mitgliedschaftsjahres fing diese Person an, sich zu beschweren, weil er kein Teil der privaten Genius-Network-Facebook-Gruppe geworden war. Das verwirrte mich etwas – schließlich war es anscheinend nur ein kleiner administrativer Fehler gewesen, denn die Facebook-Gruppe ist ein winzig kleiner Teil der Mitgliedschaft. Es frustrierte mich, dass er etwas anderes implizieren wollte und meinem Team Stress machte. Dennoch lösten wir das Problem, diesen unbeabsichtigten Fehler, umgehend.

Leider war er damit immer noch unzufrieden und der Vorfall mit der Facebook-Gruppe ließ ihn anscheinend nicht mehr los: Er nutzte diese unbedeutende Negativerfahrung, um mich bei jeder Gelegenheit zur Rede zu stellen und sich über etwas zu beschweren, das er sich vom Genius Network erhofft, aber seiner Meinung nach nicht erhalten hatte. Selbstverständlich besuchte er auch in dieser Zeit alle unsere Meetings, befragte die anderen Mitglieder und schloss Businessdeals ab!

Die ganze Angelegenheit kochte über, als er mich erneut nach einem Meeting des Genius Networks zur Rede stellte. Meine Assistentin Eunice und ich hörten uns eine Stunde lang seine Beschwerden und Vorbehalte gegenüber der Gruppe aufmerksam an. Schließlich schlug er eine für ihn zufriedenstellende Lösung vor: »Ich möchte weiterhin der 100.000-Dollar-Gruppe angehören, aber möchte, dass auch meine Frau beitritt, für deren Mitgliedschaft ich bezahlen würde. Aufgrund der Vorkommnisse wäre ein Nachlass angemessen. Beispielsweise eine 50.000-Dollar-Mitgliedschaft für sie, nächstes Jahr aber umsonst.«

Ich war wie vor den Kopf gestoßen. Er bat um einen 75-prozentigen Nachlass aufgrund einer vergessenen Einladung zu einer Facebook-Gruppe! Ich war nicht einmal wütend, sondern fasziniert, und hatte keine Ahnung, was er wohl als Nächstes sagen würde. Seine nächste Aussage mitten in der hitzigen Diskussion war verräterisch: »Wissen Sie, früher ging ich in Hotels und redete so lange mit der Belegschaft, bis ich ein kostenloses Zimmer bekam, aber das mache ich nicht mehr.«

Das sagte er ganz beiläufig, als wir uns gerade einem anderen Punkt widmen wollten, ich schaute zu Eunice und es machte zeitgleich »Klick« in unseren Köpfen. Wir hatten es hier mit jemandem zu tun, der daran gewöhnt war, Menschen zu manipulieren und es nun auch mit mir versuchte. Ich dachte: *Diese Art Mensch möchte ich nicht in meinem Leben haben und besonders nicht in der 100.000-Dollar-Gruppe des Genius Networks.*

Ich hatte auf die harte Tour gelernt, dass es Spiele im Leben gibt, die man nur gewinnen kann, wenn man nicht mitspielt. Denn einige wollen einem ein schlechtes Gewissen einreden und probieren es mit Manipulation, besonders die Narzissten, Soziopathen oder Psychopathen. Es gibt viele verzweifelte Menschen und Sie werden zwangsläufig auf sie stoßen – vor allem als Geber werden Sie ihnen über den Weg laufen. Mit zunehmendem Alter und mehr Erfahrung wird mir immer bewusster, wie wahr das ist. Es kann hilfreich sein, sich diese Wahrheit im Leben klarzumachen.

Wenn Sie sich selbst treu bleiben und versuchen, ein Geber, aber kein Nehmer zu sein, dann leisten Sie bereits Ihren Anteil. Sollten Sie aber doch in Situationen geraten, in denen andere Sie auszehren oder ausnutzen, dann nehmen Sie es sich bitte nicht zu Herzen. Erkennen Sie es und entfernen Sie sich möglichst schnell aus dieser Situation! Ich weiß, das ist leichter gesagt als getan, aber bleibt Ihnen etwas anderes übrig?

Wenn Sie eine Person mit Anziehungskraft sind (in welcher Hinsicht auch immer), werden immer mehr Menschen etwas von Ihnen wollen. Je mehr Sie als Person gefragt sind, desto mehr Bitten werden an Sie herangetragen – und umso stabilere Grenzen brauchen Sie, um sie zu filtern.

Gefragt zu sein kann sich im ersten Moment toll anfühlen, aber wenn Ihnen Zeit und Energie ausgehen, um allen Bitten nachzukommen, kann es erschöpfen. Fragen Sie irgendeinen Prominenten oder jemanden, der sich nach Aufmerksamkeit verzehrte, bevor er berühmt wurde – viele werden Ihnen sagen, dass sie irgendwann von Depressionen geplagt wurden, sich völlig zurückzogen oder vielleicht sogar Selbstmordgedanken hatten. Erfolg hat eine wirklich dunkle Seite, wenn man sich zu sehr verausgabt.

Man sollte daher am besten nach Fortschritt statt Perfektion streben, wie es in den 12-Schritte-Programmen so schön heißt.

Die Fertigkeiten, die Sie als Geber entwickeln, wirken in beide Richtungen: Der Welt eine Menge Wert zu bieten, kann Ihnen viel Geld einbringen, aber es kann auch viele Menschen anziehen, die es Ihnen wieder nehmen wollen. Sie werden Sie gleichzeitig verabscheuen und beneiden, während sie Sie darum anbetteln, dass Sie etwas für Ihre Zwecke spenden oder ihnen bei der Miete helfen.

Als Geber werden Sie ständig angeschnorrt.

Es ist natürlich wichtig, nett, mitfühlend und fürsorglich zu sein, aber machen Sie sich nicht zum Fußabtreter. Das war eine meiner schwersten Lektionen in meinem Leben. Denn ich mag es wirklich, Menschen zu helfen, aber das hat mich manchmal zur Zielscheibe gemacht. Aus diesem Grund wollten einige nur ein Teil meines Umfelds sein, wenn alles gut lief, aber sich bei Problemen in Luft auflösten.

Lassen Sie es sich gesagt sein: So sehr Sie Güte besitzen sollten, so sehr müssen Sie auch Ihren sechsten Sinn schärfen, um die Energiesauger, Zeitvampire, Hochstapler, Betrüger und Scharlatane zu identifizieren – wie im Fitnessstudio, wo Sie auch nicht nur Ihren Bizeps, sondern auch alle anderen Muskeln trainieren.

Letztlich wollen Sie authentisch, fürsorglich und freigiebig sein, um Verbindungen zu anderen herzustellen, die ebenfalls authentisch, fürsorglich und freigiebig sind. Sie können Ihr Bestes geben, um Leute auf ihr schlechtes Verhalten hinzuweisen und ihnen eine Chance zur Besserung zu geben, aber Sie können sie nicht zu Veränderungen zwingen. Sie können einzig die Distanz wahren, statt sie zu einem Teil Ihres Lebens oder Unternehmens zu machen. Es geht, kurz gesagt, im Leben nicht nur um die Verbindungen zu anderen, sondern um die zu den *richtigen* Leuten, während die zu den *falschen* gekappt werden.

Nach alledem müssen Sie immer noch daran denken, dass jede Beziehung Arbeit und Aufwand kostet. Sie müssen weiterhin andere so behandeln, wie *sie* behandelt werden wollen. Sie sollten neugierig auf andere sein, ihre Sprache sprechen und sich nicht selbst immer in den Mittelpunkt stellen. Sie können aber die Beziehungspflege auf ein Minimum reduzieren, wenn Sie mit den Beziehungen anfangen, die einfach funktionieren.

In vielerlei Hinsicht ähneln Ihre Beziehungen und Ihr Netzwerk einem Garten, den Sie kultivieren müssen: Sie müssen ein Grundstück finden, viele Samen pflanzen und dann geduldig sein, während die Pflanzen wachsen. Währenddessen müssen Sie das Energie raubende Unkraut finden und entfernen. Und die übrigen Pflanzen müssen Sie regelmäßig gießen. Pflegen Sie diese möglichst gut, denn nichts wird zahlreicher Ernte bringen.

Dominostein: Akzeptieren Sie, dass Sie, wenn Sie positiv und freigiebig sind, Negativität und Nehmer anziehen werden. Das ist ein natürliches Phänomen des Lebens, das Sie nicht entmutigen sollte – seien Sie aber vorsichtig auf Ihrem Weg, damit Sie niemand ausnutzt.

Frage an Sie: Was ist Ihnen wichtiger: Positivität und Freigiebigkeit oder die Vermeidung negativer Erfahrungen?

Die Dominosteine:

- Die besten Verbindungen im Leben entstehen, wenn man weiß, wie andere behandelt werden wollen und worauf sie tatsächlich reagieren – oft besteht der Unterschied zwischen Erfolg und Misserfolg in den kleinsten Details.
- Erinnern Sie sich für eine Verbindung zu anderen daran, dass Sie nicht Ihr Kunde sind. Die anderen mögen nicht unbedingt auch das, was Sie mögen.

- Die wenigsten Menschen sagen Ihnen explizit, wie sie behandelt werden wollen, also finden Sie es heraus. Was macht ihnen Freude? Worüber beschweren sie sich? Die wichtigen Fertigkeiten, um dabei erfolgreich zu sein, sind Neugier und aufrichtiges Interesse an anderen Menschen.
- Tiefe Beziehungen können manchmal nicht entstehen, ohne die »Komfortzone« zu verlassen – aber Sie dürfen diese Zone beide nicht zu schnell verlassen oder sich zu weit davon entfernen. Wenn Sie jemanden kennenlernen, loten Sie sachte die Grenzen aus und verschieben Sie sie für echte Verbindungen, aber nutzen Sie Ihre situative Einschätzung, um zu sehen, wie weit Sie dabei gehen können.
- Vermeiden Sie Nervosität in sozialen Situationen, indem Sie sich daran erinnern: Jede Ihrer Handlungen ist authentisch, denn Sie haben sie ausgeführt. Es ist in Ordnung, situativ Ihr Verhalten anzupassen, um besser mit anderen zu harmonieren – Probleme werden nur verursacht, wenn Sie Ihre *ethischen Standards* ändern und sich daraus kognitive Dissonanz bildet.
- Andere gut oder schlecht zu behandeln, ist wie der Unterschied zwischen Ernährung und Geschmack. Eltern wissen, dass sie ihre Kinder nicht gut behandeln würden, wenn sie ihnen den ganzen Tag lang Süßigkeiten erlaubten, auch wenn das Kind es »mag«. Erwachsene können ihre eigenen Entscheidungen treffen, aber Ihre Verantwortung besteht darin, sich der Folgen Ihrer Handlungen bewusst zu sein.
- Akzeptieren Sie, dass Sie Negativität und Nehmer anziehen werden, wenn Sie positiv und freigiebig sind. Das ist ein natürliches Phänomen im Leben und Sie sollten sich davon nicht entmutigen lassen – aber Sie sollten vorsichtig sein, um nicht ausgenutzt zu werden.

Übungen und Handlungsschritte

1. Was geht mir auf die Nerven?

Weil Beziehungen zwischen Menschen wie Spiegel sind, müssen Sie zuerst sich selbst reflektieren, bevor Sie andere nach deren Wünschen behandeln.

Ohne Reflexion oder psychologische Arbeit schleppen wir manchmal Ressentiments und Verletzungen mit uns herum, von denen wir glauben, dass andere sie nicht wahrnehmen (obwohl sie letztlich unser Verhalten ihnen gegenüber beeinflussen).

Diese heftigen Emotionen sind nicht per se falsch, aber wenn sie in Ihnen gären und dazu führen, dass Sie die Verbindung zu anderen verlieren, dann ist das ein Problem – das man zum Beispiel durch *Handeln* lösen kann. Der erste Schritt dessen ist, herauszufinden, was Sie stört.

Dabei hilft die Übung »Was geht mir auf die Nerven?« mit den folgenden Fragen:

- **Was geht Ihnen auf die Nerven?** Ihre Antwort kann Spezifisches beinhalten, das mit dem Verhalten Ihrer Freunde zu tun hat, es können aber auch allgemeinere Punkte in Bezug auf Ihr Umfeld oder auffällige Tendenzen sein. Schreiben Sie alles auf (etwa zehn verschiedene Punkte).
- **Wieso?** Notieren Sie für jede aufgeschriebene Antwort eine Erklärung, wieso Sie diese Sache so extrem nervt. Je mehr und je spezifischer Sie es aufschreiben, desto besser.
- **Wie können Sie wieder in die richtige Richtung steuern?** Wieder sollten Sie für alle erwähnten Punkte eine *Handlung* aufschreiben, die Ihnen bei dem Ärger oder den Ressentiments helfen würde. Vielleicht müssen Sie mit einem Freund einmal Tacheles reden?

Vielleicht sollten Sie weniger (oder gar keine) Nachrichten konsumieren?

Das Wichtige an dieser Übung ist die Identifikation aller Emotionen, die Sie innerlich blockieren und von konstruktivem Handeln fernhalten. Das wird Sie mental freimachen, sodass sich Ihr Herz wieder anderen Menschen und Ihrem Umfeld gegenüber öffnen kann.

2. Wenn es nach meinem Sinn laufen würde

Nach der obigen Übung sollten Sie eine ganz gute Vorstellung davon haben, was Sie im Leben verärgert oder frustriert. Danach sollten Sie dieses Gefühl der Wut hinter sich lassen und in größerem Umfang in Aktion treten. Sie sollten sich also einen Plan ausdenken, um die Welt zu einem etwas besseren Ort zu machen, wie Sie ihn sich wünschen. Dafür nutzen Sie die umfassenderen, abstrakteren Antworten, die Sie in der ersten Übung aufgelistet haben und beantworten für jeden Punkt die folgenden Fragen:

- **Wie stellt sich die Sache nun dar?** Schreiben Sie möglichst detailliert auf, was diese Situation oder dieses Problem verursacht hat. Wenn es eine Beziehung ist, schreiben Sie die Wurzeln der Dysfunktionalität oder des Streitpunkts auf, wenn es etwas Größeres ist, wie »die Regierung«, engen Sie es ein auf den störenden Teil und wie das warum auf diese Weise funktioniert.
- **Wie wäre es, wenn es nach Ihrem Sinne laufen würde?** Wie beim obigen Punkt sollten Sie möglichst detailliert sein. Welche anderen Ergebnisse würden Sie am liebsten aufgrund welcher Prozesse sehen?
- **Welche Ideen oder Connections könnten diese Vision zur Realität werden lassen?** Erstellen Sie für diese Frage zwei Listen: Die erste kann den hilfreichen Plänen und Ideen gewidmet sein, während die zweite die Personen für deren Umsetzung listen könnte.

- **Wie sehen die nächsten Handlungsschritte aus, die diese Ideen und Connections real werden lassen?** Für alle aufgeschriebenen Ideen und Connections sollten Sie drei Schritte auflisten – je mit *Was, Wer, Wann*: *Wer* sollte *was* bis *wann* getan haben?

Eine der größten Schwierigkeiten im Leben ist nicht unser Unwille gegen große Veränderungen, sondern die Tatsache, dass wir nicht sehen, *wie* wir sie vornehmen sollen. Situationen wirken oft so überwältigend, dass wir in Apathie und Verzweiflung verfallen.

Will man dieses Muster umkehren, muss man sich unter anderem bewusstmachen, was man will und wie man behandelt werden will. Dann kann man einen Plan aufstellen und in die Tat umsetzen. Denken Sie dabei vor allem daran, dass Verbindungen zu anderen wichtig sind, um etwas in Bewegung zu setzen – und ein Verständnis dafür, was diese Personen vom Leben wollen und wie sie behandelt werden wollen, ist hierbei entscheidend.

Auch, wenn es nicht nur eine einzige Antwort gibt, wie man das für andere bewerkstelligt, ist diese Übung, bei der Sie sich selbst besser verstehen lernen, ein guter Anfang.

6. KAPITEL

LIEBER INFORMELL, LUSTIG UND UNVERGESSLICH (STATT LANGWEILIG)

Falls es bisher noch nicht deutlich genug war, so besteht ein großer Teil meiner Perspektive aufs Leben darin, nett zu anderen und möglichst dankbar zu sein. Dennoch fällt es mir schwer, ohne Spaß, Genuss und Humor in meinem Leben (und dem der Menschen in meinem Umfeld) eine tiefe Dankbarkeit zu empfinden.

Leider sehen das nicht alle so.

Ich versuche immer, die Atmosphäre um mich herum möglichst sensibel wahrzunehmen, gleichzeitig neigte ich aber schon mein ganzes Leben lang zu einem etwas verrückten und leicht (manchmal sehr) unangemessenen Humor. Ich will immer Witze reißen, komme, was wolle – auch, wenn natürlich jede Situation und jeder Kontext unterschiedlich ausfällt.

Ich sehe jede neugeknüpfte Verbindung, jede daraus entstandene Beziehung als Zusammenarbeit. Ich versuche, die mögliche Energie einzuschätzen, die ich investieren sollte, oder wie weit ich einen Witz für eine Reaktion treiben kann. Dabei will ich nie anstößig oder verletzend sein (auch wenn das trotz bester Absichten gelegentlich passiert), denn Humor, Spaß und ein interessantes Wesen sind unglaublich gut für den Rapport.

Und wie wir bereits festgehalten haben, ist dieser der erste Schritt zu einer Beziehung zu anderen Menschen – und all den guten Aspekten des Lebens, die sich daraus ergeben.

WAS SIND FÖRMLICHKEITEN?

Bevor wir uns das Ganze genauer ansehen, sollten wir wissen, was wir mit Förmlichkeiten meinen und was nicht. Vor allem eine Person hat dieses Thema besser als alle anderen umrissen – Robert Heinlein, der berühmte Science-Fiction-Autor, der Ende der 1970er-Jahre Folgendes schrieb:

> Bewegte Teile, die Kontakt zueinander haben, erfordern eine Schmierung, um übermäßigen Verschleiß zu vermeiden. Ehrentitel und formelle Höflichkeit bieten dort Schmierung, wo Menschen aneinander reiben. Oft verachten sehr junge Menschen, die wenig Gereisten, die Unerfahrenen, diese Förmlichkeiten als »leer«, »bedeutungslos« oder »unehrlich«, und spotten über deren Nutzen. Wie »rein« ihre Motive auch sein mögen, sie streuen damit Sand ins Getriebe einer Maschine, die schon an sich nicht besonders gut funktioniert.

Heinleins Argument ist so dermaßen klug, weil es aufzeigt, dass man Förmlichkeiten nicht einfach abschaffen kann, denn sie haben einen Sinn: menschliche Interaktionen netter, reibungsloser und generell einfacher zu machen! Ich würde dennoch dafür plädieren, dass es einen Unterschied zwischen *Förmlichkeiten* im strikten Sinne und *grundlegenden Manieren* im Allgemeinen gibt.

Heinleins Text trifft sicherlich auf Manieren zu, die zum grundlegenden Rüstzeug für die Rücksicht und den Respekt gegenüber anderen gehören. Dennoch sollten Förmlichkeiten – Aspekte, wie Small Talk über das Wetter, Standardbegrüßungsformeln auf jeden anzuwenden, stets die eigene Meinung und Persönlichkeit zu verstecken, um bei niemandem anzuecken – nur spärlich eingesetzt werden.

Meiner Ansicht nach sind Manieren eine ganz eigene Kategorie, während Förmlichkeiten die Nettigkeiten sind, die man gefühlt tun muss, ob man nun will oder nicht. Oft ist es im Grunde »vorgetäuschtes« Verhalten aus Pflichtgefühl statt echte Anteilnahme und Zusammenarbeit mit einem anderen menschlichen Wesen.

Wenn Ihnen jemand »Einen schönen Tag« wünscht, obwohl Sie einen schlechten haben, ist das ein Beispiel für eine just in diesem Moment versagende Förmlichkeit. Wollten Sie das in diesem Moment von dieser Person hören? Hat die Person einen Grund, zu glauben, dass Sie das hören wollten? Weiß sie denn von Ihrem schlechten Tag?

Das bedeutet nicht, dass man nicht grüßen sollte. Wir haben ein 80-jähriges Mitglied im Genius Network namens Joel Weldon, ein Mitglied der Hall of Fame und professioneller Redner, der schon auf mehr als 3000 Events für Vorträge gebucht wurde und mehr als 10.000 Redner ausgebildet hat – sogar persönlich über 200 der Mitglieder unseres Genius Networks. Joel hat diesen Satz ganz simpel verändert und wünscht nun statt »Einen schönen Tag« eher: »Machen Sie einen schönen Tag daraus.«

In seiner Version geht er nicht automatisch davon aus, dass man einen schönen Tag habe, sondern lädt dazu ein, sich einen schönen Tag *zu machen*. Das ist vielleicht immer noch nicht das, was man an einem schlechten Tag hören will, aber es ist besser, weil es aufrichtig ist und zeigt, dass die grüßende Person tatsächlich eine Verbindung herstellen will. Ich habe selbst schon erlebt, wie übermäßige Förmlichkeiten zu inneren Mauern und Grenzen führen können, die man eigentlich für den Rapport beseitigen will. Im Leben geht es vor allem um Beziehungen und dazu gehört das Ablegen aufgesetzten Verhaltens.

An dieser Stelle möchte ich auch noch erwähnen, dass Sie immer noch professionell und so »formell« sein können, wie es für eine bestimmte Situation angemessen ist, ohne aufgesetzt zu wirken – und dennoch lustig. Wenn ich zum Beispiel in ein Nobelrestaurant oder zu einem Businessmeeting mit Dresscode gehe, trage ich einen Anzug oder tue das Nötige, um mich an diese Umgebung anzupassen. Dennoch behalte ich dabei im Hinterkopf, dass *ich* den Anzug trage, nicht der Anzug *mich*.

Dominostein: Es besteht ein großer Unterschied zwischen Förmlichkeiten und Manieren. Letztere zu haben und andere anständig zu behandeln, ist immer gut, während Förmlichkeiten die erzwungenen Versionen von Höflichkeit sind, die oft unauthentisch wirken und negativ für die Herstellung einer Verbindung sind.

Frage an Sie: In welchen Situationen haben es Förmlichkeiten erschwert, eine Verbindung zu jemandem herzustellen?

NUTZEN SIE SOZIALE KALIBRIERUNG FÜR MEHR SPASS

Es ist ganz offensichtlich ein kreativer Akt, in verschiedenen Umfeldern und gegenüber verschiedenen Menschen ganz man selbst zu sein – mit nahezu endlos vielen Möglichkeiten. In jeder Situation müssen Sie eine Wahl treffen: Wie sehr wollen Sie herausstechen und Aufmerksamkeit erregen, wie sehr sollten Sie versuchen, mit anderen auszukommen?

Es gibt keine magische Antwort für alle Situationen, aber das Prinzip der sozialen Kalibrierung kann Ihnen fast immer helfen. Sie ist, kurz gesagt, der Wahrnehmung des eigenen Umfelds (aber vor allem des zwischenmenschlichen Verhaltens) sehr ähnlich. Und viele Details spielen dabei eine Rolle.

Treffen Sie zum Beispiel, wenn Sie zu einem Businessmeeting oder einem Networking-Event gehen, die anderen zum ersten Mal? Gibt es jemanden im

Raum, der Sie kennt oder unterstützt? Gibt es jemanden, der aufgrund seines Hintergrunds bei einem Thema besonders sensibel reagiert? Gibt es ein Thema, über das die Menschen im Raum besonders gerne reden?

Bei Menschen, die Sie frisch kennenlernen und bei denen Sie einen guten Ersteindruck machen wollen, müssen Sie oft mehr auf Details achten und (sozusagen) »präzise kalibriert« sein, wenn Sie abwägen, was Sie (nicht) sagen sollen oder welche Witze Sie machen können. Natürlich verhilft ein guter erster Eindruck und der Aufbau von Rapport zu einem tieferen Vertrauen, einer größeren Komfortzone, sodass Sie sich entspannen können.

Sobald Sie ein Netzwerk mit engen, vertrauenswürdigen Freunden um sich versammelt haben, wird es idealerweise zu Ihrer zweiten Natur werden, ganz Sie selbst zu sein, statt jeden Gedanken oder jede Meinung auf die Goldwaage zu legen. Aber selbst dann kann es immer noch enge Freunde geben, die auf bestimmte Themen sensibel reagieren und deren Grenzen Sie bereitwillig respektieren werden. Manchmal aber gibt es enge Freunde, die Sie necken können oder ein bisschen vorführen, um sie so aus ihrer Komfortzone zu schubsen. Das habe ich schon bei vielen meiner Freunde gemacht, aber an eine Geschichte mit Dan Sullivan und seiner Frau Babs erinnere ich mich besonders gerne.

Wir checkten nach einem Event in einem Hotel ein, an dessen Rezeption eine attraktive Frau arbeitete. Damals war ich Single und wollte sie ein wenig necken. »Hören Sie«, sagte ich also zu ihr, »ich wollte Sie gleich wissen lassen, dass ich wirklich müde bin und nur auf mein Zimmer will. Sie wollen mich vermutlich nach meiner Nummer oder einem Date fragen, aber ich würde es zu schätzen wissen, wenn Sie das lassen. Ich glaube nicht, dass es mit uns funktionieren würde.« Dan und Babs hatten mich so noch nie erlebt, sie trauten ihren Augen und Ohren kaum – aber dann kamen sie aus dem Gelächter nicht mehr heraus.

Die Frau an der Rezeption musste erst lächeln und dann ebenfalls lachen. Meinen restlichen Aufenthalt lang grüßte sie mich stets mit Namen in der Lobby. Dieser Scherz in diesem Moment war riskant, denn es wäre der Dame, wenn ich danebengegriffen hätte, unangenehm gewesen oder es hätte jemand anderes beleidigend finden können. Weil ich aber stets auf soziale Kalibrierung achte und Situationen gut lesen kann, konnte ich es mir erlauben.

Obwohl riskante Scherze wie dieser nach hinten losgehen können (und ich würde an dieser Stelle niemandem zur Nachahmung raten), so ging das Ganze für mich positiv aus, weil die Reise mir dadurch besser in Erinnerung geblieben ist und insgesamt lustiger ausfiel. Die Geschichte ist eigentlich noch etwas länger, aber in der Kurzform: Es löste sich alles in Wohlgefallen auf und Dan erzählt sogar noch heute davon!

Ich habe im Laufe der Jahre immer gesagt, dass man den Wert einer Beziehung an der Häufigkeit des gemeinsamen Lachens messen kann. Oft verbringen wir mit denjenigen, die uns am meisten zum Lachen bringen, auch die meiste Zeit – und wir haben mit ihnen den meisten Spaß und haben die besten Erinnerungen an sie.

Natürlich entstammen einige der besten und lustigsten Inspirationen für gemeinsamen Spaß und erinnerungswürdige Momente meiner Beziehung zu meinem Freund Dean Jackson. Er arbeitete schon seit Jahren im Online-Marketing und ist weithin für seine Erfindung der »Squeeze Page« bekannt, die manche erst die »Shy Yes«-Page, dann die »Opt-in«-Page nannten, auf der Besucher zur Eingabe ihrer E-Mail-Adresse ermuntert wurden.

Wir kennen uns seit über 20 Jahren und moderieren zusammen den Podcast *I Love Marketing*, und unsere Freundschaft wurde noch weiter vertieft, als wir das erste Mal ein großes Event zusammen veranstalteten. Im Publikum saßen etwa 450 Menschen, inklusive Paula Abdul. Im Verlauf der Show bat ich Dean um seinen Geldbeutel. Er holte ihn also raus – und dieser Geldbeutel war quietschpink und mit einem Aufdruck von Hello Kitty versehen. Das erntete einige Lacher aus dem Publikum, also fragte ich natürlich: »Dean, warum hast du so einen Geldbeutel?«

Dean erzählte daraufhin, dass Jeff Walker, eine weitere Koryphäe des Online-Marketings, ihm einst einen Geldbeutel schenkte. Dieser hatte ausgesehen wie der aus *Pulp Fiction* – für all jene, die den Film nicht kennen oder eine kleine Gedächtnisauffrischung brauchen: Diesen Geldbeutel trug Samuel L. Jacksons Figur, er war aus einfachem braunen Leder, geprägt mit den Worten »Bad Motherfucker«. Dean hielt den Geldbeutel für ein tolles Geschenk und benutzte ihn gern, musste aber feststellen, dass ihn einige Menschen merkwürdig ansahen und sich beim Anblick des Geldbeutels offenbar unwohl fühlten.

Eines Tages betrat er einen Laden in Toronto und erspähte diesen pinken »Hello Kitty«-Geldbeutel. Daraufhin wurde ihm klar, was »Bad Motherfucker« wirklich bedeutete. Das erklärte er nun unserem Publikum: »Mein Geldbeutel *buchstabierte* es, aber dieser pinke *bewies* es.« Daher beschloss er, nur noch den Hello-Kitty-Geldbeutel zu verwenden.

Dean hatte mir vor unserem Event auch einen Hello-Kitty-Geldbeutel gekauft und, nachdem wir nun also ein wenig herumgeplänkelt hatten, so holte ich meinen ebenfalls heraus und zeigte ihn der Menge.

Ich habe festgestellt, dass ich mit dem Hello-Kitty-Geldbeutel sofortige Reaktionen bekomme und sich oft Unterhaltungen ergeben. Ich war zu Beginn sogar so begeistert von der Macht des Hello-Kitty-Geldbeutels, dass ich A/B-Tests mit anderen Geldbeuteln machte, um die Reaktionen einzuschätzen und zu sehen, ob andere Geldbörsen eine ähnliche Reaktion hervorriefen. Aber siehe da: Keine tat es. Dean war eindeutig etwas auf der Spur hier und es entwickelte sich zu einem Insider zwischen uns.

Bald kauften wir dutzendweise Hello-Kitty-Geldbeutel und erzählten bei Marketing-Meetings unsere Geschichte dazu. Nachdem wir sie jahrelang erzählt (und dutzende Hello-Kitty-Geldbörsen verheizt) hatten, trugen zu guter Letzt unzählige andere Geschäftsleute und Marketingfachleute pinke Hello-Kitty-Geldbeutel.

Inzwischen gibt es unser Modell anscheinend nirgends mehr! Ich will hier nicht behaupten, dass wir im Alleingang einen neuen Trend geschaffen hatten, aber Sie können ja Ihre eigenen Schlüsse daraus ziehen.

Dominostein: Achten Sie für den Rapport, die Verbindung zu anderen und für mehr Spaß auf die soziale Kalibrierung – besonders, wenn Sie jemanden frisch kennenlernen. Wie wohl fühlen sich andere in Ihrer Gegenwart? Was bräuchte es, damit sie sich noch wohler fühlen?

Frage an Sie: Wie nutzen Sie aktuell die soziale Kalibrierung für sich und was könnten Sie unternehmen, um darin noch besser zu werden?

DIE KRAFT DES LACHENS

Meine Freundschaft zu Dean und unser häufiges gemeinsames Lachen war größtenteils der Antrieb hinter unserem »*I Love Marketing*«-Podcast. Allein deswegen weiß ich, wie wirkungsvoll Lachen bei der Herstellung einer Verbindung zu anderen sein kann – aber die Wirkung des Lachens geht noch weit darüber hinaus, ist komplexer und wirkungsvoller.

Lachen ist vielleicht ein Bindungsmechanismus, aber es kann auch ausgrenzend wirken: Oft stehen Menschen, die über unterschiedliche Sachen lachen, auch bei bestimmten Themen auf entgegengesetzten Seiten. Wenn zum Beispiel eine Gruppe Kinder über ein anderes Kind lacht, stärken sie ihre Verbindung untereinander, aber schließen das gemobbte Kind aus.

Lachen wirkt auch heilend. Schließlich können einige der schwierigsten Dinge im Leben nur mit Witzen verarbeitet werden. So konnte zum Beispiel bewiesen werden, dass die Heilung einer Krankheit schneller eintrat, wenn die Stimmung des Kranken mit Comedy, Witze und Spaß verbessert wurde. Ich glaube, Lachen hat einen größeren Einfluss auf das menschliche Wohlergehen als Dankbarkeit oder Resilienz, auch wenn diese ebenfalls sehr wertvoll sind.

Es geht, jenseits der Details, darum, dass Lachen Bindung schafft – wir sollten also seine Funktion verstehen und es mit Bedacht einsetzen.

Andere Menschen lesen und verstehen zu können, zeigt dann, wie weit man gehen und schnell Rapport aufbauen kann. Ich kann in einem sehr professionellen Meeting sein, aber wenn ich mich über einen meiner Fehler lustig mache oder über jemanden lache, weil ich unseren Rapport korrekt eingeschätzt habe, ist das Eis gebrochen und unsere Verbindung gestärkt.

Es ist aber ebenso wahr, dass Humor nicht ständig *aktiv eingesetzt* werden muss, denn er kann auch passiv Lachen hervorrufen, wie der pinke Hello-Kitty-Geldbeutel. Manchmal kann es sich sogar auf ein gesamtes Gebäude erstrecken. So hören wir häufig von den Besuchern des Genius-Network-Hauptsitzes: »Ich liebe dieses Gebäude! Man kann so viel verrückte und lustige Sachen bestaunen!« Unser Sinn für Humor in Bezug auf das Gebäude ergibt sich daraus, dass wir nicht dem klassischen Bild eines »professionellen« Arbeitsumfeldes entsprechen, und das fällt beim Besuch auf!

Beim Betreten meines Bürogebäudes und der Räume des Genius Networks sehen Sie lustige Szenen, verrückte Statuen und ausgefallene Kunst. Denn meine Umgebung soll meinen Sinn für Humor widerspiegeln.

Ich lache nie so viel wie bei meinen Genius-Network-Events. Ich scherze dort andauernd mit anderen Mitgliedern herum. Und alle Mitglieder des Genius Networks wissen aus erster Hand, dass Lachen bedeutet, dass man jemandem Aufmerksamkeit schenkt: Sie interessieren sich für sie und ihre Reaktion. Dieser Austausch schafft Freude und zwischenmenschliche Bindungen – und dann kann Erstaunliches passieren.

Dennoch sind nicht alle – und das, obwohl bewiesen ist, dass Humor und Lachen viel in einer Beziehung bewirken können – von Natur aus lustig oder fühlen sich bei solchem Verhalten wohl. Deswegen rate ich immer: Wenn Sie lustiger sein wollen, sollten Sie sich Humor zur Gewohnheit machen.

Wir alle haben bestimmte Gewohnheiten, diese können einen Gewinn oder Verlust bedeuten, sie können Millionen Dollar wert, gesund oder spiritueller Natur sein. Tatsächlich hat eigentlich niemand von uns »schlechte« Angewohnheiten – wir können nur wahnsinnig gut Angewohnheiten mit schlechten Ergebnissen ausbilden. Das liegt letztlich daran, dass »bestimmte Handlungen, die auf bestimmte Weise durchgeführt werden, bestimmte Ergebnisse hervorbringen«, wie es mein Freund, der Stanford-Professor B. J. Fogg in seinem Buch *Die Tiny Habits®-Methode: Kleine Schritte, große Wirkung* beschrieb. Wenn Sie diese Prämisse akzeptieren, dann sollten Sie einen

Blick darauf werfen, wie konsistent Sie bei dem sind, was gute Resultate hervorbringt.

Bei meiner Arbeit mit ehemals Suchtkranken kann ich ohne Humor und Spaß nicht mein Bestes geben. Denn es ist schwere Arbeit. Es gibt Menschen auf dieser Welt, die schwere Arbeit verrichten, aber nicht die Möglichkeit haben, lustig zu sein oder lustige Menschen um sich zu haben. Ich habe diesbezüglich Glück.

Ich könnte ein ganzes Buch über das nuancierte Zusammenspiel von Humor und Rapport schreiben, aber hier ist es einfach wichtig, dass es in vielen Kontexten hilfreich ist, wenn man lustig sein kann. Falls Sie lernen wollen, lustig zu sein, dann sollten Sie einen Impro-Theaterkurs besuchen (manche raten sogar zur Clownschule – im Ernst, das funktioniert). Ich habe meine eigenen Angestellten zu einem Impro-Kurs mitgenommen, weil es auf so vielfältige Weise einen positiven Nutzen hat!

Will man Humor zu einer Angewohnheit machen, sollte man zuerst feststellen, wie das eigene authentische Selbst aussieht und was einem wirklich wichtig ist. Danach haben Sie schon eine bessere Vorstellung von Ihrem eigenen Sinn für Humor.

Und warum? Weil dies die Voraussetzung für das sogenannte »Riffing« ist – ein todsicheres Gegengift gegen Langeweile. Es funktioniert so gut, dass ich sogar eine eigene Liste mit »Joes Riffs« zusammengestellt habe, die ich seit Jahren einsetze. Diese Liste ist voller verschiedener Marketingkonzepte – vor allem besonders wertvolle für Seminare und Vorträge. Ich habe mit den Jahren so viele Erfahrungen mit diesen Konzepten gesammelt, dass ich eine Handvoll davon auswählen und sie auf die Zuhörer anwenden kann – und fertig ist meine Präsentation.

Die Idee der Riffs entstand aus der Notwendigkeit, sich schnell auf Redeb vorbereiten zu müssen. Das ist hilfreich, weil jeder meiner Vorträge spontan und »neu« statt einstudiert klingen soll. Viele professionelle Redner haben eine »Musterrede«, die sie immer wieder halten – ich nicht. Ich will nichts auswendig lernen, außerdem lasse ich mich leicht ablenken, also habe ich die Idee des immer selben Vortrags aufgegeben. Ich kann zwar über Konzepte reden, aber nicht immer wieder dasselbe sagen. Daher meine Vorliebe für Riffs. Mit ihnen kann ich auf mir vertraute Themen zurückgreifen, die ich immer wieder neu darstelle.

Das Lustige an solchen Marketingtechniken und -übungen ist übrigens, dass man sie in buchstäblich jedem Lebensbereich anwenden kann – sogar für die Auswahl potenzieller Geschäfts- oder sogar Ehepartner (wie bereits in der Übung rund um Annie Lallas Kontaktanzeige gezeigt)!

Zudem hilft es, ein paar Witze oder Sätze auswendig zu lernen, auf die man sich, wenn nötig, verlassen kann. Diese können, völlig unabhängig von Ihrem Charisma oder Ihrem interessanten Wesen, immer irgendwann nützlich sein.

Bei meinem ersten Interview mit Sir Richard Branson vor 750 Leuten bei einem meiner Piranha-Marketing-Events fragte ich ihn: »Glauben Sie, Sie könnten Al Gore in einer Prügelei besiegen?« Das war vor einem Livepublikum und er stotterte zuerst, denn darauf war er nicht vorbereitet gewesen. Dann aber brach er in Gelächter aus – wie auch das Publikum. Ich hatte Bill Clinton bei unserem zweiten Treffen die gleiche Frage gestellt, und er hatte genauso reagiert.

Dominostein: Wenig ist bei sozialen Bindungen so wirkungsvoll wie Gelächter. Auch wenn sie denken, Sie seien nicht von Natur aus lustig, können Sie sich Humor angewöhnen.

Frage an Sie: Wer ist die lustigste Person in Ihrem Leben, was bringt Sie bei dieser Person so sehr zum Lachen und was können Sie daraus lernen?

BLEIBEN SIE IMMER IN POSITIVER ERINNERUNG

Was auch immer Sie tun: Das Leben wird vergnüglicher, wenn Sie in Erinnerung bleiben möchten. Und es hilft Ihnen, etwas zu erreichen, bei welchem Ziel auch immer. Denn man erinnert sich eher an die, die aus der Masse hervorstechen, und ruft eher zurück. Der Grad Ihrer »Unvergesslichkeit« hängt vom Kontext ab, und Sie sollten nur so unvergesslich wie für Ihre Ziele nötig sein.

Eventuell wollen sie nur einen Nachmittag lang in Erinnerung bleiben, weil Sie eine Servicekraft an einem ihrer schlechten Tage getroffen haben und Sie deren Laune mit einem Witz oder persönlichen Dank verbessern wollten. Möchten Sie hingegen einen größeren Deal abschließen, sollten Sie vielleicht mit mehr als einem Standarddankschreiben in Erinnerung bleiben, also vielleicht eher mit einem persönlichen Geschenk.

Der Punkt dabei ist, dass es stets hilft, wenn man positiv in Erinnerung bleibt. Jedoch realisieren die wenigsten, dass man immer einen bestimmten Eindruck hinterlässt – andere erinnern sich immer irgendwie an uns, nur nicht immer positiv. Manchmal erinnert man sich aufgrund ihrer Beschwerden an andere oder weil sie besonders nervig oder aufbrausend waren. All diese Personen sind sicherlich unvergesslich, aber verbunden mit einem negativen Eindruck, der einer Verbindung eher hinderlich ist.

Ich habe mir fürs Marketing und Geschäftliche ein Konzept erdacht: die »Glücklicher-Kunde-Erfahrung«. Es ist inzwischen sogar zu einem meiner Riffs geworden, weil ich es so oft anwende! Darin erkläre ich die drei möglichen Arten von Erfahrungen eines Kunden: Er bekommt *weniger* als erwartet, *genau so viel* wie erwartet oder *mehr* als erwartet. Ersters führt zu *Unzufriedenheit*, Zweiteres zu *Zufriedenheit* und Letzteres dazu, dass der Kunde tatsächlich *glücklich* ist.

Mit anderen Worten: Wenn Sie stets Ihr Bestes geben und die Erwartungen übertreffen, kann Ihr Kunde tatsächlich *glücklich* sein. Und auch wenn die Menschen in Ihrem realen Leben nicht unbedingt Ihre Dienstleistungen in Anspruch nehmen, so greift doch das gleiche Prinzip.

In jeder beliebigen Situation haben wir eine Erwartungshaltung zur Höflichkeit oder Freundlichkeit der Menschen und dazu, wie interessant das Event sein wird. Gleichermaßen kann uns eine enttäuschende soziale Erfahrung auslaugen – oder es gibt uns neue Energie, wenn Menschen uns damit überraschen, netter, cooler oder unvergesslicher als erwartet zu sein! Es ist immer das Ziel, die Erwartungen der anderen zu übertreffen, denn das macht den anderen glücklich und Sie unvergesslich.

Dominostein: Sie machen immer einen Eindruck auf andere, sind also von Natur aus »unvergesslich« – der Knackpunkt ist, dass Sie in *guter* statt schlechter Erinnerung bleiben.

Frage an Sie: Welchen ersten Eindruck machen Sie normalerweise auf Menschen und welche Art von erstem Eindruck würden Sie gern machen?

(JENSEITS DER) LANGWEILE

Früher bestand aufgrund meine Drogenabhängigkeit ein Teil meines Lebens aus der ständigen Suche nach Stimulation. Mein Hirn ist kreativ und ich bin wahnsinnig gern aktiv unterwegs. Mich macht vieles neugierig und ich vertiefe mich immer wieder gern in verschiedenes und verfolge neue Ideen. Deswegen hielt ich an einer Überzeugung fest, die ich mir wie ein Mantra vorsagte: *Wie kann es jemandem überhaupt langweilig sein? Es gibt so viele fantastische Bücher, die man lesen kann, Lieder, die man sich anhören kann, Sachen, die man tun und erleben kann!*

Was mir aber erst später im Leben klarwurde: Die ständige Suche nach einer Stimulation ist nicht unbedingt so toll. Je mehr man sich ständig mit irgendetwas aktiv beschäftigt, desto mehr verfällt man in einen bestimmten Rhythmus, in dem man die ständige Aktivität *braucht*. Dabei fällt mir eins von Albert Einsteins Zitaten ein (das er zufälligerweise 1922 auf das Briefpapier eines Hotels schrieb und das später für 1,56 Millionen Dollar versteigert wurde):

> Stilles bescheidenes Leben bringt mehr Glück als
> erfolgreiches Streben, verbunden mit beständiger Unruhe.

Es liegt Weisheit in diesem Zitat – aber auch eine Herausforderung. Denn Süchtige werden bei Langeweile unempfänglich für Vergnügen – das trifft auf die Abhängigkeit von Drogen, Arbeit oder Sex zu, aber ebenso auf alle Bereiche unseres Lebens, in denen sich Süchte einschleichen. Aufgrund der Pandemie, einer konstanten Beeinflussung und vieler anderer toxischer Kräfte sind so viele Menschen wie noch nie zuvor süchtig.

Wenn Sie *ständig* das Handy in der Hand haben, *ständig* in den sozialen Medien unterwegs sind, *ständig* Videospiele spielen oder *ständig* Drogen nehmen, gestatten Sie Ihrem Körper oder Geist keine Ruhe. Sie sind nie in einem parasympathischen (einfacher: entspannten) Zustand und daher brennen Sie irgendwann aus. Sie streben ständig (wenn auch nicht auf gesunde Art) nach Dopamin. Sie schlafen vermutlich weniger und sind nervöser, Ihre Neigung zu ungesunder Nahrung steigt, die Energie für Sport sinkt und Sie verlassen sich wahrscheinlich mehr auf andere Formen der Stimulation.

Sobald Sie in diesem Kreislauf gefangen sind, suchen Sie nach dem nächsten Schuss Aufregung und verlieren das größere Ziel aus den Augen. Je nachdem, wie tief Sie drinstecken, riskieren Sie vielleicht sogar, alles zu verlieren – auch Ihr Leben.

Denken Sie an Menschen um Sie herum in diesem Zustand – es macht einfach keinen Spaß, mit ihnen Zeit zu verbringen. Sie mögen zwar vielleicht unvergesslich sein, aber eher weniger auf positive Art. Zudem fällt an diesem selbstzerstörerischen Kreislauf etwas anderes ins Auge: Er ist nicht nur unvorhersehbar und gefährlich für andere, sondern wird nach einer Weile auch langweilig – für Sie und andere.

In Bezug auf Langweile sind Sie in Wahrheit nur so langweilig, wie Sie das Interesse anderer Menschen nicht erwecken können. Das bedeutet, wie bei allem anderen bisher, dass Unvergesslichkeit und Lustig-Sein letztlich auf dem Interesse an anderen, auf der eigenen Fürsorge und Nützlichkeit basieren.

Sie sollten sich zuerst diese Fragen stellen: *Werden Sie mir helfen? Werde ich ihnen helfen? Wird diese Beziehung mir helfen? Wird sie ihnen helfen?*

Wird diese Person oder Beziehung zu meinem eigenen Wachstum beitragen? Wird die Beziehung zum Wachstum der anderen Person beitragen?

Zudem kann es helfen, sich selbst unter die Lupe zu nehmen, wenn man das Gefühl hat, in eine solche negative Spirale zu geraten. Fragen Sie sich dann: *Wie viel meines inneren Dialogs besteht aus Spaß, Humor und einer Freude trotz des Schmerzes?* Fragen Sie weiter: *Wie viel meines inneren Dialogs besteht aus Negativität, Unsicherheit und Wut?* Sie können mit diesem Bewusstsein über Ihren inneren Dialog Bemühungen anstoßen, um ihn in eine positivere Richtung zu bewegen, für ein lustigeres und offeneres Leben.

Bei anderen Menschen können Sie davon ausgehen, dass eigentlich alle eine faszinierende Story zu erzählen haben, wenn man weiß, wie man mit ihnen ins Gespräch kommt. Sollten sie aber so gar keine Lust auf ein Gespräch haben, sodass Sie ihnen wie Houdini alles aus der Nase ziehen müssen, dann lassen Sie es besser ganz sein. All dies trifft auch auf Sie selbst zu. Wenn Sie aus dem richtigen Blickwinkel sich und Ihr Leben betrachten, werden Ihnen faszinierende Aspekte positiv auffallen, die Sie mit anderen teilen wollen. Sollten Sie dies nicht können oder wollen, dürfte es keine große Überraschung sein, wenn andere nichts mehr mit Ihnen zu tun haben wollen.

Es wird ohne eine gute Beziehung zu sich selbst als Basis sehr schwer, eine zu anderen aufzubauen. Das erfordert vielleicht Arbeit, aber ein guter erster Schritt, wohin er auch führen mag, besteht darin, diesen Richtlinien zu folgen – lustig und unvergesslich zu sein statt verklemmt und langweilig. Falls aber alles andere scheitern sollte, bleibt Ihnen immer noch die Clownschule!

Dominostein: In sozialen Situationen »langweilig« zu sein bedeutet einfach nur, dass Sie nicht das Interesse anderer wecken. Das wiederum hängt davon ab, welche Wirkung man auf sie hat, dabei ist es oft von Vorteil, nett, cool und interessiert an anderen zu sein.

Frage an Sie: Was könnten Sie gewinnen, wenn Sie es priorisieren würden, interessanter zu sein und einnehmender auf andere zu wirken?

Die Dominosteine:

- Es besteht ein großer Unterschied zwischen Förmlichkeiten und Manieren. Es ist eigentlich immer gut, wenn man Letztere hat und andere anständig behandelt – Förmlichkeiten hingegen sind die erzwungenen Versionen der Höflichkeit, die oft unauthentisch wirken und negativ auf die Herstellung einer Verbindung wirken können.
- Achten sie für einen Rapport, eine Verbindung zu anderen und mehr Spaß auf die soziale Kalibrierung – besonders beim ersten Treffen. Wie wohl fühlen sich andere in Ihrer Gegenwart? Was bräuchte es, damit sie sich noch wohler fühlen?
- Wenig ist bei sozialen Bindungen so wirkungsvoll wie Gelächter. Sie können sich auch, wenn Sie sich nicht von Natur aus für lustig halten, Humor angewöhnen.
- Man macht immer einen Eindruck auf andere, ist also von Natur aus »unvergesslich« – das Wichtige dabei ist nur, dass Sie in guter statt schlechter Erinnerung bleiben.
- In sozialen Situationen »langweilig« zu sein, bedeutet nur, dass Sie nicht das Interesse anderer wecken. Das aber hängt davon ab, welche Wirkung man auf sie hat, dabei ist es oft vorteilhaft, nett, cool und interessiert an anderen zu sein.

Übungen und Handlungsschritte

1. Stellen Sie Ihre eigene Liste an Riffs zusammen

Sie können sich wie ich eine eigene Liste an »Riffs« (in meinem Fall für Themen bei Unterhaltungen) zusammenstellen:

1. **Brainstormen Sie auf einem Blatt Papier Ihre wichtigsten Interessen, Werte und Ideen.** Wir sollten uns vor allem über Punkte unterhalten, die authentisch wiedergeben, wer wir sind und wofür wir uns interessieren, das wiederum sollte auf wirkungsvollen Geschichten oder Zitaten beruhen, die mit unseren Punkten zusammenhängen oder sie illustrieren. Aus diesem Fundament erwachsen alle lustigen und interessanten Sachen.
2. **Stellen Sie dann eine weitere Liste, die aus diesen Interessen, Werten und Ideen entsteht, zusammen, die Ihre liebsten Gesprächsthemen enthält:** möglicherweise etwas, das Sie lieben, hassen oder auch persönliche Geschichten/Erfahrungen, die damit zusammenhängen.
3. **Danach erstellen Sie eine noch spezifischere Liste für jedes dieser Themen.** Theoretisch können Sie diese Liste-innerhalb-von-Listen-Technik für noch mehr Details immer weitertreiben, aber normalerweise ist das ein guter letzter Schritt, denn an dieser Stelle entfernen Sie sich von allgemeinen Ideen und kommen zu spezifischen Anwendungen und Themen, zu denen nur Sie sich äußern können.

Das mag sich jetzt erst einmal etwas ungewöhnlich anhören, aber nicht das Skript, das Sie immer in gleicher Weise allen gegenüber zitieren, ist das Entscheidende, sondern Sie sollten sich eher mit Themen wappnen, über die Sie reden können und die Sie geistig parat haben. Diese Anregungen können Sie auch für persönliche und berufliche Gespräche vorbereiten!

2. Besuchen Sie einen Kurs für Improvisations-Comedy

Wenn Ihnen Humor und Spontaneität nicht von Natur aus liegt, habe ich gute Neuigkeiten für Sie: Das kann man üben und erlernen. Am besten haben Sie lustige Freunde und befragen diese nach ihrem Sinn für Humor. Sollten jedoch alle Ihre Freunde langweilig sein (kleiner Scherz!), gibt es eine weitere gute Methode, um Ihren Humor zu verbessern: ein Impro-Kurs für Comedy. Und ja, das meine ich ernst, denn es gibt wenig, das Ihre Spontaneität so verbessert wie ein guter Comedy-Lehrgang.

Im echten Leben bleibt man oft in seinen Gedanken stecken, wenn man über seine nächste Aussage, den nächsten cleveren Spruch in einer bestimmten Situation oder Ähnliches nachdenkt, aber diese Sackgasse zerstört die Verbindung zu anderen. Daher darf man bei Impro-Comedy nicht ins Stocken geraten – man muss *in diesem Moment* sagen, was einem durch den Kopf schießt. Ansonsten funktioniert die Szene nicht.

Wenn Sie glauben, Sie sollten vielleicht einen solchen Kurs besuchen, dann denken Sie nicht zu lange darüber nach. Suchen Sie sich einfach den nächstgelegenen Comedy-Club raus, gehen Sie hin und sehen Sie sich die Sache mal an. Es geht hier nicht darum, zum professionellen Comedian zu werden oder zu lernen, wie man »richtig« lustig ist, sondern darum, sich mehr Humor anzugewöhnen. Das mag wie eine große Herausforderung klingen, aber vertrauen Sie mir: Nichts wird Ihre Komfortzone schneller vergrößern – und Sie haben dabei hoffentlich auch noch ein bisschen Spaß.

7. KAPITEL

WERTSCHÄTZEN SIE DIE MENSCHEN

Das iPhone schlug 2007 bei seiner Erstvorstellung einige Wellen, denn davor waren Handys größtenteils nur Telefone gewesen – während die bereits existierenden Smartphones unhandlich und wenig beeindruckend waren. Aber das iPhone war anders. Es war sowohl das smarteste Handy auf dem Markt als auch am einfachsten zu benutzen – als hätte man einen Desktop-PC in der Tasche. Das revolutionierte unsere Kommunikation.

Ich kaufte gleich am Tag seiner Vorstellung eines im Applestore und nahezu sofort änderte sich meine eigene Kommunikation mit Menschen. Vor dem Besitz eines iPhones hatte ich viel Zeit mit Telefongesprächen verbracht, weil ich persönlichen Kontakt schätzte, aber ohne Sprachanruf war ich auf textbasierte E-Mails und SMS beschränkt, jetzt aber konnte ich anderen Fotos, Emojis und so viel mehr schicken (Videos gingen erst ein paar Generationen später). Es dauerte nicht lang und ich verschickte kurze Audioschnipsel als Textnachrichten, mit leicht unanständigen Witzen, Beschwerden, Komplimenten etc.

Im Laufe der Jahre entwickelte sich dies zu meinem typischen Kommunikationsstil – und dabei habe ich Tausende Menschen dazu gebracht, ihre ersten Sprach- und Videobotschaften zu verschicken.

Ich bin ständig mit den mir nahestehenden Menschen im Kontakt – oft ohne bestimmtes Ziel. Manchmal wache ich auf und schicke Freunden eine Sprachnachricht, um zu erfahren, was sie an diesem Tag geplant haben. Gelegentlich verschicke ich auch Videos, in denen ich gesunde Waffeln backe (werfen Sie einen Blick auf www.GeniusWaffles.com) oder in ein Eisbad steige. Manchmal verschicke ich Gruppennachrichten an Menschen, die sich gegenseitig noch nicht so gut kennen, zeige ihnen nützliche Ideen, Artikel, Videos oder Podcasts (von mir oder anderen), damit sie sich besser kennenlernen. Zu anderen Gelegenheiten texte ich und hinterlasse Sprachnachrichten, um ihnen meine momentanen Gedanken oder meine letzten Lektüren mitzuteilen.

Sie denken vielleicht, dass ich all das auf enge Freunde beschränke – falsch. Das mag am Anfang der Fall gewesen sein, aber mit der Zeit habe ich das auf die vielen Menschen in meinem geschäftlichen Umfeld ausgeweitet. Mein wichtigstes Kommunikations-Tool bei meinem Team sind Audio- und Videobotschaften.

Das Geheimnis ist, dass ich alle Menschen, die ich *zu schätzen weiß*, die in meinem Leben oder im Leben anderer Menschen, die ich kenne, eine nützliche Funktion innehaben, auf diese Weise behandle. Lustigerweise haben das im Laufe der Jahre immer mehr Menschen übernommen, die ich zu schätzen weiß – und der simple Vorgang, mit ihnen so viel aus meinem Leben zu teilen, lässt diese Wertschätzung noch weiter wachsen!

Es fühlt sich seltsam an, das als Art Taktik zu schildern – denn das ist es nicht, sondern einfach eine Form der Kommunikation, mit der ich vieles so viel schneller und effizienter erledigen kann als mit Textnachrichten. Dennoch ist die Wirkung dessen interessant: Auch wenn nicht alle an diese Art der Behandlung gewöhnt sind, genießen es doch fast alle oder wissen es zu schätzen. Denn es zeigt, dass ich so viel von ihnen halte, dass ich sie für nicht austauschbar halte. Ich zeige damit, dass ich sie wirklich als Menschen sehe, zu denen ich eine tiefe Beziehung aufbauen könnte, wenn wir das wollten. Das funktioniert für mich und für die anderen.

So knüpft man eine Verbindung zueinander, weil man füreinander nützlich ist und sich wertschätzt. Selbst wenn meine Strategie nicht von allen übernommen wird, wirft sie ein Schlaglicht auf eine wichtige Lektion: Man muss anderen Wertschätzung entgegenbringen.

DIE BEDEUTUNG WAHRER WERTSCHÄTZUNG ERKENNEN

Seit meiner Kindheit verstand ich die Wirkung von Nettigkeit und Aufgeschlossenheit gegenüber anderen. Wertschätzung für andere war ein Teil dessen, aber ich verstand das Konzept erst dann vollständig, als ich in das Geschäft mit der Teppichreinigung einstieg.

Zu Beginn erhielt ich die erste wichtige Lektion über Wertschätzung von einem Mann namens Wayne, der in einem Laden für Hausmeisterbedarf arbeitete. Ich war ein mittelloser Teppichreinigungsfachmann, der von Kreditkarten lebte und einen einzigen neuen Klienten an Land gezogen hatte, der eine Sofareinigung von mir wollte. So seltsam es sich anhören mag, aber ich kannte mich mit Teppichreinigungen sehr gut aus – aber eine Sofareinigung war eine neue Herausforderung.

Meine Nachforschungen suggerierten mir, dass ich dafür ein bestimmtes Werkzeug kaufen müsste – was zwischen 250 und 300 Dollar kosten sollte. Jedoch konnte ich mir bei jedem Besuch des Ladens für Reinigungsbedarf *bestenfalls* einen Kanister Reinigungsflüssigkeit für 20 Dollar leisten – den ich oft nur per Kreditkarte statt in bar bezahlen konnte. Jetzt musste ich mir also etwas einfallen lassen, um etwas zu kaufen, das ich mir nicht leisten konnte!

Als ich eines Tages den Laden betrat, fragte ich Wayne hinter dem Schalter, ob ich eines seiner Werkzeuge leihen konnte, weil ich kein Geld für einen Kauf hatte.

»Nimm's dir einfach, Mann«, antwortete Wayne und wischte meine Sorgen einfach so beiseite. »Wenn du genug Aufträge erledigt und etwas Geld verdient hast, kommst du wieder und bezahlst mich dafür. Was hältst du davon?« Ich war völlig baff, aber er war noch nicht fertig! »Das gilt auch für die Chemikalien«, sagte er. »Wenn du was brauchst, dann lass es mich einfach wissen, und nimm dir, was du brauchst. Bau erstmal dein Geschäft auf und bezahle mich später.« Ich war begeistert.

Mit meinen geliehenen Werkzeugen und Reinigungsmitteln konnte ich diesen ersten Auftrag erledigen und weitere dazugewinnen, sodass ich genug verdiente, um Wayne zu bezahlen. Mein Unternehmen wuchs immer weiter und hatte sich in wenigen Jahren auf das fünffache Volumen vergrößert, ich begann also mit den Marketingkursen für Reinigungsfachleute – mit meinen Marketingratgebern ging dann das Geschäft durch die Decke.

Aber auch wenn es immer weiter wuchs, besorgte ich mir meine Betriebsmittel nach wie vor in diesem Laden – selbst, wenn es mich eine dreiviertel Stunde von Chandler nach Scottsdale an Fahrtzeit kostete.

Meine zweite Lektion stammte von einem Mann namens Ernie, der Mitglied des Carpet and FabriCare Institutes in Arizona war, eine Organisation für die Teppichreinigungsfachleute Arizonas. Sie suchten nach einem neuen freiwilligen Mitarbeiter, der die Direktion für Arizona übernehmen konnte; ein Teil dieser Aufgabe bestand in der Organisation von Kursen für die Mitglieder, die professionell Teppiche und Polster reinigten, und für diejenigen, die professionelle Restaurationen von Feuer- und Wasserschäden durchführten.

Natürlich wollten die meisten Menschen, die ein Unternehmen leiteten, diese Rolle nicht bereitwillig übernehmen: Sie war unbezahlt und klang undankbar, mit jeder Menge Botengängen und Organisationsaufgaben. Ich sah das anders und meldete mich freiwillig für diese Direktionsstelle, weil es auf mich wie eine gute Serviceposition wirkte. Ich wusste, sie würde mir einen Grund bieten, mit Menschen in diesem Industriezweig Zeit zu verbringen, die sehr viel länger im Geschäft waren als ich – ich konnte viel von ihnen lernen.

Ich hatte nun eine Position inne, um Events zu organisieren und Menschen zusammenzubringen, die ich sonst nie kennengelernt hätte. Eine davon war Lisa Wagner, die mir später in meinem Unternehmen Piranha Marketing viel helfen sollte.

Bei einem späteren Auftrag sollte ich ein wunderschönes Hotel mit teuren Berberteppichen aus Wolle reinigen, die einfach nicht so sauber wurden, wie ich wollte. Dieser Auftrag war aber enorm wichtig für mich, also brauchte ich Hilfe und rief Ernie an. Er leitete damals eines der besten Restaurationsunternehmen in Phoenix – ein millionenschweres Unternehmen! Dennoch kam er und erklärte mir die Reinigung dieser Art Berberwollteppich.

Danach hätte ich ihn gern für seine Arbeit bezahlt, aber er wollte mein Geld nicht. »Mach dir keine Sorgen«, sagte er. »Ich freue mich, dass ich helfen konnte.« Daher tat ich für ihn das Gleiche wie für Wayne:

Später sollte ich zu einer der bekanntesten Persönlichkeiten der Reinigungsindustrie werden. Ich war auf dem Cover mehrerer Fachmagazine, inklusive *Cleanfax*, dem damals weltweit größten Fachmagazin für Teppichreinigungsfachleute – dabei hatte ich noch wenige Jahre zuvor nicht einmal gewusst, wie man einen Teppich reinigt!

Während mein Geschäft wuchs, verwies ich immer mehr Restaurationsaufträge an Ernies Unternehmen, der mir so geholfen hatte. Das war für mich das Mindeste, um meine Wertschätzung zu zeigen.

Das Verrückteste an meinem Weg in der Teppichreinigungsbranche ist, dass ich mir zu Beginn nichts leisten konnte und geborgte Ausrüstung und Reinigungsmittel brauchte, um ein erfolgreicher Teppichreiniger und der Top-Marketingberater der gesamten Branche zu werden – was ich zu einem großen Teil Menschen wie Wayne, Ernie und Lisa verdanke!

Dominostein: Wertschätzung macht sich vielfach bezahlt – sowohl in persönlichen als auch in geschäftlichen Beziehungen.

Frage an Sie: Wie sehr hat in den einflussreichsten Beziehungen Ihres Lebens die Wertschätzung eine Rolle gespielt? Wie könnten Sie andere Beziehungen mit mehr Wertschätzung stärken?

WAS WERTSCHÄTZUNG FÜR MICH BEDEUTET

Andere wertzuschätzen bedeutet, Dankbarkeit zu empfinden und diese auch auszudrücken, sodass anderen ihr eigener Wert bewusst wird und dass sie wertgeschätzt werden. Dafür muss man den Wert eines Menschen oder einer Wertschätzung erzeugenden Situation erkennen; man muss sich dieses Werts bewusst sein – und diesen dann steigern.

Wenn Sie jemandem aus Ihrem Team, einem Dienstleister oder einfach jemandem, der Ihnen die Tür aufhält, Ihre Wertschätzung entgegenbringen, sagen Sie dieser Person in Wahrheit, dass sie von Wert für Sie ist. Sie bringen Ihren Respekt zum Ausdruck und danken für die Hilfe.

Wertschätzung ist ein einfaches Konzept, das sich mannigfaltig umsetzen lässt. Abgesehen von meinem einzigartigen Stil beim Schreiben von Messages habe ich verschiedene Techniken der Wertschätzung in meinen Alltag integriert. So zeige ich meine Wertschätzung über die Herstellung von Verbindungen, dem Teilen von Wissen und Ideen über Geschäftliches, Drogenentzug, Sport und Gesundheit und meiner Buchempfehlungen. Ich kann Ihnen gar nicht sagen, wie viel Bücher ich über die Jahre verschenkt habe – nicht nur meine eigenen, sondern die anderer Autorinnen und Autoren.

Wenn ich von Wertschätzung spreche, dann aus der Warte einer fürsorglichen, wertvollen Person heraus, denn das führt zu mehr Fürsorge, Mitgefühl und Gewissenhaftigkeit bei anderen. Natürlich muss diese Wertschätzung dafür *aufrichtig* sein. Unverdiente Wertschätzung wahllos zu verteilen, nur damit man selbst so wirkt, als würde man etwas darum geben oder um nett zu wirken – oder noch schlimmer: um zu manipulieren –, ist schlicht dumm. Das laugt nur aus und weckt falsche Erwartungen.

Letztendlich können Sie zwar Wertschätzung vortäuschen, strategisch vorgehen und Menschen schmeicheln (und werden vermutlich sogar Resultate damit erzielen), aber es lohnt sich immer weniger. Beim nächsten Mal muss der Gefallen noch *größer* oder das Kompliment noch *besser* sein, um weiter in der Gunst anderer zu bleiben.

Wenn nicht, fühlen Sie sich vielleicht nicht im Einklang mit Ihren Werten, weil Sie nicht *tatsächlich* so über andere denken oder sich so fühlen, wie Sie es ihnen erzählen. Mit der Zeit wird das Ihre Energie verschwenden – oder man kommt Ihnen auf die Schliche und Ihre Beziehungen zu anderen leiden darunter.

Sie können jedoch all diese Kopfschmerzen mit Authentizität vermeiden. Natürlich will ich mit meinem Vorgehen die gewünschten Resultate erzielen (was Sie ebenfalls tun sollten), aber ich mache das auf authentische Weise, indem ich sicherstelle, dass die andere Person ebenfalls bekommt, was *sie* will. Das kann man leicht mithilfe der Frage im Titel dieses Buchs: *Was ist für sie drin?* Diese Frage sollte man sich nicht stellen, um aus allem eine Transaktion zu machen, sondern, um selbst in den eigenen Handlungen nicht manipulativ oder einseitig zu sein. Denken Sie bei der Interaktion mit anderen darüber nach, was sie wollen und brauchen? Versuchen Sie, anderen zu helfen? Wissen Sie zu schätzen, was sie einbringen, und wie revanchieren Sie sich?

Eine weitere Vorstellung von Wertschätzung stammt von meinem Freund Ray Kurzweil. Falls Sie ihn nicht kennen: Ray ist Erfinder und Zukunftsforscher und seit 2012 Director bei Google. Er hat 21 Ehrendoktortitel, wurde von drei US-amerikanischen Präsidenten ausgezeichnet und als einer der faszinierendsten Entrepreneure der Vereinigten Staaten bezeichnet. Eine von Rays besten Ideen war die der »Singularität«, die Verschmelzung von Mensch und Maschine. Tatsächlich erleben wir das bereits mit Smartphones, Virtual Reality (VR) und anderen Technologien, die er als »Gehirnerweiterung« bezeichnet.

Obwohl Rays Ideen sich meistens um Technologie und Erweiterungen des Gehirns drehen, können Sie sich die Netzwerkeffekte der Wertschätzung genauso vorstellen. Denn Handys, Computer, VR und Tablets erweitern unsere Möglichkeiten des Informationserhalts, der Verbindungen mit anderen, der schlauen Wirkung oder der erhaltenen Antworten. Wenn Sie für andere eine Gehirnerweiterung werden, wird man Sie ebenso wie das eigene

Smartphone lieben. Wenn Sie sich selbst als Erweiterung dessen begreifen, was Menschen wollen, werden diese gerne mit Ihnen Zeit verbringen wollen.

Das tut man, indem man für sie Verbindungen zu Menschen, Erkenntnissen, Lösungen, Resultaten und so weiter herstellt, die ihre Möglichkeiten erweitern, indem man sie zum Lachen bringt oder ihnen zu dem verhilft, was sie wollen. Dann wird jeder Ihrer Kontakte feststellen, dass sein eigener Wert steigt – eine buchstäbliche Form der Wertschätzung.

Dominostein: Wahre Wertschätzung bedeutet, innerlich dankbar zu sein und das anderen gegenüber auszudrücken. Im buchstäblichen Sinn wird diese Wertschätzung andere, denen Sie diese Energie entgegenbringen, aufwerten.

Frage an Sie: Wie zeigen Sie den wichtigsten Beziehungen in Ihrem Leben momentan die Wertschätzung, und wie macht sie das wertvoller?

EINE 300-MILLIONEN-DOLLAR-REISE – EINSCHÜCHTERUNG ÜBERWINDEN UND WERTSCHÄTZUNG ERNTEN

Natürlich ist gegenseitige Wertschätzung im Business und in Beziehungen ein hehres Ziel, es kommt aber aus vielerlei Gründen nicht immer sofort dazu – aber *selbst dann* ist nicht immer alles eitel Sonnenschein. Oft kommt es mitten auf dem Weg hin zu wahrer Wertschätzung zu einer Menge zu lösender Konflikte.

Ein bedeutendes Hindernis für Wertschätzung ist Einschüchterung, dabei ist der Umgang damit nicht immer eindeutig. Sie können jemanden nicht wirklich wertschätzen, der Sie so sehr einschüchtert, dass Sie ihm gar nicht nahekommen. In gleicher Weise können diese Menschen Sie vermutlich nicht wertschätzen, weil ihnen der Respekt fehlt. In vielen Situationen kann man sich Einschüchterungstaktiken besser als eine Art Test für Rapport vorstellen.

Die Dynamik ist eines der Hauptthemen in einem meiner Lieblingsbücher: Robert Ringers *Winning through Intimidation* von 1973. Auch wenn der Titel sich so anhört, als wäre es eine Anleitung zum Gewinnen durch Einschüchterung, so ist es doch das genaue Gegenteil – es zeigt auf, wie man *mithilfe* der Einschüchterungstaktiken anderer gewinnt, indem man nicht nachgibt und sich nicht vom Ziel abbringen lässt.

Ich rede hier viel davon, nett und hilfreich zu sein, aber Einschüchterung ist nicht immer die schlechteste Taktik gegen anderen, die Sie einschüchtern wollen. Zu anderen Gelegenheiten kann Einschüchterung ein zu überstehender Test sein. Dann können Sie sich mit Leuten anfreunden, die brutal ehrlich zu Ihnen sein werden und Sie voranbringen, indem man den etwas raueren Umgang zulässt. Diese Menschen können Ihnen helfen, weiter und schneller voranzukommen, als es sonst der Fall wäre – Sie müssen ihnen nur vertrauen. Verhalten Sie sich aber in Gegenwart dieser Menschen wie ein Fußabtreter, werden Sie nie ihren Respekt gewinnen und auf diese Ebene gelangen.

Mein Rat: Vorverurteilen Sie niemanden, sondern lassen Sie sich mit anderen auf der von ihnen gewollten Ebene ein statt jedes gesehene Verhalten zu beurteilen. Wenn sie nett und rücksichtsvoll sind, erweisen Sie ihnen denselben Respekt, wenn Sie aber auf Wettstreit oder Beschwerden gepolt sind, könnten Sie sich auch auf der Ebene bewegen, wenn Sie wollen!

Allerdings brauchen Sie natürlich bei Haien, die Ihnen nur wehtun oder Sie ausnutzen wollen, ein noch strengeres Regelwerk, oder Sie sollten sich vielleicht gar nicht auf diese Personen einlassen. In vielen Situationen ist Einschüchterung ein Reflex oder ein Test statt einer echten Bedrohung – und sie werden Ihnen Wertschätzung entgegenbringen, wenn Sie das durchschauen. So viel wir auch über Rücksichtnahme für die Wertschätzung anderer reden, erfordert es diese Wertschätzung doch gelegentlich, *weniger* sensibel zu sein, in den Ring zu steigen und zu kämpfen!

Die Verbindung zwischen Einschüchterung und Wertschätzung mag im ersten Moment etwas abstrakt wirken, bis Sie es selbst erleben. Ich habe diese Lektion bei meinen Treffen mit Bill Phillips gelernt. Er ist Unternehmer und Autor, den ich Ende 1995 kennenlernte. Da wollte er gerade das weltweit größte Unternehmen für Sportnahrungsergänzungsmittel aufbauen. Ich befand mich auf einer von ihm organisierten Konferenz in Las Vegas und beschloss, ihn anzusprechen und ihm ein wenig Wertschätzung zu erweisen.

»Hey«, sagte ich, »Ich finde Ihre Magazine und Ihre Tipps für Ernährung und Training toll! Und Ihre Werbetexte sind phänomenal!« Er freute sich über das Kompliment und fragte, ob ich denn auch Werbetexte schrieb. Ich bejahte, aber fügte hinzu, dass ich normalerweise Copywriter beauftragte. Daraufhin gab er mir seine Faxnummer (wir sprechen hier von 1995) und bat mich um ein paar Arbeitsproben. Diese schickte ich ihm zu und schilderte meinen Ansatz für den nötigen Kontext. Nach ein paar netten Nachrichten, die hin und her geschickt wurden, teilte ich ihm mit, dass ich 3.850 Dollar pro Tag für eine Beratung verlangen würde, wenn er mit mir arbeiten wollte, und dass ich gern persönlich vorbeikommen könnte.

Kurz darauf erhielt ich von Bill einen zweiseitigen Brief per Fax. Beim Lesen sah es aus, als hätte mein Kompliment doch nicht zu neuen Aufträgen geführt, denn er wirkte wenig begeistert von meinem Angebot. Eine der Zeilen ging mir noch eine Weile durch den Kopf:

> *Ich habe letztes Jahr 11 Millionen Dollar Steuern gezahlt, wieso sollte ich Ihnen also 4000 Dollar am Tag zahlen, damit Sie mir sagen, wie ich mein Unternehmen führen soll? Bei mir stehen die Leute Schlange, um mir kostenlos Werbetexte zu schreiben!*

Das kam mir merkwürdig vor – wenn seine Zeit doch so kostbar war, wieso sollte er sie dann dem Schreiben eines langen und beleidigenden Briefs verbringen? Das führte zu einer Einsicht und ich antwortete ihm:

> *Wenn bei Ihnen die Leute Schlange stehen, um kostenfrei Werbetexte zu schreiben, dann sind die offensichtlich nicht sonder-*

lich gut in ihrer Selbstvermarktung. Sie gehen doch auch nicht zu McDonald's und sagen: »Geben Sie mir einen Big Mac, denn ich bin Bill Phillips und bin reich. Wenn mir Ihr Hamburger schmeckt, zahle ich dafür, wenn nicht, dann umso besser, denn die Restaurants reißen sich um mich als Gast, weil ich so ein toller Hecht bin.« Sie würden Sie rausschmeißen!

Mein Antwortfax umfasste letztlich vier Seiten. Kurz darauf erhielt ich meine Antwort zurück – mit einer handschriftlichen Antwort am Rand:

Sie sind schlagfertig! Das gefällt mir. Ich melde mich.

Einige Tage später schickte mir Bill einen Scheck mit einem Ticket für einen Flug in der ersten Klasse nach Denver, zum Hauptsitz seines Unternehmens in Golden, Colorado, und er engagierte mich offiziell als Unternehmensberater.

An unserem ersten gemeinsamen Arbeitstag schlug ich ihm eine Idee für eine multisequenzielle E-Mail vor, die auf einem bestehenden, bereits erfolgreichen Verkaufs-Newsletter basierte, eine Idee, die ihm später 6,5 Millionen Dollar einbrachte. Wir arbeiteten weiter zusammen und bei einer unserer ersten Unterhaltungen erzählte er mir von einem neuen Film, den er produziert hatte: *Body of Work*. Diese Produktion hatte ihn etwa eine Million Dollar gekostet, aber er war sich nicht sicher, wie er ihn veröffentlichen sollte.

Bill wollte *Body of Work* kostenlos zugänglich machen, aber gleichzeitig nicht damit den Wert des Filmes mindern. Ich hatte gerade einen Brief an meine eigenen Marketingkunden geschickt, und ihnen ein kostenloses Interview mit Gary Halbert auf Kassette angeboten. Dabei hatte ich dasselbe Problem wie Bill: Ich wollte meinem Publikum das Interview kostenfrei zugänglich machen, weil es so viele wertvolle Informationen enthielt, aber ich wollte auch nicht, dass sie glaubten, es sei wertlos, nur weil es kostenfrei war.

Zur Vermeidung dessen schickte ich all meinen Klienten einen Brief mit meinen Gedankengänge und dem Zusatz: Wenn Sie einen 20-Dollar-Scheck für das Kinderkrankenhaus in Phoenix zu mir ins Büro schicken, sende ich Ihnen die Kassette zu. Ich dachte mir, dass ein zugewiesener Preis dem Interview mehr Wertschätzung einbringen würde. Zudem war das Interview somit weiterhin ein Geschenk, weil das Geld für einen wohltätigen Zweck gespendet wurde. Diese Strategie funktionierte für Spenden für das Kinderkrankenhaus, also dachte ich, sie würde auch bei Bill ihren Zweck erfüllen.

Er schaltete sodann eine Anzeige in seinem Magazin *Muscle Media* (mit hunderttausenden Abonnenten), in der er verkündete, er wolle 100.000 Dollar für die Make-a-Wish Foundation aufbringen. Ohne näher ins Detail zu gehen, basierte die Idee ganz auf Gegenseitigkeit, denn er würde ein kostenloses Exemplar von *Body of Work* auf VHS als Geschenk an alle seine Abonnenten schicken. Im Gegenzug bat Bill nur darum, dass alle nach Erhalt des Films eine Spende an Make-a-Wish tätigen würden. (Damals gab es weder YouTube noch Videostreaming – selbst E-Mails für Marketingzwecke waren selten!)

Ich hatte einen entscheidenden Anteil daran, dass Bill seine Story erzählen, sich selbst positionieren und die Werbung für den Roll-out gestalten konnte. Ursprünglich bestand seine Fangemeinde nahezu nur aus Bodybuildern – ein Nischenmarkt. Aber mit der Zirkulation von *Body of Work* und dem Wachstum von Bills Unternehmen wurde er breiteren Kreisen als Fitnessexperte bekannt (und dank des Fundraisings für die Make-a-Wish Foundation als großzügige Person). Die Strategie war erfolgreich und wirkte Wunder für den Bekanntheitsgrad seines Unternehmens und die Präsentation seines Magazin gegenüber einem breiteren Mainstreampublikum.

Bills Erfolg und sein neues Standing führte zu einem Buchvertrag für *Body of Life*, inklusive einer Anzahlung über 500.000 Dollar – ein Betrag, der damals für ein Erstlingswerk außergewöhnlich war! Ich half ihm bei den Konzepten zur Selbstentwicklung im Buch und ließ mir viele Ideen einfallen, wie man die Herausforderungen der körperlichen Transformation in *Body for Life* für Marketingzwecke einsetzen konnte (woran mehr als eine Million Menschen teilnahmen).

Tausende unterschiedliche Unternehmen nutzten das von Bill und mir entwickelte Modell – selbst die Gründer von Beachbody, das zu einer milliardenschweren Marke wurde, erzählten mir vom Einfluss dieses Modells auf ihr Unternehmen. Tatsächlich stellte ich 2010, auf einem Event, den ich mit Richard Branson veranstaltete, Bill Phillips und die Gründer von Beachbody einander vor. Da erzählten sie ihm selbst vom Einfluss unserer Arbeit auf ihr Unternehmen. Bis heute sind die von Bill und mir gestreuten Samen so sehr gewachsen, dass ich nicht sicher bin, wie man deren Effekte messen könnte – finanziell, in Beziehung auf Gesundheit oder anderweitig!

Dennoch wäre all dieser Wert nicht ohne dieses erste Kompliment entstanden – und die unverblümten Faxe zwischen Bill und mir. Das Ergebnis unserer gemeinsamen Bereitschaft, zu unserer Meinung zu stehen und die Sache auszudiskutieren, war, dass wir eine wirkungsvolle Verbindung aufbauten – eine, die dazu führte, dass mehr als eine Million Menschen ihre Fitness mit Body-of-Life-Challenges verbesserten, Bill seinen Reichtum mehrte und Tausende ähnlicher Unternehmen gegründet wurden. Zusätzlich wurden Millionen Dollar für wohltätige Zwecke aufgebracht.

All das Positive, über das ich in den vorherigen Kapiteln gesprochen habe, beinhaltet ein gewisses Investment und Wertschätzung, dabei werden aber die Konflikte und Meinungsverschiedenheiten, die im Laufe der Jahre ebenfalls ein Teil dieser Bemühungen waren, seltener erwähnt. Auf lange Sicht ist es kein Widerspruch zur Wertschätzung, dass man Einschüchterungen überwindet, um stabilere Verbindungen zu Menschen aufzubauen und Auseinandersetzungen aufzuarbeiten – sogar ein wichtiger *Teil* dieser Wertschätzung.

Auch wenn Bill und ich unsere Hochs und Tiefs in unserer Beziehung hatten, halfen unsere gemeinsam erreichten Erfolge seinen Unternehmen und führten dazu, dass zahllose Menschen von mir Marketingberatung wollten. Obwohl ich nie einen Abschluss in einem gesundheitsbezogenen Fach gemacht oder Ernährungswissenschaften oder Sport an einer Universität studiert hatte, fragten mich viele verschiedene Menschen aus der Gesundheits- und Fitnessbranche an – in einem solchen Ausmaß, dass ein großer

Teil meiner Klientel im Genius Network aus Ärzten, Naturmedizinern, Chiropraktikern, Ernährungsexperten und Menschen aus dem Bereich der mentalen Gesundheit, von Psychologen bis zu Psychiatern, besteht.

Darüber hinaus führte meine Arbeit dazu, dass ich über 1000 Bücher gelesen, unzählige Events besucht und Tausende Stunden mit Gesundheits- und Fitnessaspekten verbracht habe. Und wenn ich mir den roten Faden ansehe, der für den Aufbau all dieser Beziehungen gesorgt hat, dann verbindet er einige wenige einfache Strategien: Einschüchterungen durchschauen und den Menschen Wertschätzung entgegenbringen.

Dominostein: Anderen Menschen Wertschätzung entgegenzubringen, ist eine Handlung, die kontinuierlich durchgeführt werden muss – manchmal kann das nur geschehen, wenn man Einschüchterung überwindet.

Frage an Sie: An welchen Stellen werden Sie in Ihrem Leben von Einschüchterung ausgebremst? Wie könnten Sie gegen Einschüchterungsversuche bestehen, um Beziehungen mit gegenseitiger Wertschätzung aufzubauen?

WIE (UND WARUM) MAN KEINE WERTSCHÄTZUNG ERHÄLT

Einer der häufigsten Gründe für fehlende Wertschätzung besteht darin, dass man alles, was man hat, *den falschen Leuten* kostenlos gibt. Einige Menschen versäumen es, auf effektive Weise Autorität, eine bestimmte Perspektive und Wert zu etablieren, also werden sie ausgenutzt oder als gegeben hingenommen. Manche Menschen sind einfach zu leicht zugänglich und verfügbar.

Hiervon möchte ich mich nicht unbedingt ausschließen – der einzige Grund, wieso ich darüber Bescheid weiß, besteht darin, dass ich sie aus erster Hand und auf verschiedene, schmerzhafte Arten erfahren habe, die mich desillusioniert zurückließen. Häufig nahmen mich Nehmer ins Visier oder manipulierten mich, trotz meiner besten Absichten.

Als ich mich 2021 zu einem Sabbatical entschloss, kontaktierten viele Leute, die an einen kontinuierlichen Zugang zu mir gewöhnt waren, mein Büro, schrieben mir oder meiner Assistenzkraft E-Mails oder Texte, tauchten in meinen Messages auf (obwohl sie wussten, dass ich Zeit für mich brauchte) mit »Ich vermisse dich!« oder »Kannst du mir kurz helfen?«

Einige dieser Nachrichten wusste ich durchaus zu schätzen, aber andere versuchten, mich zu Zusagen zu nötigen oder wollten nun, obwohl sie schon lange nicht mehr mit mir geredet hatten, irgendeinen Gefallen von mir, bevor ich von der Bildfläche verschwand. Bei diesen Menschen wurde mir eine unangenehme Wahrheit bewusst: Diese Leute brachten mir keine echte Wertschätzung entgegen und respektierten nicht, dass ich etwas für mich tun wollte.

Manipulation kann auch häufig dazu führen, dass man nicht wertgeschätzt wird. Ich habe schon oft nette, fürsorgliche Menschen gesehen, die auf diese Weise missbraucht wurden – und beobachtet, wie narzisstische, soziopathische Manipulatoren alles Gewünschte bekamen. Das ist schwer zu verdauen, aber es ist eine reale Dynamik im Leben. Ich habe kürzlich Dr. Ramani Durvasula interviewt, die Autorin von *Don't You Know Who I Am?*, einem Buch über den Umgang mit Narzissten. Sie können sich das Interview unter www.JoePolish.com/WIIFT ansehen.

Ich bin auch schon in die Falle getappt, nicht respektiert oder wertgeschätzt zu werden, größtenteils, weil ich mich selbst zu leicht verfügbar gemacht oder in guter Absicht die falschen Leute für meine Wertschätzung ausgesucht habe.

Ich kenne aber auch Menschen, die in meiner Gegenwart zitterten und nervös wurden, nachdem sie eine Rede von mir auf einem Event gesehen hatten. Diese Menschen haben mich auf ein Podest gestellt und glauben, ich sei als Autor etwas Besonderes, oder weil ich dafür sorgte, dass Leute mehr Geld verdienen, weil ich Prominente kenne etc. Das klingt auf den Blick vielleicht besser als fehlende Wertschätzung, aber das stimmt eigentlich nicht.

Auf einer Ebene zeigte diese Art Reaktion, dass jemand glaubt, sein Gegenüber habe eine Menge Wert, und manchmal ist das schon alles – aber auf einer anderen Ebene bedeutet es manchmal eben auch, dass Ihr Gegenüber Sie nicht für eine ebenso reale Person hält wie sich selbst. Dann benehmen sich einige Personen, die wie große Fans wirken, in Wahrheit geringschätzig und machen sich keine Gedanken über Ihre Gefühle!

Eine Vermeidung dieser Fallstricke wird umso bedeutungsvoller, je erfolgreicher Sie werden – ist letztlich aber auf jeder Stufe hilfreich. Auch wenn es wichtig ist, anderen Wertschätzung zu zeigen, ist es ebenso wichtig, die Menschen um uns herum genau unter die Lupe zu nehmen und nur denjenigen Energie und Wertschätzung zu widmen, die es verdienen. Obwohl ich es sehr positiv sehe, wenn man sich gegenseitig wertschätzt (ich tue das ständig), amüsiert es mich, wenn Menschen Wertschätzung für eine Verbindung zu anderen aus selbstsüchtigen Zwecken aufbauen. Einerseits kann es rücksichtsvoll wirken, wenn man jemandem Wertschätzung erweist, aber wenn diese Wertschätzung an einen Sales Pitch geknüpft ist oder eingesetzt wird, damit jemand einen albernen Post in den sozialen Medien liest, nenne ich diese Taktik »Kredit wegen der Zinsen geben«.

Um herauszufinden, mit wem ich mich vielleicht enger befreunden könnte, beobachte ich, wie diese Person jemanden mit weniger Macht behandelt. Wenn jemand nett zu mir ist, weil ich etwas für ihn tun kann, aber nicht nett zu meinem Team ist oder unvernünftige Erwartungen an mein Team hat, feure ich denjenigen. Ich habe auch schon Klienten gefeuert, weil sie unglaublich nett zu mir, aber unhöflich zu meinem Team waren.

Ich kenne ein Unternehmen, das Bewerber zu Vorstellungsgesprächen mit dem Flugzeug einfliegen ließ und einen Fahrer zur Abholung schickte. Derselbe Fahrer brachte den Kandidaten nach dem ganztägigen Vorstellungsgespräch auch wieder zum Flughafen. Jedoch wusste der Bewerber nicht, dass der Fahrer ein Teil des Einstellungsgremiums war. Es verrät eine Menge über den Charakter des Kandidaten, wie ein »einfacher« Chauffeur behandelt wird – und das war der Firma wichtig bei der Einstellungsentscheidung.

Diese Taktiken wirken nach meinen vielen enttäuschenden Erfahrungen immer sinnvoller.

Dominostein: Keine oder zu wenig Wertschätzung kann entweder daraus entstehen, dass man negative Energien weitergibt oder von jemandem negativ manipuliert wird.

Frage an Sie: Wenn Sie sich in manchen Bereichen Ihres Lebens nicht ausreichend wertgeschätzt fühlen, ist das dann die Folge von etwas, wofür Sie verantwortlich sind, oder wurden Sie manipuliert?

BEGEGNEN SIE SICH SELBST WERTSCHÄTZEND

Es gibt einen weiteren Lebensbereich, in dem wir nicht wertgeschätzt werden – und der ist etwas knifflig. Denn manchmal sind wir großzügig, fürsorglich, voller Leben, aber zu anderen Gelegenheiten deprimiert, wütend oder reagieren negativ statt positiv zu antworten. Wenn wir aber zu dieser negativen Version unserer selbst werden (aus welchem Grund auch immer), wird es deutlich schwerer, Wertschätzung zu zeigen oder zu erhalten.

Die Lektion ist einfach: Sie müssen sich zuerst selbst wertschätzen, wenn Sie Wertschätzung in die Welt hinaustragen wollen. Und ein Teil dieser Wertschätzung gegenüber uns selbst entsteht daraus, dass wir lernen, nicht immer der Bestätigung anderer hinterherzujagen, wenn wir bereits unser Bestes geben.

Es gibt bestimmte Personen, die uns nicht wertschätzen oder respektieren, komme, was wolle … das hat aber nichts mit unseren Handlungen zu tun. Es ist etwas anderes, wenn sich ein enger Freund zunehmend distanziert, weil Sie gedankenlos oder grausam waren. Diese Situationen sollte man, wenn möglich, ausbügeln.

Andererseits treten manchmal Menschen in Ihr Leben, weil sie Ihren Wert erkennen und sich etwas davon nehmen wollen, ohne etwas zurückzugeben. Das tun sie, weil sie glauben, Sie würden ihnen einfach immer weiter etwas geben und einfach nie nein sagen – schließlich streben Sie nach deren Anerkennung, ihrer Meinung nach. Diese Personen geben nichts zurück, glauben, sie hätten ein Anrecht auf etwas, sind respektlos und oft beleidigend.

Hier ist der Lohn Ihren Einsatz nicht wert, denn das erforderliche Ausmaß an Trickserei und strategischer Positionierung, um die Ansichten dieser Menschen über Sie zu ändern, ist es einfach nicht wert, weil sie Ihnen bereits bewiesen haben, dass es sich nicht lohnt, sie besser kennenzulernen. Ganz nach einem alten Sprichwort: »Am besten kommt man aus einem Loch heraus, wenn man nicht weitergräbt.«

Es gibt bestimmte Menschen und Situationen, denen man sich besser entzieht. Wenn Sie für ein Unternehmen mit einem tobenden Irren als Chef, der alle beleidigt, arbeiten, dann kündigen Sie. Wenn Ihr Ehepartner Sie physisch oder psychisch misshandelt, gehen Sie. Manchmal kann dieser Rat auch auf Ihre Familie zutreffen: Wieso sollten Sie sich mit dem schlechten Benehmen Ihrer Familie abfinden, wenn es absolut toxisch ist?

Ich gebe zu, manche Menschen können nicht einfach gehen – vielleicht haben sie Kinder oder finanzielle und legale Verpflichtungen, denen sie nicht so einfach entfliehen können. Das soll auch kein universeller Ratschlag für jede komplexe Situation sein. Ich will damit nur sagen, dass Sie sich umso besser um andere kümmern können, je mehr Sie sich um sich selbst kümmern – und umso weniger lassen Sie sich von anderen quälen.

Dominostein: Sie müssen sich selbst wertschätzen, damit Sie andere wertschätzen können – besonders, wenn Sie zunehmend Erfolge verzeichnen. Das bedeutet einerseits, dass Sie liebevoll mit sich umgehen, aber auch Grenzen setzen, Ihre eigene Zeit respektieren und Toxizität wenn nötig aus Ihrem Leben verbannen.

Frage an Sie: Bringen Sie anderen so viel Wertschätzung entgegen wie sich selbst? Inwiefern resultiert es in mehr Wertschätzung, wenn Sie mit Bedacht Grenzen setzen?

WIR BEEINFLUSSEN UNS IMMER GEGENSEITIG

Ich habe immer gesagt, ein großer Teil dessen, was im Leben vorgeht – sozial, psychologisch, in welcher Hinsicht auch immer –, ist für uns größtenteils unsichtbar. Das trifft auf viele Aspekte zu, aber am meisten vermutlich rund um die Wertschätzung.

In einer idealen Welt würden wir alle unser beste Seite zur Schau stellen – glücklich, zufrieden und dankbar gegenüber allen in unserem Leben. Leider funktioniert die Welt, wie ich bereits ausgeführt habe, natürlich nicht so, denn manchmal haben wir einen schlechten Tag, manchmal geraten wir in eine negative Abwärtsspirale, die unsere Energie beeinflusst.

Aber warum finden sich, selbst wenn man diese Worst-Case-Szenarien außer Acht lässt, so viele Menschen in einem mentalen Zustand der Gleichgültigkeit und Apathie wieder? Viele auf dieser Welt sind die meiste Zeit weder euphorisch noch niedergeschlagen, sondern tun einfach, was sie müssen, um über die Runden zu kommen, freuen sich auf nichts wirklich und denken nicht sehr weit in die Zukunft.

Ich sage das nicht, weil ich auf diese Menschen herabblicke, denn jeder kann in seinem Leben zu selbstgefällig werden, völlig unabhängig vom Erfolg. Man verlernt nur viel zu schnell die Wertschätzung dessen, was man hat, stumpft ab und wird zynisch, wenn es nicht wie gewünscht läuft oder das Leben sich anders entwickelt als gedacht. Ich sage nur, wir müssen diese emotionale Volatilität als Teil des Lebens akzeptieren, müssen uns aber dennoch in Dankbarkeit üben – einfach, weil wir stets einen Einfluss aufeinander haben, ob wir das wollen oder nicht.

Wenn man sich dafür entscheidet, jemanden beim Treffen respektloser als nötig zu behandeln, dann ist das tatsächlich keine Entscheidung, etwas *nicht zu tun*, sondern eine dazu, etwas anderes zu tun: gemein oder gedankenlos zu sein oder allgemein nicht den eigenen Standards entsprechend.

Das Knifflige an der Wertschätzung ist die Tatsache, dass wir alle in unserem Umfeld eine eigene mentale Liste Menschen haben, deren Wertschätzung wir priorisieren und von denen wir uns Wertschätzung erhoffen – bei uns allen fällt diese Liste anders aus. Oft halten Menschen diese mentalen Listen geheim – aber wenn Sie ihr Verhalten gegenüber Ihnen oder anderen beobachten, können Sie meist herausfinden, wessen Meinung ihnen wirklich wichtig ist. Dieses Wissen ist sehr wirkungsvoll, denn man kann es recht einfach für die Manipulation für die eigenen Zwecke nutzen, es kann aber auch ein effektiver Katalysator dafür sein, die Welt zu einem besseren Ort zu machen.

Wenn Sie jemanden sehen, der mehr Wertschätzung braucht und diese gerne von jemandem erhalten würde, der sie ihm verwehrt, dann geben *Sie* ihm einfach diese Wertschätzung! Zeigen Sie der Person, dass sie einen Wert hat, Sie werden förmlich zusehen können, wie sie aufblüht und ihr Potenzial verwirklicht – und werden Sie dann Zeuge, wie diese Person sich bei Ihnen und anderen revanchiert. Wie Sie reden, der Ton Ihrer Stimme und Ihre Gestik sowie Kleinigkeiten, die manchen vielleicht nicht mal auffallen – diese Dinge haben immer einen allumfassenden Einfluss.

Das soll nicht heißen, dass Sie die Gedanken jeder Person lesen und immer genau wissen können sollten, wie Sie anderen Wertschätzung entgegenbringen sollten. Ich meine nur, dass Sie an der Stelle, wo sich die Bedürfnisse anderer und Ihr eigenes Bewusstsein dieser Bedürfnisse überschneiden, anderen authentische Wertschätzung entgegenbringen *können.* Das kann manchmal ein Lächeln, ein offenes Ohr, der Verkauf eines Produkts oder eine ihnen vorgestellte Person sein.

Bei Wertschätzung geht es nicht darum, was Sie wollen, sondern darum, was die anderen wollen, und um Ihre Fähigkeit, ihnen einen Zugang dazu zu ermöglichen. Es geht darum, in welchem Ausmaß andere Menschen hilfreich und wertvoll sein können und welchen Raum Sie schaffen können, damit sie dieses Potenzial verwirklichen.

Dominostein: Wertschätzung wird zu Unrecht als naiv oder zu sanftmütig gesehen, denn in Wahrheit ist sie eine ernste Sache – und sie kann das Leben in einer Sekunde verändern.

Frage an Sie: Wo könnten Sie, wenn Sie in nur einer Beziehung oder in einem Lebensbereich mehr Wertschätzung zeigen könnten, damit die größte Wirkung erzielen?

Die Dominosteine:

- Wertschätzung macht sich vielfach bezahlt – sowohl in persönlichen Beziehungen als auch im Business.
- Wahre Wertschätzung bedeutet, innerlich dankbar zu sein und das anderen gegenüber auszudrücken. Im buchstäblichen Sinn werden Sie mithilfe dieser Wertschätzung andere »aufwerten«.
- Anderen Menschen Wertschätzung entgegenzubringen, ist eine Handlung und diese muss kontinuierlich durchgeführt werden.
- Sie müssen sich selbst wertschätzen, um andere wertzuschätzen – besonders, wenn Sie zunehmend Erfolge verzeichnen. Das bedeutet einerseits ein liebevoller Umgang mit sich selbst, andererseits aber auch das Setzen von Grenzen, der Respekt gegenüber Ihrer eigenen Zeit und, wenn nötig, eine Verbannung der Toxizität aus Ihrem Leben.
- Wertschätzung wird zu Unrecht als naiv oder zu sanftmütig gesehen, denn in Wahrheit ist sie eine ernste Sache – und sie kann das Leben in einer Sekunde verändern.

Übungen und Handlungsschritte

1. Schreiben Sie eine Wertschätzungsliste

Wertschätzung ist als Konzept einfach zu verstehen, aber manchmal fällt es schwer, sie in einem bestimmten Moment zu praktizieren. Zum Glück gibt es dafür einige Übungen. Im Folgenden eine davon, die ich schon mit über 1000 hochrangigen Unternehmern und Millionären durchgeführt habe. Auch wenn der Prozess an sich etwas länger ist, können Sie die kürzere Version relativ einfach durchführen.

1. **Schreiben Sie die Namen der wichtigsten Menschen in Ihrem Leben auf, inklusive dessen, wer sie sind und welchen Wert sie für Sie haben.**
2. **Schreiben Sie hinterher auf, wie oft Sie diese Menschen treffen oder wie oft Sie ihnen sagen, wie viel sie Ihnen bedeuten.**

Diese Übung ist kurz und einfach, aber sehr erhellend. Was glauben Sie, ist die gebräuchlichste Reaktion darauf? Sie haben es erraten: Dass wir nicht genug unserer wertvollen Zeit für die uns wichtigsten Menschen aufbringen – und in vielen Fällen sagen oder *zeigen* wir ihnen nicht einmal, dass sie uns so viel bedeuten.

2. Briefe der Wertschätzung

Nachdem Sie die wichtigsten Personen in Ihrem Leben identifiziert haben, könnten Sie als nächsten Schritt etwas tun, das ich selbst gerne tue: **einen aufrichtigen Brief an sie schreiben.**

Das ist nicht das Gleiche wie eine kurze Postkarte oder eine Textnachricht – beide gut geeignet, um die Verbindung aufrechtzuerhalten, Spaß zu haben und Rapport aufzubauen, aber die Idee hinter dieser Übung geht etwas tiefer.

Ein handgeschriebener Brief sagt viel aus, denn man muss bewusst viel Zeit und Aufwand investieren. Darin erklären Sie dem Empfänger, was Sie für ihn empfinden, wieso Sie ihn wertschätzen und welche Wirkung er auf Ihr Leben hatte – noch besser ist, wenn Sie in Ihrem Brief ein Problem ansprechen können, mit dem diese Person gerade zu kämpfen hat.

Sie können diese Übung mit verschiedenen Personen in allen wichtigen Bereichen Ihres Lebens durchführen. Und wenn Sie jeden Tag zehn wohlüberlegte und absichtsvolle Briefe, E-Mails, Postkarten, Sprachnachrichten, Textbotschaften oder Videos verschicken – und das ein Jahr lang an fünf Tagen der Woche –, werden Ihr Netzwerk und Ihr positives Karma gewaltig davon profitieren.

8. KAPITEL

BIETEN SIE UMGEHEND EINEN WERT

Vor etwa zehn Jahren wandte ich mich für eines der Treffen der 25.000-Dollar-Gruppe des Genius Networks an Paul Zane Pilzer, einen der weltweit anerkanntesten Ökonomen und ehemaligen Berater der Reagan-Administration, und fragte ihn, ob er einen Vortrag halten wolle. Ich telefonierte für ein mögliches Treffen eine halbe Stunde lang mit Paul, um ihm den gesamten Ablauf zu schildern: Wir würden die Videokameras ausschalten und hinterher eine improvisierte Frage-und-Antwort-Session abhalten, in der wir über zehn ökonomische, dem Publikum unbekannte Fakten reden wollten.

Wir planten all das erst für ein paar Wochen später, aber die Energie, die sich während dieses Telefonats und in diesem Moment zeigte, wollte nicht ungenutzt bleiben. Paul war und ist immer noch ein sehr gefragter Mann. So war er bereits auf dem Cover hunderter Magazine, im *Wall Street Journal* und allen möglichen anderen Zeitschriften. Wenn man sich nicht für Wirtschaft interessiert, kennt man ihn nicht unbedingt als Experten, aber man kann wohl sagen, dass er eine wichtige Person mit wirklich wenig Zeit war. Daher konnte selbst angesichts unseres Plans in einigen Wochen noch viel passieren. Ich wollte diese Gelegenheit nicht ungenutzt lassen.

»Lassen Sie uns doch ein kurzes Interview als Teaser für Ihren Vortrag durchführen«, schlug ich vor. »Wir könnten es an diejenigen schicken, die zum Meeting kommen, oder jene, die sich noch sicher sind, ob sie kommen, damit sie wissen, was sie erwartet.«

Ohne Zögern stimmte Paul dieser seiner Meinung nach guten Idee zu – also rief ich sofort Dean Jackson an, der mir bei der Aufzeichnung helfen sollte. Innerhalb von Minuten hatten wir das nötige Set-up, sodass Paul und ich das Gespräch beginnen konnten. Der Teaser wurde so gut, wie ich erwartet hatte.

Ein Großteil der Prinzipien in diesem Buch hat mit Ihrer Einstellung zu tun und wie Sie sich in verschiedenen Situationen geben. Auch wenn das schon für sich genommen wertvoll ist, ist all diese Vorbereitung wertlos ohne richtige Umsetzung. Man kann auf vielen Wegen Wert generieren, aber Sie müssen ihn auch tatsächlich *liefern*, damit es sich gelohnt hat. Und genau darum geht es bei diesem Prinzip: Wenn Sie wirklich effizient sein wollen, müssen Sie Wert liefern – nicht in der Zukunft oder auf abstrakte Weise, sondern, wann immer möglich, *umgehend*.

WERT UND DIE MACHT DER DRINGLICHKEIT

Einer der wichtigsten Faktoren rund um Wert ist, wie »real« er ist. Es ist unwichtig, wie viele einflussreiche oder nützliche Menschen Sie kennen, wenn Sie nicht tatsächlich etwas mit ihnen *unternehmen*. Denn in diesen Fällen bieten Sie niemandem eine Hilfe an, und es bietet auch Ihnen niemand Hilfe an.

Das lässt sich vielleicht leichter mit einem Beispiel außerhalb des geschäftlichen Kontextes erklären: Können Sie sich an eine Situation erinnern, als Sie unterwegs waren und zufällig einen lange nicht gesehenen Bekannten oder Freund trafen? Was passiert dann? Eine der zwei Personen wird unweigerlich gesagt haben: »So schön, dich zu sehen«, die andere wird geantwortet haben:

»Wir sollten uns mal zum Essen treffen/bald mal wieder zusammenarbeiten« oder etwas ähnlich Vages und Unbestimmtes. Wie häufig aber wird etwas aus diesen Plänen? Wichtiger noch: Wie häufig *will* man das überhaupt?

In den seltenen Fällen, in denen man sich tatsächlich wieder treffen und eine Verbindung aufleben lassen will, ist meine Frage einfach: wieso nicht sofort? Wenn es doch so wichtig ist, wieso können wir nicht gleich einen Kaffee trinken gehen? Wieso können wir unsere künftige Zusammenarbeit nicht sofort planen? Das ist im sozialen Kontext bereits nervig, aber in einem beruflichen Setting sogar noch schlimmer.

Wenn man bei einer Konferenz netzwerkt, kommt man häufig mit jemandem ins Gespräch oder man hört Sätze wie »Oh, Person XYZ könnte wirklich davon profitieren, dich kennenzulernen« oder »Die sollten mal einen Deal zusammen machen«. Wieder werden dann aber nur E-Mail-Adressen oder Telefonnummern ausgetauscht und eine Kontaktaufnahme versprochen – was dann nie passiert.

Wenn ich mich also in einer solchen Situation wiederfinde und jemand ein Problem, ein Bedürfnis oder eine Gelegenheit erwähnt, gehe ich mental kurz mein Adressbuch durch und überlege, wen ich kenne. Statt dann also einen späteren E-Mail-Kontakt zwischen den beiden zu versprechen, schreibe ich entweder sofort eine Nachricht an diese Person, schicke eine Audio- oder Videonachricht oder rufe sogar an. Mir ist schon bewusst, dass es Situationen gibt, bei denen man noch etwas nachdenken muss, nicht so spontan vorgehen kann (oder sollte), aber wenn Sie die Chance haben, unmittelbar »das Boot schneller fahren zu lassen«, sollten Sie das auch tun.

Das schließt ein Follow-up per E-Mail später nicht aus, darum geht es mir hier aber auch nicht. Sondern darum, dass Sie es sofort tun, wenn Sie schon mal da sind! Setzen Sie etwas in Bewegung! Tappen Sie nicht in die Falle »Paralyse Überanalyse«, weil Sie entweder keine Entscheidung treffen oder etwas unvollendet lassen, das Sie zu Ende bringen sollten. Auf diese Weise verschwenden Sie nicht nur Ihre Zeit und die der anderen, sondern werden viel eher aus bestimmten Gelegenheiten direkt bei Ihrem Auftritt den größten Nutzen ziehen.

Das erinnert mich an die »Zwei-Minuten-Regel« David Allens, einer meiner Freunde und ein Produktivitätsberater, die ich vor 20 Jahren von ihm gelernt habe. Wir verbrachten einen Tag gemeinsam, an dem ich ihn bei seinem Marketing beriet und er mir seine recht simple GTD-Methode (Getting Things Done) beibrachte: Wenn etwas gemacht werden muss, das nur zwei Minuten dauert, dann tun Sie es einfach!

Ja, bestimmte Sachen müssen erst reifen. Viele Erledigungen oder Entscheidungen brauchen länger als zwei Minuten. Manche Ideen müssen erst in unserem Kopf reifen, bis wir anderen davon erzählen können. Aber aus reiner Höflichkeit heraus zu sagen, »treffen wir uns mal zum Essen«, es aber nicht ernst zu meinen, ist eine schlechte Angewohnheit im sozialen Umfeld und sollte vermieden werden.

Wenn Sie sich nun fragen, wie Sie denn umgehend einen Wert für Menschen schaffen können, dann hören Sie auf Robert Colliers Rat: »Werden Sie ein Teil der Unterhaltung, die bereits im Kopf eines potenziellen Kunden stattfindet.« Das ist eine scharfsichtige Erkenntnis – sowohl für zwischenmenschliche Beziehungen als auch im Marketing.

Wenn Sie sich genauer mit Marketing auseinandersetzen, dann werden Sie auch eher zum Experten des menschlichen Verhaltens. Sobald Sie sich dafür interessieren, was jemand will, erfahren Sie auch etwas über die Interessen dieser Person und wer sie ist. Zum Teil basiert das auf der Idee, nützlich, dankbar und wertvoll zu sein. Sie können aber zahllose Beziehungen haben und Gelegenheiten in Ihrem Leben bekommen, wenn Sie aber die nötigen Schritte nicht unternehmen und Handlungen folgen lassen, wird Ihnen das nicht helfen.

Der erste Schritt in jeder Situation besteht aus der Frage an sich selbst: *Was will oder braucht diese Person?* Danach besteht die Lösung buchstäblich in der daraus folgenden Aktion.

Dominostein: Wert hängt von Dringlichkeit ab. Wenn Sie viele Personen von hohem Status oder Einfluss kennen, aber sich niemand gegenseitig hilft, entsteht daraus kein Wert.

Frage an Sie: Wie oft treten Sie in persönlichen und geschäftlichen Beziehungen in Aktion, um potenziellen Wert in einen tatsächlichen zu verwandeln? Welche Strategien könnten Sie umsetzen, um das häufiger zu tun?

DIE DEKONSTRUKTION SOZIALER MEDIEN FÜR MEHR WERT

Seit der Erfindung von Marketing, Netzwerken und Unternehmen versagen viele darin, Pläne umzusetzen, sich zu treffen oder Menschen miteinander zu vernetzen, wie sie es sich vorgenommen hatten (heute gehört noch dazu, die Verabredung zum Kaffee oder den verabredeten Zoom-Call sausen zu lassen). Das ist offensichtlich. Weniger offensichtlich ist jedoch, wie groß der Einfluss der sozialen Medien hierbei war.

Vor dem Internet und seinen vielen Möglichkeiten hingen Verkauf und Marketing größtenteils davon ab, möglichst viel über die potenziellen Kunden zu wissen. Dafür haben Marketingexperten der alten Schule eine Menge Zeit mit der Entwicklung von Systemen verbracht, mit denen man an diese wichtigen Informationen kommt.

Der Goldstandard dessen dürfte von meinem Freund Harvey Mackay stammen. Er ist der Autor von *Swim with the Sharks without Being Eaten Alive* und sechs weiteren Büchern, die es auf die *New York Times*-Bestsellerliste schafften. Das Buch *Swim with the Sharks* enthielt ein bahnbrechendes System namens Mackay 66 – zum Veröffentlichungszeitpunkt eine marketingtechnische Revolution.

Kurz gesagt ist Mackay 66 ein Fragebogen für Kunden mit 66 verschiedenen Fragen, die Verkäufern mehr über die potenziellen Kunden verraten. Darin sind Fragen zu allgemeinen demografischen Informationen, aber auch den Bildungshintergrund, ihre Gedanken dazu, die Religionszugehörigkeit und die allgemeine Ethik der Befragten enthalten (sowie ihre Gedanken *dazu*). Diese Antworten lieferten Verkäufern sehr umfassende Informationen über einen Kunden, die über einfache Zahlen hinausgingen, denn es erstellte ein komplettes psychologisches Profil, das Verkäufer für den Kontakt zu ihren potenziellen Kunden nutzen könnten. Das gab dem Verkaufsprozess ein menschliches Antlitz.

Auch wenn viele Marketingexperten auf Harveys System aufbauten und ihre eigenen Versionen erstellten (oder das System einfach nur stahlen, ohne ihn als Quelle zu nennen), wird nicht oft davon gesprochen, wie sehr uns die Algorithmen der sozialen Medien diese Arbeit abgenommen haben: Heute sammeln die größten Plattformen der sozialen Medien jede Sekunde eines jeden Tages (Meta-)Daten über uns – manchmal haben wir das Gefühl, dass die Algorithmen uns besser kennen als wir uns selbst! Auch wenn man als Marketingfachmann diese Plattformen nutzen kann, sind sie oft schädlich, wenn es darum geht, jemanden wirklich zu *sehen* oder einen persönlichen Kontakt herzustellen. (Und bezüglich von Verletzungen der Privatsphäre, der Manipulation der Nachrichten und der Ereignisse der Welt können soziale Medien regelrecht gefährlich sein.)

Die sozialen Medien machen alles übermäßig einfach, denn wir gehen einfach online und sehen uns die Profile anderer an, um alles über sie in einem Augenblick an einem Ort versammelt zu erfahren – aber ein Nebeneffekt dessen ist, dass wir glauben, wir hätten die Arbeit geleistet und sie tatsächlich kennengelernt, dabei haben wir nur eine Website gesehen und die Personen dahinter dann in eine Schublade gesteckt!

Die Nachteile sind offensichtlich: Wir werden weniger neugierig, leben zunehmend in unseren eigenen Gedanken und treffen Vorannahmen über Menschen statt im echten Leben eine Verbindung aufzubauen. Somit können wir ihnen auch keinen Wert mehr sofort liefern.

An dieser Stelle kann ein altmodisches Tool wie Mackay 66 wirkungsvoller sein als KI, Maschinenlernen oder Algorithmen. Diese Fortschritte in der Datenverarbeitung erwecken den Eindruck, jeder könnte alles wissen, sie bieten aber mit dem Content keinen Kontext. Manchmal kann eine altmodisch durchgeführte Übung wie Mackay 66 dazu beitragen, dass man diese Informationen besser als eine automatische Verarbeitung verinnerlicht.

Lustigerweise können Sie sich das Profil von jemandem anschauen, bevor Sie ihn treffen … und diesen Fragebogen dann auf das Profil anwenden. Was können Sie, basierend auf den Informationen vom Algorithmus (und dem, was die Person zeigen will), über eine Person dann sicher wissen? Wenn diese Person stets Bilder von schicken Gegenständen postet oder die Eifersucht anderer triggern will, oder einfach nur Bilder von sich selbst postet – was sagt das alles über diese Person aus? Und was sagt es über jemanden aus, wenn er online ständig einen Streit mit anderen anfängt?

Diese Übung verrät einem nicht alles, aber man kann damit wieder die eigene Neugier wecken, sodass man dann zu simple Gedankengänge und Stereotypen vermeidet. Mit einem sorgfältigeren Ansatz bei Hintergrundrecherchen haben Sie nun eine Liste mit authentischen Fragen, die Sie im wahren Leben stellen können, was Ihre Neugier aufs Neue erweckt. Neugier macht uns, einfach ausgedrückt, anderen gegenüber offener, und das lässt uns wiederum besser sehen, was sie wollen und brauchen. Zu guter Letzt können wir anderen einfacher einen *Wert liefern*, wenn wir wissen, was sie wollen und brauchen.

Beim Marketing führt es am schnellsten zum Verkauf, wenn man die gegenwärtigen Wünsche einer Person kennt, wenn man es dann mit einem geschickten Beziehungsaufbau für ein verführerisches und unwiderstehliches Angebot kombiniert. Eine Verbindung zu anderen funktioniert dann im Grunde ebenso, wenn man ihnen nichts verkaufen will.

Will man einen Wert liefern, sollte man das schnellstmöglich tun. Wenn man Sie als jemanden kennt, der schnell und durchdacht die Initiative ergreift, wird man Sie als wertvoll erachten – und dieser Wert wird sich nur noch mehr steigern, je mehr Sie anderen helfen. Im Grunde ist *das* das Genius Network in Aktion: die umgehende Lieferung eines Werts.

Dominostein: Man muss etwas über andere wissen, um einen Wert zu liefern. Die sozialen Medien haben diesen Prozess automatisiert, auch wenn diese vorher nie dagewesenen Möglichkeiten zum Verbindungsaufbau dazu führen können, dass wir den direkten Kontakt verlieren. Um das zu ändern, müssen wir diese Fähigkeiten neu erlernen und unsere Neugier auf andere Menschen wiedererwecken.

Frage an Sie: Welche Informationen über andere entnehmen Sie den sozialen Medien und sehen sie als selbstverständlich an? Wie könnten Sie diese Informationen besser verinnerlichen oder dieses Wissen zielgerichteter nutzen?

SCHNELLE UMSETZUNG UND DIE FÜNF-SEKUNDEN-REGEL

Wenn im Gespräch über eine Geschäftsidee der folgende Satz fällt: »Unterhalten wir uns morgen weiter«, dann stehen die Chancen für einen Deal besser als beim Satz: »Unterhalten wir uns in zwei Wochen weiter.«

Geschäftliche und soziale Situationen lassen einen einfach in die Falle »Paralyse durch Analyse« tappen. Wir fragen uns, wer kennt wen, was sollten wir sagen, wie zielstrebig sollten wir sein und so weiter – obwohl wir eigentlich viel mehr Spielraum für kleinere Fehler haben und dennoch voranzukommen, als uns bewusst ist.

Sollten Sie bei einem kurzfristigen Follow-up nicht exakt das Richtige sagen oder jemand ablehnen, ist das nicht das Ende der Welt. Es wird nichts Schlimmes passieren. Sie bekommen vielleicht nicht das Gewünschte, aber dafür Informationen, die Ihnen in der Zukunft Zeit sparen können.

Wichtig ist dabei: Selbst wenn viele Entrepreneure und erfolgreiche Menschen zum Perfektionismus neigen, wäre es meistens besser, lieber pünktlich und profiliert zu sein. In anderen Worten:

Bemühen Sie sich nach Kräften, das Leben nicht so todernst zu nehmen, denn die meisten Situationen erfordern das nicht.

In einigen Fällen ist es offensichtlich besser, gründlich über eine Aktion nachzudenken, bevor man sie durchführt. Sind Sie zum Beispiel Kampfpilot oder Chirurg, dann bedeutet Präzision den Unterschied zwischen Leben oder Tod. Aber in Situationen wie sozialen Events und Geschäftskonferenzen für ein Kennenlernen geht es selten um Leben oder Tod. Es dürfte keine üblen Konsequenzen haben, wenn Sie in Aktion treten, also sollten Sie besser Ihre *Umsetzungsgeschwindigkeit* erhöhen. Das ist ein Begriff Eben Pagans, wenn er von schnellen Aktionen mit einem Gefühl der Dringlichkeit spricht – im Grunde: den Hintern hochbekommen und handeln, bevor man es sich selbst ausredet.

Das mag sich zwar anhören, als sei es einfacher gesagt als getan, aber es gilt besonders für Menschen, die ängstlich sind oder sich leicht ablenken lassen, denn es gibt Übungen, mit denen Sie sich aus Ihrem Gedankenkarussell lösen können. Eine davon nutze ich häufig und sie stammt vom Autor Mel Robbins: die sogenannte Fünf-Sekunden-Regel (mit einer Onlinesuche finden Sie alles darüber). Dahinter steht die Idee, dass Ihr Gehirn eine Idee sofort beerdigt, wenn Sie auf etwas hinarbeiten wollen, aber nicht innerhalb von fünf Sekunden handeln.

Das klingt vielleicht nach einer Menge Druck, aber zum Glück können Sie dieses Wissen zu Ihrem Vorteil nutzen. Denn immer, wenn Sie etwas Bestimmtes tun wollen, so lautete seine Regel, dann zählen Sie von fünf rückwärts. Bei »eins« angekommen, müssen Sie handeln. So schalten Sie ganz einfach Ihre Umsetzungsgeschwindigkeit einen Gang hoch. Das wird Ihre Erfolgschancen steigern, denn Sie werden häufiger in Aktion treten, statt das Gefühl zu haben »festzustecken«.

Für mich bedeutet Mels Ratschlag, dass man, wenn man im Leben oder bei der Entwicklung von Beziehungen nicht vorankommt, vielleicht zu häufig die »Schlummertaste« gedrückt hat. Dass man sich vielleicht von Zweifel und Angst hat überwältigen lassen.

Statt also nur auf den richtigen Moment zu warten, machen Sie sich klar, dass es meist keinen richtigen Moment *gibt* – oder einfacher gesagt: *Jetzt* ist meist der richtige Moment. Wenn jemand ertrinkt, werfen Sie ihm *jetzt* eine

Schwimmweste zu, Sie gehen nicht wieder weg, um nach einer in der »richtigen« Farbe zu suchen.

Dominostein: Indem man rasch einen Wert liefert, wird man unauthentische Verbindungen und Interaktionen los – und man kann dieses Wissen nutzen, um nicht »mal zusammen essen zu gehen«, obwohl es niemand wirklich braucht oder will. Nutzen Sie die Fünf-Sekunden-Regel und treten Sie unbedingt schnell in Aktion.

Frage an Sie: Wie viel Zeit könnten Sie mithilfe der Fünf-Sekunden-Regel in Wichtigeres investieren?

VERMEIDEN SIE WUNSCHDENKEN

Ich habe bereits erwähnt, dass niemand auf dieser Erde alle Muster und Situationen immer richtig deuten kann. Wir sind keine Roboter, sondern haben jede Menge kognitive Verzerrungen, die wir umschiffen müssen. Aber auch, wenn Sie Ihren eigenen Standpunkt reframen können und sich die Meinungen anderer anhören, um schneller und besser einen Wert zu liefern, gibt es immer noch andere mögliche mentale Fallen. Eine der schlimmsten, die mir einfällt, ist die »Wunschdenken-Falle«.

Beim Wunschdenken tun Sie einfach so, als würde es nicht stimmen, was ich eben über die Deutung von Mustern und Situationen gesagt habe. Stattdessen sehen Sie es als Tatsache an, dass Ihr Standpunkt und Ihre Interpretation der Welt fundiert und nicht zu hinterfragen seien – ob positiv oder negativ.

Nehmen wir ein Beispiel, wie das von einem negativen Standpunkt aussieht: Stellen wir uns vor, Sie haben einen negativen Glaubenssatz über sich selbst, den Sie nicht ablegen können. Aufgrund von Lebenserfahrungen in der frühen Kindheit glauben Sie, ungeliebt oder uncool zu sein, und dass niemand hören will, was Sie zu sagen haben. Weil Sie Ihren eigenen Glaubenssatz als Wahrheit begreifen, beeinflusst er Ihr Verhalten in sozialen Situationen. Denn Sie interagieren mit anderen Menschen und verstehen, soweit wie möglich, was diese Menschen wollen. Nur stoppen Sie sich selbst immer dann, wenn Sie darüber nachdenken, einen Wert beizutragen oder eine Verbindung herzustellen: *Ich bin es nicht wert, geliebt zu werden, niemand will hören, was ich zu sagen habe*, meint Ihr Gehirn.

Dem könnte man noch hinzufügen, dass Sie sich vielleicht Situationen ausmalen, die sich Ihnen in der Zukunft präsentieren *könnten*, um den Schmerz zu vermeiden, der mit Ihren fehlerhaften Glaubenssätzen einhergeht. Sie denken sich: *Vielleicht wird eines Tages jemand meinen tatsächlichen Wert erkennen*, oder *Wenn ich auf die richtige Person treffe, werde ich vielleicht tatsächlich als der Mensch, der ich wirklich bin, gesehen und wertgeschätzt*.

Aus diesem Muster resultiert dann, dass Sie in Ihrem Kopf feststecken und das Leben von der Seitenlinie aus betrachten. Sie haben sich selbst eine perfekte Falle gestellt: eine, die nicht einmal Sie selbst sehen können. Jedoch verkompliziert eins die Sache noch weiter: Es muss sich nicht um einen negativen Glaubenssatz handeln, es kann auch ein positiver sein!

Stellen wir uns stattdessen vor, Sie seien ein Künstler, Schauspieler oder Musiker mit wirkungsvollem inneren Glaubenssatz, bei dem Sie die/der Beste in Ihrem Metier sind. Oft kann dieser positive Glaubenssatz auf andere Bereiche ausstrahlen und Ihre Wahrnehmung der Realität verzerren. Dann reden Sie bei einem sozialen Event vielleicht nur über sich selbst, weil Sie davon ausgehen, Sie seien die interessanteste Person im Raum. *Wieso sollten all diese Menschen nichts über mich erfahren wollen?*, fragen Sie sich vielleicht. *Ich werde eines Tages der berühmteste Schauspieler der Welt und die können eine tolle Geschichte rund um unser Treffen erzählen!* In dieser Situation könnte die von Ihnen gewählte Persönlichkeit vielleicht auf andere abstoßend wirken, sodass Sie nie Ihren großen Durchbruch schaffen – aber Ihr Selbstbewusstsein treibt Sie an. *Ich werde entdeckt werden*, glauben Sie. *Es kann nicht anders sein – ich bin zu talentiert, um ignoriert zu werden!*

In beiden Fällen bedeutet Wunschdenken, dass man im Grunde sagt: »Ich muss mich nicht verändern. Ich verdiene, zu bekommen, was ich will, also wird mir irgendwann etwas Gutes zustoßen.« Amüsanterweise würden viele Ersteres als Depression, Letzteres als Narzissmus betiteln, aber ist dieser Gedanken nicht unabhängig von seinem Kontext narzisstisch?

Wichtig hierbei ist eins: Sie müssen sich darauf konzentrieren, umgehend einen *Wert* zu liefern. Wenn Sie bereits anderen mitteilen, was Sie denken, dann aber immer noch keine positiven Verbindungen entstehen oder Sie nicht weiterkommen, dann machen Sie vielleicht etwas »umgehend«, aber es ist vermutlich nicht wertvoll für die Menschen in Ihrem Umfeld.

Wenn Sie hingegen mit Ihren Ideen hinter dem Berg halten und nur zögerliche Verbindungen erstellen, haben Sie vielleicht eine Menge Wert zu bieten, aber handeln nicht »umgehend«. Beide Aspekte dieser Falle sollten vermieden werden!

Dominostein: Vermeiden Sie Wunschdenken darüber, »entdeckt« zu werden, oder dass sich eines Tages auf magische Weise alles für Sie ändern wird. Vermarkten Sie sich selbst und Ihren Wert stattdessen effektiv an andere.

Frage an Sie: In welchen Bereichen Ihres Lebens zögern Sie bei der Selbstvermarktung? Wieso? Haben diese Gründe mit einem insgeheimen Wunschdenken zu tun?

AUCH GUTE PRODUKTE MÜSSEN VERMARKTET WERDEN

Viele kennen vermutlich den alten Spruch: »Wenn ein Produkt gut genug ist, braucht es kein Marketing!« Das mag sich griffig anhören, aber stimmt dennoch nicht – weder im Business noch im Leben.

Das typischste Beispiel eines Produkts, das so »gut« (mit anderen Worten, begehrenswert für die Kunden) ist, dass es keine Vermarktung braucht, sind illegale Drogen. Selbst in diesem Beispiel stimmt es aber nicht, denn wenn Sie sich die Geschichte des Drogenmissbrauchs anschauen, gibt es für alle möglichen Drogen eine »Blase«. Früher war Opium beliebt, dann Kokain. Vor 80 Jahren wurde Marihuana äußerst kritisch angesehen, heute ist es an vielen Orten legal und praktisch Mainstream.

Wenn doch all diese verschiedenen Drogen »gute« Produkte sind, wieso sind sie dann nicht immer gleichermaßen beliebt? Das liegt an den Veränderungen der Kultur, der Gesetze, des Verständnisses der Gesellschaft, der Konsumenten, der Traumata der Menschen und der Gesellschaft zu einer bestimmten Zeit. Mit anderen Worten: *Das Marketing dieser Substanzen hat sich verändert*.

Diese Spruch wird jedoch gern auch in anderen Zusammenhängen zitiert wie beim Schreiben oder Malen – aber häufig schreiben wir einfach die Geschichte neu, wenn wir das tun, und bilden uns ein, dass verschiedene Schriftsteller oder Maler allein aufgrund ihres Talents an die Spitze gekommen seien (obwohl viele von ihnen erst nach ihrem Tod berühmt oder ihre Gemälde verkauft wurden).

Natürlich war Jackson Pollock talentiert, aber er hat auch *sehr viel* gemalt und war eng befreundet mit dem Kunstkritiker Clement Greenberg, der ihm ins Rampenlicht geholfen hat. Natürlich war Ernest Hemingway ein großartiger Schriftsteller, aber er hat auch einen sehr charakteristischen Schreib- und Lebensstil entwickelt und war mit dutzenden anderen berühmten Schriftstellern befreundet – wie Gertrude Stein, F. Scott Fitzgerald, James Joyce.

In *jedem* Fall erfordern derartige herausragende Erfolge eine Unmenge harter Arbeit, Marketing und Branding. Man könnte behaupten, dass naturgegebenes Talent bei Profisportlern wenig Marketing benötige, denn hier ginge es schließlich um Übung und Fertigkeiten – aber andererseits spielen Marketing und Branding eine große Rolle an der Spitze, wenn man mehr Gelegenheiten für Wettkämpfe erhalten oder mit besseren Trainern trainieren will und so weiter. Mit anderen Worten: Marketing ist unvermeidlich.

Es sollte sich auf jeden Fall niemand entmutigt fühlen, weil er noch nichts über Marketing weiß oder sich dabei nicht für talentiert hält. Vielmehr sollten die negativen Gedanken eliminiert werden, nach denen uns Gutes einfach in den Schoß fallen würde, ganz ohne Anstrengung oder jemandes Einfluss. Denn das passiert nicht.

Andererseits kann eine Akzeptanz der Realität befreiend wirken – dass man Verbindungen zu anderen herstellen, seine beste Seite zeigen und über die Meinung anderer nachdenken *sollte* (zumindest in gewissem Umfang). Das gibt einem das Handwerkszeug, sich selbst nicht mehr im Weg zu stehen und die eigene Weltsicht zu hinterfragen, denn dann ist man nicht mehr so unnachgiebig, sondern wird neugieriger, also automatisch auch unterhaltsamer und interessanter.

Wenn das passiert, werden Sie sich häufiger in Situationen wiederfinden, in denen Sie sich und andere voranbringen können. Sobald Sie dann in diesen Situationen stecken, können Sie schnell handeln: Sie können umgehend einen Wert liefern, indem Sie möglichst schnell die Lücke schließen zwischen Wahrnehmung und Rezeption. Denken Sie daran, dass der erste Eindruck anderer nicht jenseits Ihrer Kontrolle liegt. Sie haben die Kontrolle darüber, indem Sie vernetzt, freundlich, hilfreich und rücksichtsvoll sind.

Noch wichtiger: Sie haben *auch* die Macht, die Welt um sich zum Besseren zu beeinflussen – daran müssen einfach nur glauben.

Dominostein: Die Vorstellung, dass »gute Produkte kein gutes Marketing brauchen«, klingt vielleicht griffig, aber stimmt nicht. Selbst gute Produkte brauchen gutes Marketing – also akzeptieren Sie die Realität, dass Sie sich anstrengen müssen, um in Ihrem Privatleben und bei der Arbeit Verbindungen zu anderen herzustellen.

Frage an Sie: Von welcher Person, welchem Produkt oder welcher Dienstleistung, die ihr Leben verändert haben, hätten Sie ohne gutes Marketing niemals gehört?

WENN UMGEHEND GELIEFERTER WERT IN DIE IRRE FÜHRT

Es gibt verschiedene Gründe, umgehend einen Wert zu bieten:

- Es zeigt anderen Ihren Wert und Sie können leichter ihr Vertrauen gewinnen.
- Es fungiert als »Filter« im geschäftlichen Bereich und beim Netzwerken, um unauthentisches, aufgesetztes Verhalten zu eliminieren und einen Anreiz für echte Verbindungen und authentisches Handeln zu schaffen.
- Es verbessert Ihre Beziehungen, Ihr Netzwerk und Ihre Fähigkeit zu neuen Beziehungen und neuen Verbindungen in Ihrem Netzwerk.

Das hört sich alles großartig an und ist es auch im Prinzip, aber es gibt (und das ist der Nachteil) keine Garantie dafür, dass die Menschen, denen Sie einen Wert liefern, Ihnen gegenüber dieselben positiven Absichten hegen. Kurz gesagt: Der von Ihnen investierte Aufwand zahlt sich vielleicht nicht aus. Das ist mir in all den Jahren immer wieder passiert.

Einmal passierte das nach einem von mir geleiteten Genius-Network-Event, bei dem prominente Redner aufgetreten waren, inklusive Arianna Huffington, Tim Ferriss, Darren Hardy und Dan Sullivan. Nach Ende des Events brainstormte ich zusammen mit Arianna und jemandem, mit dem ich damals zusammenarbeitete und den ich ebenfalls an der Diskussion beteiligen wollte. Wir waren Freunde und ich glaubte, die Verbindung könnte sowohl für ihn als auch für Arianna von Vorteil sein, also holte ich ihn zu dem Projekt dazu.

Danach arbeiteten wir zusammen, um Ariannas Buch *Die Neuerfindung des Erfolgs* zu vermarkten, das zu einem *New-York-Times*-Bestseller werden sollte. Dabei wurden er und Arianna Freunde, weil ich die beiden bekannt gemacht hatte. Sie hat ihn Oprah vorgestellt und er sicherte sich einen Deal für die Produktion einer Interviewreihe für ihr Unternehmen.

Später bat dieser Freund Arianna um einen Vortrag bei einem seiner Events, den ich ebenfalls besuchte. Kurz davor rief mich Arianna an und bat mich, sie vor dem Hotel zu treffen und hinter die Bühne zu begleiten, weil sie den Veranstaltungsort noch nicht kannte. Ich erwiderte, das sei kein Problem, und lief zu unserem Treffpunkt. Von dort gingen wir in Richtung Backstagebereich, davor wurde ich aber aufgehalten: »Sie dürfen hier nicht rein.« Ich war verwirrt. Ich rief zur Klärung meinen Freund an und er instruierte die Mitarbeiter, mich hinter die Bühne zu lassen. Er meinte dann zu mir, dass er nicht wieso, wie das hatte passieren können, und gab sich sehr entgegenkommend. Im Backstagebereich nahm er mich jedoch später für ein Gespräch beiseite: »Hey, Mann. Es lenkt mich zu sehr ab, wenn jemand anderes während eines meiner Interviews mit im Backstagebereich ist – macht es dir etwas aus, wenn ich Arianna allein interviewe?« Ich antwortete, das sei in Ordnung, und ging.

Zu einem späteren Zeitpunkt kam Tony Robbins für ein Interview zu einem meiner jährlich stattfindenden Genius-Network-Events. Das machte er als Dank, weil ich ihm bei der Vermarktung seines Buchs *Money: Die 7 einfachen Schritte zur finanziellen Freiheit* geholfen hatte. Ursprünglich hatte Tony einige Zeit mit Mitgliedern des Genius Networks verbringen sollen, aber dieser Freund bat mich um ein Interview von Tony unter vier Augen. Um meinen guten Willen zu beweisen, ließ ich ihn gewähren und alles lief glatt – auch wenn es mich frustriert zurückließ. Danach unterhielt sich Tony mit meinem Team und es kam ein anderer Freund auf mich zu, der den Vorgang beobachtet hatte: »Ihr Jungs seid toll, aber dieser Typ ist ein verfluchter Nehmer.«

Nach dem Event kühlte sich unsere Beziehung zunehmend ab, auch wenn diese Person weiter Partnerschaften mit anderen aus dem Genius Network und Geschäftsdeals einging.

Jahre später erfuhr ich von jemandem, der für ihn gearbeitet hatte, dass er an dem Tag des Events mit Arianna Huffington einige seiner Teammitglieder angewiesen hatte, mich von ihr fernzuhalten und nicht Backstage zu lassen. Ich war nun ziemlich verwirrt. Wieso sollte er das tun? Was hätte ich tun können, um diese Unsicherheit auszulösen? Ich hatte ihm nur möglichst schnellen Wert geboten – und das immer wieder.

Es ist im Grunde eine sichere Bank, um sich selbst und die eigenen Beziehungen voranzubringen, wenn man umgehend Werte liefert – wie immer gibt es aber auch hier Nachteile. Darin versteckt sich die Lektion, dass nicht jeder einen Wert auf die gleiche Weise weitergibt oder präsentiert. Manchmal erscheint jemand nur auf der Bildfläche, um sich Ihren Wert zu nehmen – ohne sich je dafür revanchieren zu wollen.

Sollten Sie also gegenüber anderen knausriger sein oder Menschen nicht einander vorstellen? Natürlich nicht – obwohl es natürlich von der persönlichen Entscheidung und Motivation abhängt. So drehten sich mein Leben und mein Erfolg um das Herstellen von Verbindungen, um die Versammlung großartiger Persönlichkeiten an einem Ort und darum, »die Tür offen zu halten«. Erfolg macht recht wenig Spaß, wenn man nur für sich Reichtum, Connections oder Geschäftsgelegenheiten anhäuft, ohne anderen Menschen damit ebenfalls Chancen zu eröffnen und zu sehen, was sie damit anfangen.

So sehe ich das zumindest – das tun aber nun mal nicht alle.

Dennoch empfehle ich weiterhin, dass man anderen gute Absichten voraussetzt und ihnen auf jegliche erdenkliche Art hilft, wenn man möchte. Dabei muss man sich nur bewusstmachen, dass diese Mühen manchmal nicht auf Wertschätzung treffen. Wenn Sie sich anstrengen oder einen Wert liefern, dafür aber nicht wertgeschätzt werden, ist das auf lange Sicht keine Beziehung – es ist Ausnutzung.

Es ist großartig, wenn man umgehend einen Wert liefert – für und mit den richtigen Menschen. Ist das nicht der Fall, dann ziehen Sie sich bitte zurück, denn es gibt ausreichend viele tolle Menschen, die Ihnen für Ihren Wert Wertschätzung entgegenbringen *werden*!

Dominostein: Mit einem umgehend gelieferten Wert hat man eine sichere Methode, um eine Beziehung voranzubringen – auch, wenn es nicht immer auf Gegenseitigkeit beruht. Dennoch sollten

Sie sich nicht von Negativität oder Nehmern davon abhalten lassen, die Richtigen, die Verbindung zu ihnen sowie deren Wertschätzung zu finden.

Frage an Sie: Welche Glaubenssätze haben Sie in der Vergangenheit davon abgehalten, umgehend einen Wert zu liefern? Sind es diese Glaubenssätze wert, weiter daran festzuhalten?

Die Dominosteine:

- Wenn Sie jemandem Hilfe anbieten, dann liefern Sie umgehend einen Wert mit der sofortigen Umsetzung dieser Pläne.
- Wert hängt von der Dringlichkeit ab. Wenn Sie viele Personen mit hohem Status oder Einfluss kennen, aber niemand einander hilft, entsteht daraus kein Wert.
- Sie müssen etwas über andere erfahren, um einen Wert liefern zu können. Die sozialen Medien haben diesen Prozess automatisiert, auch wenn diese nie zuvor dagewesene Möglichkeiten auf Verbindungen bieten, führen sie doch auch manchmal dazu, dass wir den direkten Kontakt verlieren. Als Gegenmaßnahme müssen wir diese Fähigkeiten neu erlernen und unsere Neugier auf andere Menschen wiedererwecken.
- Eine rasche Lieferung eines Werts beseitigt unauthentische Verbindungen und Interaktionen – und Sie können dieses Wissen dann nutzen, um eben nicht »mal zusammen essen zu gehen«, wenn es niemand wirklich braucht oder will. Nutzen Sie die Fünf-Sekunden-Regel und treten Sie unbedingt schnell in Aktion.

- Vermeiden Sie Wunschdenken darüber, »entdeckt« zu werden, oder dass sich eines Tages auf magische Weise alles für Sie ändern wird. Vermarkten Sie lieber sich selbst und Ihren Wert.
- Die Vorstellung, dass »gute Produkte kein gutes Marketing brauchen«, mag sich griffig anhören, stimmt aber nicht. Selbst gute Produkte brauchen gutes Marketing – also akzeptieren Sie die Realität, dass Sie sich für Verbindungen zu anderen in Ihrem Privatleben und bei der Arbeit anstrengen müssen.
- Mit umgehend geliefertem Wert hat man eine sichere Methode, um eine Beziehung voranzubringen – auch, wenn es nicht immer auf Gegenseitigkeit beruht. Dennoch sollten Sie sich nicht von Negativität oder Nehmern davon abhalten lassen, diejenigen zu finden und eine Verbindung zu ihnen herzustellen, die Ihnen Wertschätzung entgegenbringen werden.

Übungen und Handlungsschritte

1. Füllen Sie Ihren eigenen Mackay 66 aus

Der Mackay 66 ist, wie bereits erklärt, eine Liste mit 66 Fragen, die Verkäufer zum besseren Verständnis von potenziellen Kunden nutzen können. Suchen Sie sich die Vorlage online raus, wenn Sie nicht bereits damit vertraut sind, oder kaufen Sie Harvey Mackays Buch *Swim with the Sharks without Being Eaten Alive*. Zu den Fragen auf diesem Fragebogen gehören unter anderem (leicht abgewandelt):

- Hat der Kunde eine Hochschule besucht? Wenn ja, welche? Welchen Vereinigungen hat er sich dort angeschlossen und welchen Aktivitäten ging er neben dem erforderlichen Lehrplan nach?
- Wenn der Kunde auf eine Hochschule ging: Wie wichtig ist ihm diese Tatsache?
- Würde Ihr Kunde etwas dagegen haben, wenn ihm jemand eine Mahlzeit bezahlt? Wieso (nicht)?
- Welche vertraulichen oder sensiblen Themen sollten Sie bei dem Kunden auslassen?

Der Fragebogen ist für das Marketing nützlich, aber die zugrundeliegenden Prinzipien sind ebenfalls nützlich als Leitfaden, um umgehend Wert zu schaffen. Denn Fragen wie diese können uns eine Menge Informationen über andere verschaffen; natürlich werden einige davon durch die Algorithmen der sozialen Medien erfasst, wo wir das als gegeben hinnehmen. So neigen wir dazu, uns die Feeds in den sozialen Medien anzusehen und zu glauben, wir würden die Menschen kennen – ohne uns selbst diese Informationen zu besorgen und zu interpretieren. Stattdessen erschaffen wir nur eine Art mentalen Stereotyp oder kaufen jemandem die *Projektion* ab, die er über sein wahres Selbst erstellt hat.

Der Mackay 66 kann uns mit einem Stift und einem Blatt Papier bei neuen Connections oder potenziellen Kunden dabei helfen, diese blinden Flecken zu beseitigen und unseren Horizont erweitern. Dabei merken wir, wie viel wir tatsächlich über die Menschen in unserem Umfeld lernen können – und wie wir mithilfe dieser Informationen nützlicher und wertvoller sind.

2. Hochrisikoindikatoren für HALF (Hart, An-den-Nervenzerrend, Lahm und Frustrierend)

Alles nahm seinen Anfang damit, dass ich mit Chris Voss und André Norman beim Essen über neue Projekte redete, wobei wir auch auf die Frage kamen, wie wir Menschen aufspüren könnten, die ELF (einfach, lukrativ und fröhlich) statt HALF waren.

Mir fiel dabei auf, wie seltsam diese Konstellation von uns dreien war – Chris war ehemaliger Verhandlungsführer für internationale Geiselnahmen des FBI und heute einer der gefragtesten Verhandlungsexperten weltweit, und André war ein ehemaliger Sträfling, der sich zum Anwalt, Autor und Redner hochgearbeitet hatte!

Auf einer Ebene sah ich das als Beleg für meine eigenen Fertigkeiten an, Menschen aus allen möglichen Gesellschaftsschichten mithilfe des Genius Network zu vernetzen. Es war aber auch ein Beleg dafür, dass Gruppen von Menschen eine gemeinsame Basis finden, Differenzen überwinden und zusammenarbeiten können, wenn sie ELF sind.

Dafür müssen Sie natürlich Personen vermeiden, die bei Beziehungen und geschäftlichen Verhandlungen HALF sind. Das kann schwerer sein, als es sich anhört. Zum Glück konnte Chris dank seiner Verhandlungsexpertise mein ELF-Konzept modifizieren und erschuf das, was er »Hochrisikoindikatoren für HALF« bei der Interaktionen mit anderen nennt.

Laut Chris ist eines der verräterischsten Indizien für HALF etwas, das sich eigentlich nach ELF anhört, der Satz:

Das könnte eine großartige Gelegenheit für Sie sein.

Ohne konkreten Plan, ohne Erfolge anderer, denen man folgen könnte, oder andere konkrete Details, bedeutet das meist, dass *Sie* die Gelegenheit für andere sind – und eine Menge HALF-Arbeit leisten dürfen, damit *die anderen* ELF-Resultate einfahren.

Wenn Sie stets umgehend einen Wert liefern (oder von Menschen umgeben sind, die dasselbe zu tun scheinen), müssen Sie unbedingt ein wenig skeptisch oder kritisch sein. Wenn Ihnen jemand anbietet, Ihnen jemanden vorzustellen, den Sie kennenlernen wollten, und es auch keinen Haken zu geben scheint, dann ist das ein gutes Beispiel für einen *umgehenden Wert* – aber jemand, der Ihnen einen überbordenden Traum von Erfolg verkaufen will, dafür aber keinen konkreten Plan hat, ist vermutlich eher ein Beispiel für *umgehenden Ärger*.

Um Letzteres zu vermeiden, müssen Sie ELF von HALF trennen – und das können Sie mithilfe einer Liste der Hochrisikoindikatoren für HALF. Das funktioniert wie folgt:

1. **Hatten Sie schon mal mit jemandem zu tun, den Sie völlig falsch eingeschätzt haben und der Ihr Leben mehr HALF gemacht hat. Was hat derjenige während Ihrer frühen Interaktionen gesagt oder getan, um sich Ihnen erfolgreich »zu verkaufen«?** Auch wenn wir alle solche Interaktionen mit Menschen haben, vergessen wir oft den Anfang dessen oder versäumen es, jemanden genauer unter die Lupe zu nehmen. Schreiben Sie möglichst viele Beispiele möglichst detailliert auf.
2. **Was war die erste Warnsirene (oder nur ein kleines Warnläuten) für den absteigenden Ast dieser Beziehung oder die fehlende Weiterentwicklung? Welchen rationalen Grund haben Sie vorgeschoben, um die Anzeichen zu diesem Zeitpunkt zu ignorieren?** Wenn wir unseren guten Willen und unser Vertrauen auf Menschen setzen, die es eigentlich nicht verdient haben, dann wissen wir es in diesem Moment – aber ignorieren unsere Instinkte und begehen den Fehler dennoch. Bei jedem der Beispiele aus dem 1. Schritt sollten Sie versuchen, sich zu erinnern und all diese Augenblicke für ähnliche Vorkommnisse notieren.
3. **Vergleichen Sie Ihre Beispiele und die Details. Welche Ähnlichkeiten finden Sie? Ist irgendein Satz wiederholt gefallen oder eine Handlung wiederholt aufgetreten? Welche Schlussfolgerungen können Sie daraus ziehen?** Kein Mensch gleicht dem anderen und das, was für jemanden ELF oder HALF ist, variiert ebenso. Dennoch können wir mit der detaillierten Betrachtung unangenehmer Beziehungen und Erfahrungen

Muster entdecken – sowohl im schlechten Verhalten anderer als auch bei unseren Schwächen.

Mit den Anhaltspunkten aus dem 3. Punkt können Sie diese Fehler künftig vermeiden statt weiter Ihre Verhaltensmuster oder jene, die Sie bei anderen sehen, zu ignorieren. Machen Sie sich zuerst einige Notizen darüber, wie man Sie vermutlich *am leichtesten* ausnutzen kann. Schreiben Sie dann auf, was *andere* vermutlich sagen oder tun müssen, um diese Schwäche auszunutzen.

Diese Informationen helfen Ihnen dabei, wenn jemand etwas tut oder sagt, das auf Ihrer Liste steht und das Ihnen im Frühstadium einer Beziehung aufgefallen ist, sodass Sie dann denken können: *Das ist für mich ein Hochrisikoindikator für HALF.*

Chris Voss fasst es so zusammen, dass es beim Erfolg nicht nur darum geht, mit wem Sie Zeit verbringen – sondern auch darum, für wen Sie *bewusst* keine Zeit verschwenden. Wenn Sie mehr über diese Konzepte wissen wollen oder mein Interview mit Chris ansehen möchten, besuchen Sie www.JoePolish.com/WIIFT.

---

9. KAPITEL

KOMMEN SIE MÖGLICHST NAH RAN

Vor einigen Jahren führte ich einen Kurs mit einigen professionellen Teppichreinigungsfachleuten in Pittsburgh durch. Die Gruppe war auf meinem »Platinum-Level«, die höchstrangige Gruppe für die Klienten in diesem Industriezweig. Wir diskutierten im Rahmen des Podcasts *I Love Marketing* über Marketing. Ein Großteil des Publikums war mit der Sendung vertraut. Gegen Ende der Debatte erzählte ich den Anwesenden, dass sie selbst in Aktion treten müssten, wenn sie wirklich ihre Marketingfertigkeiten verbessern wollten: »Wir bieten viel Unterrichtsmaterial auf der *I-Love-Marketing*-Website über Direct Response Marketing und viele andere Themen an, aber Sie müssen es selbst gemeinsam mit anderen einüben und dazulernen. Dafür sollten Sie Ihre eigenen Gruppentreffen veranstalten.«

Die Idee hinter diesen *I-Love-Marketing*-Gruppen adressierte viele verschiedene Ebenen. Auf einer war es eine organische Methode zur Stärkung der Community, was zur Show selbst beitrug, was wiederum für Dean Jackson, meinen Co-Moderator des Podcasts, und mich von Vorteil war. Auf einer anderen Ebene funktionierte es genau so, wie ich es beschrieben hatte: Es half den Menschen, im selbst gewählten Zeitrahmen und mit der eigenen

Geschwindigkeit die Konzepte zu internalisieren – wie die Idee, Meetings zu organisieren.

Mit der Veranstaltung solcher Treffen können Entrepreneure und Fans des Podcasts ihre Erfahrung mit Dean Jackson und mir nachempfinden, indem sie sich miteinander trafen. Überdies gaben einem diese Gruppentreffen automatisch eine Möglichkeit, sich als Führungsperson zu positionieren. Diese persönlichen Treffen schufen zudem großartige Verbindungen und eine Community. Es generierte Möglichkeiten für Joint Ventures, Gelegenheiten, um Geld zu verdienen und potenziell lebenslange Freundschaften zu schließen.

Es gab noch einen letzten Grund, wieso das so eine gute Idee war, denn man konnte damit eines der wichtigsten Prinzipien im Leben und im Business skalieren: Sie sollten Ihre Interaktionen so persönlich wie möglich gestalten.

WAS PERSÖNLICH BEDEUTET – UND WIESO ES WICHTIG IST

Erinnern Sie sich bitte an dieser Stelle an meine Angewohnheit, anderen Nachrichten zu schreiben, denn das gibt Ihnen bereits eine gute Vorstellung dessen, was ich mit »möglichst persönlich« meine. Kurz gesagt bedeutet es, die Distanz zwischen Ihnen und einer anderen Person mit allen zur Verfügung stehenden Mitteln zu überbrücken – und jede Ihrer Erfahrungen mit anderen möglichst wirkungsvoll zu gestalten.

Auch wenn ein persönliches Treffen nicht immer möglich ist, bedeutet das nicht, dass wir authentische Verbindungen zu anderen aufgeben sollten, nur weil wir nicht persönlich bei ihnen sein können. Sondern es bedeutet, dass wir statt einer Standard-E-Mail oder -Textnachricht eine schicken können, die von Herzen kommt – oder Postkarten und handschriftliche Briefe. Statt langweiliger Nachrichten können Sie auch Video- oder Sprachnachrichten verschicken, in denen Sie das Augenmerk auf das richten, was Sie tun oder etwas zeigen, was andere nützlich finden könnten. Vielleicht rufen Sie auch an oder verabreden sich für einen Dialog (statt eines Monologs) über Zoom.

Das bedeutet, Sie müssen Ihren Tonfall, Ihre Körpersprache und alles andere anpassen, um Ihre Fertigkeit zu verbessern, damit Sie mit anderen über jedes beliebige Medium eine Verbindung herstellen können. Schließlich unterhalten Sie sich auch mit verschiedenen Typen von Menschen auf unterschiedliche Art und Weise.

Im Internet wird ein Meme mit einem bekannten, weisen Spruch verbreitet. Ich habe davon schon verschiedene Versionen gesehen, aber die Idee dahinter lautet:

> *90 Prozent der Kommunikationsprobleme im Leben entstehen aufgrund des Tonfalls. Nicht was man sagt, sondern wie man es sagt, führt zu Problemen.*

Das trifft auf jede Situation zu, aber besonders, wenn man sich nicht persönlich trifft. Wie oft hat man schließlich schon eine E-Mail oder Textnachricht falsch gelesen oder missverstanden? Der Tonfall stellt also eine Verbindung her oder zerstört sie – und wie wir bereits festgehalten haben, sollte diese Verbindung normalerweise das wichtigste Ziel für uns sein.

Enthusiasmus ist toll, aber wenn Sie *zu* enthusiastisch wirken, unterstellen ihnen andere Unauthentizität, Gier nach Bestätigung oder generell ein Problem. Das ist wie Radiohören: Ist der Sender richtig eingestellt, kann man die Musik klar hören, ansonsten nur Rauschen.

Da wir alle unsere eigene Persönlichkeit haben, haben wir auch jeweils eine eigene Vorstellung dessen, wie man etwas möglichst persönlich gestaltet. Wenn Sie mich fragen würden, wie ich mit anderen kommuniziere und wie ich dabei »persönlich« werde, gehen mir eine Menge dieser Lektionen durch den Kopf. Dabei sind aber die Beobachtungen darüber, wie man die Aufmerksamkeit anderer erregt oder Begehrlichkeiten weckt, besonders wichtig! Beispielsweise: Vor dem iPhone kam der »Flip Video« auf den

Markt, eine kleine, eckige Videokamera für kurze Videos, die man hochladen und teilen konnte.

Ich filmte sofort tonnenweise Flip-Videos und verschickte sie per E-Mail. Dann verschickte ich Audio- und Videobotschaften, sobald auch das ging, weil ich deren Wirkung erkannte. Sie riefen sehr viel stärkere Emotionen hervor als bloßer Text – und die Adressaten reagierten weit häufiger mit einer Handlung darauf. So erinnere ich mich an jemanden, der sich gemeinsam mit seinem Ehepartner für meinen jährlichen Genius-Network-Event zu je 10.000 Dollar anmeldete – weil ich ihm eine Sprachnachricht geschickt hatte! Dabei hatte ich diese Person seit mehr als zehn Jahren nicht gesehen! Aufgrund meiner Sprachnachricht mit der Einladung zu diesem Event aber meldete er sich sogleich auf meiner Website als Mitglied des Genius Network an.

Wie auch Pflanzen und Gärten erfordern Freundschaften und Beziehungen Wasser. Sie brauchen Sonnenschein. Deswegen versuche ich immer, daran zu denken, stets ein wenig Aufmerksamkeit und Anerkennung auf die mir wichtigen Menschen mit Nachrichten, Audio- und Videobotschaften oder Ähnlichem »tröpfeln« zu lassen. Das ist das A und O.

Dominostein: »Persönlich« zu sein bedeutet, die emotionale Distanz in Ihren Beziehungen auf jede erdenkliche Weise möglichst weit zu verringern. Beziehungen sind wie Pflanzen: Sie brauchen für ihr Wachstum ein stetes »Tröpfeln« von Aufmerksamkeit, Anerkennung und Engagement.

Frage an Sie: Wurden einige Ihrer engen Beziehungen mit der Zeit weniger »persönlich«? Mit welchen Strategien könnten Sie diese emotionale Distanz überbrücken?

DAS FUNDAMENT EINER STARKEN PERSÖNLICHEN VERBINDUNG

Bei einem meiner jährlichen Events des Genius Networks wollte ich John Mackey interviewen, den Gründer von Whole Foods, und wollte darauf besonders vorbereitet sein. Zudem wollte ich John unbedingt wissen lassen, dass mir seine Erfahrung beim Genius Network wichtig war. Ich kannte ihn bereits recht gut, denn ich hatte ihn 2013 im Hauptsitz von Whole Foods in Austin, Texas, zu einem dreistündigen, privaten Mittagessen getroffen (und später eines seiner »Conscious Capitalism«-Events besucht). Dennoch wollte ich möglichst viel über ihn erfahren – also stellten mein Team und ich eine Menge Recherchen darüber an, was er mochte und was nicht.

Wir hatten John für den Tag seines Vortrags einen Präsentkorb mit seinen Lieblingsspeisen, Getränken, DVDs und Büchern auf sein Zimmer bringen lassen. Ich weiß gar nicht mehr genau, was alles darin war. Dafür hatte sich mein Kollege JR möglichst viele Interviews mit John angesehen und einige der bestmöglichsten Fragen zusammengestellt.

Ich erinnere mich noch an das Gespräch mit Johns Assistentin und ihre Rekapitulation seiner Kommentare zu dem Event:

> *Ich habe diese Konferenz wirklich genossen. Joe und sein Team haben hervorragende Arbeit geleistet. Joes Fragen in dem Interview waren einige der besten, die mir jemals öffentlich gestellt wurden.*

(Um sich mein Interview mit John Mackey anzusehen, besuchen Sie www.JoePolish.com/WIIFT.)

Das tatsächlich Wichtige an dieser Geschichte ist die Tatsache, dass man einen hervorragenden Eindruck bei jemandem machen kann, wenn man die nötige Arbeit leistet und alles richtig arrangiert, was zu erstaunlichen Ergebnissen führt. Man muss nicht nur gut mit Worten umgehen können, sondern *fürsorglich* sein.

Viele High-Performer sind sehr gefragt und andere Entrepreneure oder Fans würden sie gern persönlich treffen, dabei betreibt die zweite Gruppe häufig nicht einmal jedwede Recherche. Als John unseren Präsentkorb sah, wurde ihm bewusst, dass wir Stunden unseres Lebens darin investiert haben mussten, um es ihm möglichst angenehm zu machen.

Das erinnert an Robert Colliers Prinzip für Werbetexter, das ich hier wiedergeben will: »Werden Sie Teil der Konversation, die bereits im Kopf des potenziellen Kunden stattfindet.« Wie schon beim personalisierten Marketing sind persönliche Verbindungen und das Netzwerk die Grundlage dafür, den Rahmen möglichst persönlich zu gestalten.

Zum jetzigen Zeitpunkt in meinem Leben erhalte ich wirklich viele Anfragen für Interviews oder Podcast-Einladungen. Wenn sich jemand an mein Team wendet oder mich persönlich fragt: »Kann ich Sie für meinen Podcast interviewen?«, dann frage ich zurück: »Haben Sie sich einen meiner anderen Podcasts angehört?« Diese Frage ist meistens so wirkungsvoll, dass ich die meisten Einladungen zu Podcasts ablehne. Tatsächlich investiere ich nur noch in Menschen, die auch in mich investieren, denn ich bekomme einfach viel zu viele Anfragen, und die muss ich filtern – nicht das einzige Kriterium, aber eins der wichtigsten.

Wenn aber jemand mit einer authentischen, gut recherchierten Sicht auf die Dinge mit einer Wertschätzung für das, was ich zu sagen habe, aufwartet, kann das Resultat ganz anders ausfallen. Ich sage gerne: »Viele wollen, dass man ihre Kröten schluckt, wollen aber nicht die ihnen hingehaltenen schlucken.« Starke Verbindungen funktionieren so aber nicht.

Mein Freund Robert Cialdini schrieb das Buch *Pre-Suasion* und den Bestseller *INFLUENCE – Wie man (andere) überzeugt: Nützliche Erkenntnisse der Psychologie.* In beiden Büchern, aber vor allem im zweiten, steht eine Menge über dieses Thema. Zwei von Roberts wichtigsten Prinzipien beim Thema Einfluss sind *Sympathie* und *Reziprozität* – wofür ich ja auch plädiere. Ich glaube fest daran, dass wir uns mit Leuten verbinden sollten, indem wir deren Interessen entdecken und ein aufrichtiges eigenes Interesse daran entwickeln, etwas Bedeutendes für sie zu tun. Diese muss aber

Energie beidseitig vorherrschen, damit eine authentische Verbindung entsteht.

Dominostein: Für einen positiven Eindruck bei anderen und für deren Gefühl, etwas Besonderes zu sein, müssen Sie Ihre Hausaufgaben machen. Bitten Sie niemand darum, etwas für Sie zu tun, ohne nicht zuerst für diese Person einen Wert zu schaffen. Tun Sie nicht so, als hätten Sie ein Anrecht auf etwas. Zeigen Sie anderen Ihr echtes Interesse, indem Sie möglichst viel über andere in Erfahrung bringen. Wenn Sie anderen das Gefühl geben, etwas Besonderes zu sein, legen Sie das Fundament für eine gute Beziehung – aber diese Beziehungen sollten auf Gegenseitigkeit beruhen.

Frage an Sie: Was erwarten Sie von Ihrem Gegenüber beim erste Treffen? Erwarten Sie dasselbe von sich selbst?

FALSCHE (UND RICHTIGE) ARTEN, MIT ANDEREN EINE VERBINDUNG EINZUGEHEN – AUF MÖGLICHST PERSÖNLICHER EBENE

Wenn ich mit jemandem unterwegs bin, der auch einen meiner Freunde kennt, nehmen wir einen Audioschnipsel auf, schießen ein kurzes Video oder machen einen Schnappschuss zusammen. In diesen Momenten (besonders bei Videos) nehme ich etwas Lustiges auf – von mir selbst, von der Person, mit der ich mich treffe, oder von uns beiden – einfach für ein kurzes Hallo an diesen gemeinsamen Freund.

Ich befeure stets die Verbindungen und Gespräche anderer, denn in vielen Fällen kennen sich diese Personen bereits. Wieso? Weil viele zu schüchtern für eine Kontaktherstellung sind, auch wenn sie sich gern wieder mit der anderen Person treffen würden. Es ist einfach ein Teil meiner Vernetzungsphilosophie, in beliebigen Situationen Wert zu liefern, etwas Nützliches oder einfach etwas *Lustiges* zu tun. Das ist schlicht meine Art. Manche Leute halten mich für komisch oder zu spontan, aber ich bin ein Katalysator, der anderen eine Menge ermöglicht, das nicht passieren würde, wenn ich anders vorgehen würde.

Beim Eingehen von Verbindungen sollte es stets um die eigene Haltung und Energie gehen – das kann Enthusiasmus, Kooperationsbereitschaft und Freundlichkeit beinhalten, aber auch ebenso freundliche Sticheleien, Sarkasmus und Streiche bei Freunden. Für eine persönliche und von positiver Energie befeuerte Verbindung herzustellen, sollten Sie zuerst versuchen, andere zu verstehen statt selbst verstanden zu werden. Dazu gehört zum Teil, nicht zu konfrontativ zu sein oder anderen die eigenen Überzeugungen aufs Auge zu drücken (außer Sie kennen Ihr Publikum wirklich gut und haben Rapport hergestellt, dann können Sie so verrückt und extrem sein, wie es die Situation zulässt).

In diesem Bereich sehe ich häufig Fehler bei Leuten im Non-Profit-Bereich. Von NGOs wird man oft angesprochen und bekommt erklärt, dass man sie finanzieren oder etwas spenden sollte oder einem ihr Handeln am Herzen liegen sollte – aus keinem anderen Grund, als dass es eben das ist, was sie tun. Sie verlangen von anderen einen Beitrag ohne echte Beteiligung und vergessen, zuerst Anteilnahme beim Spender zu erzeugen.

Menschen müssen am Prozess beteiligt sein und Sie können einen Schmetterling nicht aus dem Kokon zwingen, bevor er bereit ist. Dasselbe trifft auf den Aufbau von Rapport zu: Es gibt eine gewisse Reifungsperiode und einen bestimmten zu investierenden Zeitaufwand. Man muss geduldig sein. Man muss sich den gesamten Lebenszyklus einer Beziehung oder eines Projekts ansehen statt versuchen, Abkürzungen zu nehmen. Das ist meist völlig in Ordnung für Geber – aber alle, die glauben, ein Anrecht auf etwas zu haben, werden hier ins Stolpern geraten.

Das alles impliziert natürlich auch noch den Gegenpart: das, was man *nicht* tun sollte.

Kurz gesagt, zu den fehlgeleiteten Ansätzen beim persönlichen Knüpfen von Verbindungen gehört Drängeln oder zu viel Ausdauer bis zum Extrem, das Nerven anderer oder gar, sie zu vertreiben. Dazu zählen auch Vorwitzigkeit (außer Sie haben bereits Rapport hergestellt), Arroganz und Eigennützigkeit, besonders zum Schaden der anderen Person. Eine weitere Gefahr besteht in der Vortäuschung, jemand zu kennen, diese angebliche Beziehung oder den Rapport dann aber überzustrapazieren. Das passiert, wenn jemand entweder eine Situation fehlinterpretiert oder zu unsicher ist – und bei Letzterem ist das ein größeres Problem, denn für die tatsächliche Herstellung von Verbindungen brauchen Sie eine gewisse Selbstsicherheit. Sie müssen *wissen*, dass Sie einen Wert in eine Situation einbringen und müssen diesen Wert mit anderen teilen wollen.

Natürlich braucht es zudem Diskretion. So treten viele an mich heran und wollen, dass ich für sie eine Verbindung zu jemand anderem herstelle, ohne dass Erstere einen Wert bieten, der diese Verbindung sinnvoll machen würde, oder diese Leute sind noch gar nicht auf dem Level der Personen, die sie gerne kennenlernen würden. Ich schlage dann vor, dass sie mir etwas für die andere Person aufschreiben, zu der sie eine Verbindung herstellen wollen, denn ich kann nicht aufgrund halbgarer Anfragen Menschen miteinander bekannt machen, sondern muss einen triftigen Grund und für alle Beteiligten einen Nutzen haben. Wenn außerdem diese Verbindung für sie und die Person, die darum bittet, wichtig ist, besteht meine Aufgabe dennoch nicht darin, die ganze Arbeit für sie zu leisten.

Natürlich gibt es für jede Regel und für jede »korrekte Herangehensweise« genauso viele Beispiele von erfolgreichen Personen, indem sie das Gegenteil taten. Mit anderen Worten: Es gibt Personen, die das im Leben erhalten, was sie wollen, weil sie kontinuierlich nerven. Aber auch wenn man damit manchmal das Erwünschte erhält, schreckt man auch andere ab, denn nervende Menschen sind selten wirklich hoch angesehen, auch wenn sie oft auf der Leiter emporklettern. Obwohl Hartnäckigkeit Ihnen das Gewünschte geben *kann*, widerspricht es der gesamten Message dieses Buchs, wenn das Ihre *einzige* Strategie ist.

Wir alle haben verschiedene Stärken, aber wenn es eine »richtige« Art für eine Handlung gibt, dann besteht diese darin, vorher das erreichte Ergebnis für andere zu wissen – und zu wissen, wie man diese Personen zu Zuhören bringt. Die beste Methode zu einem möglichst persönlichen Kontakt besteht in einer guter Positionierung, einem hohen Status (den man sich verdient hat statt ihn nur vorzutäuschen) und im Wert und der Nützlichkeit für andere, sodass andere Ihnen gern näherkommen und mehr über Sie erfahren wollen.

Dominostein: Anderen ein Gefühl der Besonderheit und Wertschätzung zu geben, ist eine Methode für Verbindungen – aber das Wissen darüber, was man nicht tun sollte, ist genauso wichtig. Obwohl es nicht die eine »richtige« Art für eine Handlung gibt, sollten Sie sich so verhalten, dass andere Ihnen gern zuhören statt sich abzuwenden.

Frage an Sie: Aufgrund welcher Verhaltensweisen in Ihren engsten Beziehungen »wenden« andere Ihnen gern zu? Wie sehr können sich diese Verhaltensweisen von Beziehung zu Beziehung unterscheiden?

BEHANDELN SIE UNTERHALTUNGEN HÄUFIGER SO, ALS WÄREN SIE ALLESENTSCHEIDEND

Machen wir uns nichts vor: Viele unserer Unterhaltungen bestehen nur darin, »Konversation zu betreiben«. Wir würden diese Unterhaltungen also nicht als *entscheidend* ansehen, auch wenn wir vielleicht dabei einige Verbindungen knüpfen und Spaß haben. Wir führen nicht sonderlich viele entscheidende Unterhaltungen im Leben, aber führen Sie sich mal vor Augen, wie diese dann immer aussehen: Vielleicht geht es um eine Gehaltsverhandlung mit Ihrem Chef oder um das Beenden einer Beziehung, die sich negativ entwickelt hat. Was auch immer es ist, so haben die meisten dieser Unterhaltungen etwas mit unseren wichtigsten Werten zu tun – etwas, wofür wir sterben würden.

Es ist so wichtig, diese alles entscheidenden Unterhaltungen richtig zu führen, dass es sogar ein Buch darüber gibt: *Heikle Gespräche: Worauf es ankommt, wenn viel auf dem Spiel steht* von Joseph Grenny und Kery Patterson, das der diesen Gesprächen zugrundeliegenden Strategie gewidmet ist. Das Buch ist deutlich detaillierter, als ich es hier schildern kann, aber eines der Themen ist die Herstellung von Verbindungen und, wenn möglich, der Zustimmung anderer. Das nennt sich (Sie haben sicher schon einmal davon gehört): *einen gemeinsamen Nenner finden.*

Das ist eine Frage, die man sich vor allem bei entscheidenden, aber eigentlich bei allen Unterhaltungen stellen sollte: *Wo liegt der gemeinsame Nenner?* Wo kann, selbst, wenn man mit jemandem politisch oder auf einer anderen Basis überhaupt nicht übereinstimmt, dennoch ein gegenseitiger Respekt entstehen? Die Antwort auf diese Frage kann Ihnen ganz neue Arten der Nützlichkeit und des Werts erschließen.

Dabei drängt sich mir eine weitere Frage auf: *Wieso behandeln wir nicht alle unsere Unterhaltungen, als seien sie entscheidend?* Es spricht nichts, außer vielleicht beim Small Talk, dagegen, und es geht etwas verloren, wenn wir es nicht tun. Viele Menschen haben, weil wir häufig Unterhaltungen nicht als entscheidend betrachten, Probleme bei der Herstellung von Verbindungen zu anderen.

Ich möchte dabei auf Folgendes hinaus: Geht etwas, selbst wenn wir eine Unterhaltung nicht als entscheidend betrachten, verloren, wenn wir uns in einer Unterhaltung offener und präsenter verhalten? Wir schielen gern nach den idealen Situationen und Szenarios, um uns von unserer besten Seite zu zeigen, was aber wäre, wenn wir uns einfach unabhängig von den Umständen immer von unserer besten Seite zeigen würden?

Wenn eine welkende Pflanze zwei Tassen Wasser braucht, Sie aber nur eine haben, dann wird diese dennoch der Pflanze helfen. Es ist bei Verbindungen ähnlich: Sie müssen Pflanzen wässern, selbst wenn Sie nicht glauben, ausreichend Wasser spenden zu können. Und unabhängig vom Erfolg eines Menschen stecken sie häufig nicht genug Aufwand in die Nährung ihrer Beziehungen, hegen sie zu wenig, spenden nicht genügend Sonnenschein, wässern sie zu wenig, um schließlich den Ertrag zu ernten.

Dominostein: Tiefere Beziehungen werden häufig mithilfe eines gemeinsamen Nenners aufgebaut. Dafür sollten Sie identifizieren, was Ihnen im Kern wichtig ist – und dann mehr Unterhaltungen als entscheidende behandeln, in Übereinstimmung mit Ihren Werten.

Frage an Sie: Welche Art von Unterhaltungen führen Sie nur hastig mit einem Ohr? Welchen Impact könnte es haben, wenn Sie sich einen Moment mehr Zeit für einige davon nehmen würden und neue Arten, eine Verbindung zu anderen herzustellen?

SEIEN SIE AUTHENTISCH STATT OBERFLÄCHLICH

Wie bereits erwähnt, entstanden meine Verbindungen zu vielen bekannten Personen daraus, dass ich viele Jahre wiederholt das in diesem Buch Beschriebene getan habe: Ich konnte ihre Sprache sprechen, ihnen umgehend einen Wert bieten und die vielen anderen Punkte aus diesem Buch anwenden, um für alle Beteiligten Türen aufzustoßen. Dennoch kann es manchmal von Nachteil sein, wenn man Wert bietet und sich in Gesellschaft bewegt, ohne dabei authentisch herüberzukommen – oder wenn die Menschen in Ihrem Umfeld das nicht wertschätzen.

Ich baute einmal eine Verbindung zu einem wohlhabenden Entrepreneur auf, als wir bei einem Joint Venture für seine Stiftung zusammenarbeiteten, die er mit etwas cleverem Marketing bewerben wollte. Dabei wollte er andere Geschäftsleute und Entrepreneure zu seinem wunderbaren Ferienort fliegen lassen. Ich sollte ein unternehmerisches »Brainstorming«-Event für die Besucher organisieren, während die reichen Entrepreneure gleichzeitig Urlaub machen sollten. Mit diesem Plan konnten die Besucher zu einem beträchtlichen Preis einen Zugang zu diesem Entrepreneur erhalten und mit ihm reden. Im ersten Jahr verlangten wir 45.000 Dollar pro Person (oder 75.000 Dollar pro Paar) für das All-inclusive-Event. Das war von Anfang an ein voller Erfolg. Zum Jahresende erhielt der Entrepreneur die Profite von uns – fast eine halbe Million Dollar für seine Stiftung.

Im Verlauf der Jahre brachten mein Team und ich weitere Menschen an diesen Ort. Damit es nicht um die reine Vermietung seines Geländes und ein Teilen der Profite ging, sondern noch um weiteren Wert ging, brachte ich durch verschiedene Bemühungen beim Marketing und Outreach, womit ich Tausende Menschen erreichte, mehrere Millionen für seine Organisation und seine Stiftung auf.

Dafür tat ich, was ich schon immer getan hatte: Ich war offen und bezog andere Menschen mit ein. Jedoch war diese Energie wie so oft nicht so reziprok, wie ich mir das erhofft hatte.

Aus meiner Perspektive schufen die Unternehmer, die ich mit ins Boot holte, eine Unmenge an Wert und Chancen für den reichen Entrepreneur. Gleichzeitig half ich auch deren Karrieren auf die Sprünge. Dennoch mündete all dieser Aufwand und der generierte Wert nicht in einer Zusammenarbeit und Mitgliedschaft dieses Entrepreneurs oder seines Teams im Genius Network. Daher fragte ich irgendwann einfach direkt: »Die Projekte, die Sie mit den von mir hergebrachten Menschen starten, laufen anscheinend reibungslos. Warum schließen Sie sich nicht dem Genius Network an? Zusammen könnten wir noch viel mehr erreichen!«

Wie üblich bestand die Antwort darin, dass er zwar interessiert sei, es aber dennoch irgendwie nie zustande käme. Später fand ich heraus, dass zwar meine Assistentin Eunice alles für die Reisen buchte und koordinierte, aber das Team des Entrepreneurs einer Reiseagentur 15 Prozent Provision zahlte – obwohl diese überhaupt keine Arbeit leistete!

Ich hielt später zwar weiterhin eine freundliche Beziehung zu diesem Entrepreneur aufrecht, aber organisierte diese Reisen nicht mehr, denn ich hatte inzwischen gemischte Gefühle dafür entwickelt und übergab das Geschäftsmodell und Unternehmen in Gänze einem meiner Freunde, der immer noch die nötige Begeisterung aufbrachte.

Ich erinnerte mich an einen Fundraiser dieses Entrepreneurs einige Jahre zuvor für seine Stiftung mit hochrangigen Gästen. Der Eintritt war teuer und 600 Gäste nahmen teil – 200 davon hatten mein Team und ich eingeladen. Im Publikum saßen einige der bekanntesten Unternehmer, mit denen ich im Verlauf der Jahre schon gute Geschäfte gemacht hatte. Mein Team und ich hatten bei der Ausrichtung des Events geholfen und wir hatten mit dem Entrepreneur an einem Tisch sitzen sollen, wurden aber von der Information überrascht, dass wir nicht als seine Gäste teilnehmen, sondern je 2.500 Dollar für unsere Plätze zahlen sollten.

Der Hauptteil des Events war eine große Wohltätigkeitsauktion teurer Sammlergegenstände und ich ermutigte meine Gäste zum Mitbieten. Insgesamt hatten die von meinem Team und mir eingeladenen Personen mehr als 60 Prozent der Auktionsgegenstände gekauft. Am Ende des Abends betrat der Entrepreneur breit lächelnd die Bühne und dankte allen. Von dort oben benannte er alle Prominenten im Saal einzeln, die Menge applaudierte und zeigte ihre Wertschätzung. Aufgrund der Größe des Events waren einige Berühmtheiten dazu eingeladen worden, als Moderatoren aufzutreten und die Show mitzugestalten. Wir dachten uns in diesem Moment wenig dabei, aber später fanden wir heraus, dass keiner dieser anwesenden Prominenten den Eintrittspreis hatte zahlen müssen.

Das Gefühl der Entfremdung an diesem Abend in diesem Raum wirkte noch tagelang nach. Ich betrachtete einen Raum voller Gesichter, die alle für ihre Anwesenheit bezahlt hatten, um Geld für einen – wie ich hoffte – guten Zweck aufzubringen und möglichst persönlich zu sein. Dennoch war nicht jeder im Saal aus dem gleichen Motiv heraus gekommen. Das war eine harte Lektion, dass jemand zwar persönlich anwesend, aber dennoch nicht »persönlich« sein konnte.

In allen Lebensbereichen haben wir Ideale und Erwartungen, wie wir sein sollten oder wie etwas laufen sollte. Wenn alles nach unseren Wünschen geschähe, würden wir stets über Rosenblätter schreiten und Optimismus versprühen – leider ist das nicht die Realität. Beim Versuch, unsere wildesten Träume zur Realität werden zu lassen, präsentieren wir für einen Gefallen oder für die Überzeugungsarbeit manchmal bewusst oder unbewusst eine unauthentische Version unserer selbst. In anderen Situationen halten wir Beziehungen zu Personen aufrecht, die wir sonst nicht pflegen würden, in der Hoffnung, etwas springe für uns dabei heraus. Dabei folgen wir vielleicht immer noch den Prinzipien, umgehend einen Wert zu liefern oder möglichst persönlich zu sein, aber wir tun es auf kosmetische statt authentische Weise.

Einen Wert zu bieten und sich mit anderen zu verbinden ist schon die halbe Arbeit, aber die andere Hälfte entsteht daraus, dass diese Energie zwischen beiden Seiten zu einem großen Ganzen wird, dass Sie etwas geben und die Energie auf reziproke Weise erwidert wird. Reziprozität entsteht daraus, nützlich zu sein, oder jemandem Lösungen, Geschenke und Humor zu bieten, aber sie beruht auch auf der *Authentizität* dabei. Um das richtig zu tun, sollten Sie nicht knausrig mit Ihrer Zeit, Ihrem Geld, Ihrer Aufmerksamkeit und Energie sein. Effektiv ist es, wenn Sie für die Richtigen ein *Geber* statt eines Nehmers sind.

Alle erfolgreichen Menschen lernen irgendwann, dass Motivation und Antrieb, die für den Erfolg verantwortlich waren, nicht immer dafür sorgen, dass man auch an der Spitze bleibt. Selbst wenn man an der Spitze ist, spielen immer noch genügend Menschen ihre eigenen Statusspielchen. Wer auch immer es ist oder wohin man geht, so wird man auf Menschen treffen, die ihre persönlichen Verletzungen und Unsicherheiten pflegen, um dies dann an anderen auszulassen. In den Kreisen erfolgreicher High-Performer kann das oft bedeuten, dass jemand Sie gut genug behandelt, um das Gewünschte zu bekommen, Sie aber dennoch Außenseiter bleiben. Das bedeutet auch, dass erfolgreiche Menschen zum Selbstschutz eine hohe Mauer um sich herum errichten.

In einem Gespräch mit einer Freundin, die mit einem berühmten Regisseur verheiratet ist, erklärte sie mir, dass sie häufig zu Events eingeladen werde und es so wirke, als wolle man sie dabeihaben, dabei wollten die Menschen so eher nur an ihren Ehemann herankommen. All diese Menschen konzentrieren sich nur auf sich selbst und ihnen ist nur wichtig, was eine Verbindung zu meiner Freundin für sie bewirken könnte – was sie selbst dabei empfindet oder welche Meinung sie dazu hat, interessiert niemanden. Inzwischen wollten so viele über sie an ihren Mann herankommen, dass sie schon darauf gedrillt ist. Diese Beobachtungsgabe ist ein toller Trostpreis, aber meiner bescheidenen Meinung nach ist es deutlich besser, wenn man wie ein Mensch behandelt wird.

Dominostein: Sie können jemanden persönlich treffen, aber dennoch unpersönlich bleiben. Behalten Sie Ihre Beziehungen und Ihr Umfeld im Auge, um sicherzustellen, dass das Verhalten anderer Ihnen gegenüber authentisch statt oberflächlich ist. Vermeiden Sie oberflächliches Verhalten auch in Ihren Beziehungen, denn das führt nur zu einer sich verstärkenden Abneigung.

Frage an Sie: Wann hatten Sie das letzte Mal bei jemandem, der weit entfernt ist, das Gefühl, sie würden sich persönlich treffen? Und im Gegenzug: Wann waren Sie das letzte Mal bei einem persönlichen Treffen, das Ihnen das Gefühl gab, weit weg zu sein? (Anmerkung: Ich kann die Kritik förmlich hören, dass niemand Sie zu einer Empfindung »zwingen« könne, aber einige Personen sind einflussreich genug, um das Umfeld derart zu kontrollieren, dass es sich so anfühlt.)

SELBSTBEWUSSTSEIN UND KONSISTENZ

Wenn man ein Verständnis dafür bekommt, dass man über flache oder standardisierte Kommunikation hinausgehen muss, bringt einen das schon enorm weiter, aber die Umsetzung dieser Idee bringt noch mehr Erfolg mit sich. Man kann es sich wie folgt vorstellen: Es wird positive Ergebnisse mit sich bringen, wenn man eine Postkarte oder Textnachricht zum Geburtstag verschickt, aber das ist nicht genug für die bestmöglichen Resultate dieses Prinzips. Denn Sie müssen die Idee wirklich verinnerlichen und darauf Ihr Dasein in dieser Welt gründen statt nur mal hier und da diese Idee umzusetzen.

Was Sie in jedem gegebenen Augenblick tun, hat schon an und für sich einen Wert, aber die Summe all dieser Momente trägt dazu bei, Ihren Wert als fürsorgliche und nützliche Person zu festigen. Selbst wenn die Lieferung von Wert in einem bestimmten Moment schon eine wunderbare Sache ist, so ist es noch besser, wenn Sie bekannt dafür sind, immer und überall einen Wert zu bieten.

Einfach formuliert: Wie oft und auf welche Weise Sie Distanzen zwischen Menschen überwinden, ist von entscheidender Bedeutung. Wie Sie Ihre Zeit verbringen, ist ebenso bedeutsam wie, mit wem Sie Ihre Zeit verbringen – selbst, wenn Sie nur herumalbern. Schließlich sind wir alle von Verschiedenem in unserem Leben begeistert und oft sind dies die nötigen Energiequellen, um die Distanz zu anderen zu überwinden. Ebenso brauchen wir diese Energiequellen für uns selbst, wenn etwas nicht wie erhofft läuft.

Wenn wir möglichst »persönlich« sein wollen, werden wir vermutlich Fehler machen, abgewiesen werden und etwas Falsches sagen. Ihre Fähigkeit der Kurskorrektur danach – sich entschuldigen, den Staub abschütteln, wieder aufraffen und es hinter sich lassen –, ist entscheidend. Es ist ein wichtiger Instinkt, wenn man einsieht, dass man auf dem falschen Pfad unterwegs war, und man sollte ihn sich unbedingt aneignen.

In allen diesen Fällen sollten Sie Ihr eigener bester Freund sein. Je mehr Sie sich selbst ein guter Freund sind, desto besser können Sie Freund, Elternteil, Partner, Ehemann, Ehefrau, Bruder oder Schwester sein! Seien Sie nachsichtig mit sich selbst und anderen. Machen Sie sich bewusst, dass sich Ihr Leben verbessern wird, wenn es Ihnen wirklich wichtig ist und wenn Sie sich selbst respektieren. Das Leben wird nicht von den Wertesystemen anderer besser oder weil jemand Sie von der Richtigkeit seines Wegs überzeugt. Was funktioniert für Sie? Dann tun Sie mehr davon. Und denken Sie immer daran, dass es nicht nur um die richtigen Handlungen geht, sondern darum, das Richtige mit den Richtigen zu tun.

Dominostein: Es wir Ihnen enorm weiterhelfen, wenn Sie über Standardkommunikation hinausgehen. Wenn Sie aber dieses Konzept in allen Lebensbereichen in vollem Bewusstsein und mit Kreativität einsetzen, wird Sie das am weitesten bringen.

Frage an Sie: Wie viel Kreativität bringen Sie in Ihre täglichen Unterhaltungen mit anderen ein? Wie könnten Sie Ihre Interaktionen mit anderen aufregender gestalten?

Die Dominosteine:

- »Persönlich« zu sein bedeutet, die emotionale Distanz in Ihren Beziehungen auf jede erdenkliche Weise möglichst stark zu verringern. Beziehungen sind wie Pflanzen: Sie brauchen ein stetes »Tröpfeln« aus Aufmerksamkeit, Anerkennung und Engagement.
- Sie müssen für einen positiven Eindruck bei anderen und ihr Gefühl, etwas Besonderes zu sein, Ihre Hausaufgaben machen. Bringen Sie anderen echtes Interesse entgegen, indem Sie möglichst viel über sie in Erfahrung bringen. Wenn Sie anderen das Gefühl geben, etwas Besonderes zu sein, legen Sie das Fundament für eine gute Beziehung – sie sollte aber auf Gegenseitigkeit beruhen.
- Anderen ein Gefühl der Besonderheit und Wertschätzung zu geben, hilft beim Verbindungaufbau – aber es ist ebenso wichtig, wenn man weiß, was man nicht tun sollte. Obwohl es nicht die *eine* »richtige« Art gibt, etwas zu tun, sollten

Sie sich so verhalten, dass Ihnen Menschen gern zuhören statt sich abzuwenden.

- Tiefere Beziehungen werden häufig dank eines gemeinsamen Nenners aufgebaut. Dafür sollten Sie identifizieren, was Ihnen im Kern wichtig ist – und dann jede Unterhaltung so behandeln, als wäre sie entscheidend, in Übereinstimmung mit Ihren Werten.
- Sie können jemanden persönlich treffen, aber dennoch unpersönlich bleiben. Behalten Sie Ihre Beziehungen und Ihr Umfeld im Auge, um sicherzustellen, dass das Verhalten anderer Ihnen gegenüber authentisch statt nur oberflächlich ist. Vermeiden auch Sie selbst ein oberflächliches Verhalten in Ihren Beziehungen, denn das führt nur zu einer sich verstärkenden Abneigung und mindert das Selbstvertrauen.
- Mehr als nur die Standardkommunikation zu betreiben, wird Ihnen enorm auf die Sprünge helfen, aber wenn Sie dieses Konzept in allen Lebensbereichen in vollem Bewusstsein und mit Kreativität einsetzen, wird Sie das am weitesten bringen.

Übungen und Handlungsschritte

1. Die Einführung ins Genius Network

In den Genius-Network-Gruppen laden wir manchmal alle dazu ein, zur Einführung eine Karte auszufüllen, bevor man bei einem Event mit allen interagiert und netzwerkt. Diese kleine Übung haben wir Joel Weldon, einem erstklassigen Redner, Speaking-Coach und Genius-Network-Mitglied zu verdanken. So simpel sie wirken mag, so besteht der Grund für diese Übung doch darin, den Umgang unserer Mitglieder untereinander möglichst *persönlich* zu gestalten und dabei umgehend einen Wert zu liefern.

Wenn Sie diese Einführungskarte selbst ausfüllen wollen, beantworten Sie die folgenden Fragen:

1. **Notieren Sie nach Ihrem Namen, was Sie bereits haben.** Was haben Sie in der Interaktion mit anderen bereits, das wertvoll sein könnte? Das kann etwas Greifbares oder Emotionales sein, aber es muss zum Kern dessen gehören, was Sie tun und worum es Ihnen geht.
2. **Schreiben Sie auf, was Sie geben können.** Eine Erweiterung des oben genannten Punkts. Was können Sie anderen bieten, auf Grundlage dessen, was Sie bereits haben? Welche Erfahrungen bereiten Sie anderen?
3. **Schreiben Sie auf, was diese beiden Punkte bewirken können.** Bauen Sie auf den vorherigen zwei Punkten auf und schildern Sie, wozu die Kombination aus dem ersten und dem zweiten Schritt führt. Wenn Sie etwas mit Ihrem Unternehmen zu tun hat: Welche Resultate erzielt Ihr Unternehmen für andere? Bei emotionalen Eigenschaften oder Werten: Welche positiven Wirkungen hat Ihre Perspektive auf die Menschen, mit denen Sie interagieren?
4. **Notieren Sie, in welchen Bereichen Sie Hilfe brauchen.** Wie gut wir auch immer sein mögen, so brauchen wir alle irgendwann Hilfe bei etwas. Niemand kann genau das bieten, was Sie in den ersten drei Schritten aufgelistet haben, dementsprechend kann Ihre Antwort hier durch etwas ergänzt werden, was andere einbringen können.

Hier ein Beispiel, wie ich meine Karte ausgefüllt habe:

> *Mein Name ist Joe Polish. Ich habe zwei Gruppen für High-Performer gegründet: die 100K-Gruppe und das Genius Network, ...*
> *... die den Menschen die Möglichkeit zum Aufbau eines Unternehmens bieten, das den ELF-Kriterien folgt. Das geschieht mithilfe von Diskussionen mit Impact und dank wirkungsvoller Connections, ...*
> *... mit deren Hilfe sie profitabler sind, bessere Klienten gewinnen und erstaunliche Verbindungen herstellen. Das alles führt zu einem außergewöhnlichen Leben.*
> *Ich möchte Hilfe beim Ausbau meiner Genius-Recovery-Plattform.*

Mit diesen gesammelten Informationen, die Sie sich bewusst gemacht haben, ist es nahezu unmöglich, beim Treffen mit anderen Menschen im Umgang unpersönlich zu sein.

2. Nehmen Sie Ihre Kernwerte unter die Lupe

Wir haben bereits im 3. Kapitel über Kernwerte geredet, denn diese sind wirkungsvoll, wenn wir einen gemeinsamen Nenner finden wollen, der zu tieferen Verbindungen führt – also ist jetzt der perfekte Zeitpunkt, sich noch einmal mit folgender Übung Ihre wichtigsten Punkte anzusehen:

1. **Brainstormen Sie und notieren Sie die wenigen Dinge (oder Menschen) in Ihrem Leben, für die Sie tatsächlich etwas opfern oder gar Ihr Leben geben würden.** Wieso sind Ihnen diese so wichtig? Hat Sie eine Ihrer Antworten überrascht?
2. **Finden Sie mithilfe Ihrer Antworten heraus, was davon das Allerwichtigste ist.** Gibt es ein weiteres Prinzip oder eine »Regel«, die alle Punkte auf dieser Liste verbindet?

3. **Sobald Sie das oder die wichtigsten Ding(e) identifiziert haben, arbeiten Sie sich rückwärts vor: Was sagt Ihnen das über Ihre eigenen Glaubenssätze?** Woran glaubt eine Person, die dafür sterben würde? Was ist dieser Person wichtig? Was ist dieser Person unwichtig?

Damit werden Sie leichter die Werte Ihres Wesenskerns identifizieren und dieses Wissen kann Ihnen wieder dabei helfen, einen gemeinsamen Nenner bei Begegnungen zu finden, und Sie werden sich weiterhin die zentrale Frage stellen: *Was ist für sie drin?*

SCHLUSSGEDANKEN

Nach meinem Drogenentzug wollte ich physisch und mental gesund bleiben, ein erfolgreiches Unternehmen aufbauen, indem ich eine gesamte Industrie mit ethischem Marketing umkrempeln (was ich erreichte), Sorgen von Unternehmern verringern und soweit möglich zu meinem Wort stehen und das Vorgenommene umsetzen würde. Dieser Ansatz hat mir gute Dienste geleistet und mir bewusst gemacht, dass einige Skills im Business sehr viel wertvoller sind als andere.

Es besteht kein Zusammenhang zwischen dem eigenen Können und der Bezahlung, aber ein starker zwischen dem eigenen Können, der eigenen guten *Vermarktung* und der Bezahlung.

Ich hatte das Glück, in einem großartigen Land geboren worden zu sein und Zugang zu dem nötigen Wissen gehabt zu haben, das enorm viel in meinem Leben bewirkte. Mein stetes Streben nach dem besten verfügbaren Wissen und den besten Beziehungen brachte mich an meinen jetzigen Punkt. Ich möchte keinesfalls die Tatsache meiner harten Arbeit kleinreden, mit der ich die Fertigkeiten erlernt, verbessert und angewendet habe, die mich hierhin gebracht haben, und hoffentlich habe ich diese Fertigkeiten gut vermitteln können.

Ich habe im Lauf meines Lebens Geld gemacht und wieder verloren, viele inspirierende Menschen getroffen, zahllose schmerzhafte und aufregende Erfahrungen gemacht sowie Beziehungen zwischen Menschen geschmiedet, um meinen Impact noch zu vergrößern. Eine so lange Zeit derart hart zu arbeiten, kann jedoch jeden ausbrennen lassen – auch mich. Ich kündigte daher 2021 ein Sabbatical an – dieses Buch ist größtenteils Produkt dieser Auszeit.

So weit ich zurückdenken kann, bin ich stets vorwärts marschiert, habe nach Stimulation gesucht und mich mit vollem Einsatz in Projekte und Beziehungen geworfen. Unterdessen entfernte ich mich weiter von meinen Wurzeln als Marketingfachmann und Werbetexter – ich schrieb normalerweise gar nichts mehr auf (meine Freunde, denen ich stets Sprachnachrichten schicke, können das bestätigen). Während dieses Prozesses fiel mir auf, dass man beim Aufschreiben besser über alles, was man über das Business und Beziehungen im eigenen Leben gelernt hat, nachdenken kann.

Als ich vor ungefähr einem Jahr für dieses Buch meine Arbeit und mein Unternehmen hinter mir ließ, war ich etwas bezüglich der Selbsthilfe- und Marketingindustrie desillusioniert, ebenso wie bezüglich der Menschen, zu denen viele als Führungspersönlichkeiten aufblickten und die man für »erfolgreich« hielt. Ich war damals erfolgreicher, als ich mir je erträumt hätte, aber mein eigenes Leben wurde immer komplizierter. Überdies verarbeitete ich auch den Schmerz, der daraus herrührte, dass einige der wichtigsten Menschen in meinem Leben unerwartet gestorben waren.

Ich wollte immer noch den wahrlich erstaunlichen Menschen auf dieser Welt etwas geben, die selbst anderen halfen und gaben, ich wollte weitermachen, aber irgendwie hatte ich das Gefühl, meine Richtung im Leben verloren zu haben. Ich wollte etwas verändern, aber war mir nicht sicher, wo. Dann schlug die Covid-19-Pandemie zu und Menschen verloren ihre Jobs oder ihre Angehörigen. Es herrschte eine riesige Verwirrung über die widerstreitenden Medienberichte, die unklaren Richtlinien der Regierung, die Motivation der Politik, die massive Propaganda und so viele andere Muster, die ich in meinem Leben noch nie so deutlich gesehen hatte.

Während die Jahre 2020 und 2021 verstrichen, sich so viele Familien und Freunde nicht sehen, ihre Lieblingsorte nicht aufsuchen oder Zeit mit ihren Angehörigen verbringen konnten (in den Vereinigten Staaten und dem Großteil der Welt), kam es zu einem gehörigen Ausmaß an Selbstbewertung und Selbstreflexion – quasi in Echtzeit. Allerorten und oft in den sozialen Medien machten sich Menschen Gedanken darüber, ob sie die richtigen Entscheidungen getroffen hätten oder ein sinnvolles Leben lebten. Andere waren ernstlich deprimiert, selbstmordgefährdet, einsam oder verfielen Süchten.

Und in diesem Rahmen verlor die Welt, in der ich einen Großteil meiner Zeit verbrachte, anscheinend den Verstand. Ich glaube, viele dürften dies in ihrer eigenen Welt auch beobachtet haben.

Nach Covid leben wir nun in einer Welt, die von einem ideologischen Krieg geprägt ist. Die Unternehmen hinter den sozialen Medien mit ihren filternden Algorithmen haben die Menschen mehr denn je voneinander entfernt und gespalten. Wir misstrauen allem in einem noch nie dagewesenen Ausmaß. Dadurch haben wir vergessen, wie man einen gemeinsamen Nenner findet, miteinander redet und gemeinsam etwas aufbaut.

Wenn ich an mein Leben zu Beginn des letzten Jahres zurückdenke, bin ich dankbar für das, was ich hatte, aber ich fühlte mich zunehmend erschöpft. Ich stellte einige meiner Entscheidungen infrage, einige der Beziehungen, in die ich Energie gesteckt hatte, und meine eigenen Grenzen, die ich nicht gut genug abgesteckt hatte.

Ich hatte etwas dagegen, dass so viel unklare und oft unehrliche Ratschläge so vielen Menschen das Leben erschwerten. Diejenigen, die dadurch am meisten verletzt wurden, waren diejenigen, die nicht die finanziellen Mittel hatten, um die von den Menschen mit der Macht verursachten Schwierigkeiten zu überstehen. Es war demoralisierend, dass so viele unserer Führungsgestalten ihre eigenen Interessen über die der leidenden Menschen stellten.

Es ist ein wenig ironisch, dass ich mein Sabbatical ausgerechnet während einer Pandemie nahm, aber die Erfahrung führte dennoch bei mir, wie bei so vielen anderen, zu einem persönlichen Erwachen. Ich sah die Distanzen zwischen Freunden, Familien, Communitys und Menschen auf der ganzen Welt so schnell wachsen und erinnerte mich wieder daran, was ich die ganze Zeit getan hatte und wer ich war: Ich war der Typ, der die Leute zusammenbrachte, ich war der Vernetzer der Menschen.

Es ist leicht, vom eigenen Ehrgeiz verzehrt oder hinters Licht geführt zu werden, und es kommt natürlich zu Augenblicken im Leben, in denen man »hinterherhinkt«, und zu anderen, in denen man sich zurückzieht und nachdenkt. Ich ging einen Moment davon aus, dass ich meinen Elan verloren hätte, aber nun kam er zurück.

Wie ich zu Beginn des Buches schrieb: *dass es in diesem Buch nicht nur um Fertigkeiten geht, sondern auch um Charakter.* Da ich nun mit einer neuen Perspektive in diese Welt zurückkehre, hoffe ich, dass dieses Buch Ihnen hilft, Ihren eigenen Charakter auf eine Weise zu verstehen, die Ihrem Unternehmen, Ihren Verbindungen und Ihrem eigenen Wachstum auf die Sprünge hilft.

Es kann hoffentlich der erste »Dominostein« für jeden sein, der sich dem Entrepreneurship widmen will. Es kann hoffentlich Menschen helfen, die bereits Unternehmer sind, immer noch an ihrem Wachstum arbeiten und ihren eigenen Sinn in dieser Welt entfalten wollen. Für mich persönlich hoffe ich, dass es im nächsten Kapitel meines Lebens darum geht, ein Katalysator für die Geber dieser Welt zu sein, für ein Schutzschild zwischen ihnen und den Nehmern.

Während ich mich nun wieder an die Arbeit mache – nachdenklicher, strategischer und zielgerichteter –, will ich auch das Genius Network weiter voranbringen. Ich will mehr Zeit damit verbringen, Menschen beim Drogenentzug zu helfen – mit Projekten wie Artists for Addicts, Genius Recovery und meinem Virtual-Reality-Unternehmen GeniusX. Verdammt, ich habe sogar mit einigen Freunden gemeinsam eine 16 Hektar große Geisterstadt namens Cleator in Arizona gekauft, und will sie wiederaufbauen – das können Sie unter www.WhatsYourCleator.com verfolgen.

Ich möchte weiter der kreativen Arbeit nachgehen, wie ich es mit Akira Chan und anderen bei Filmen für Artists for Addicts getan habe – mit Geschichten, die die Herzen der Menschen erreichen, die gleichzeitig Geld für gute Zwecke aufbringen und als Katalysator wirken.

Ich möchte auch in gewissem Umfang mehr über die Bedingungen erzählen, die mich zu dem gemacht haben, der ich heute bin – inklusive meines Entzugs von mehreren Süchten und einigen Erfahrungen in meiner Kindheit (von denen viele in dem Film *Connected: The Joe Polish Story* über mein Leben dargestellt werden, den Devang Patel, Mitglied des Genius Network/100K, und Produzent Nick Stanton gedreht haben).

Eins habe ich beim Schreiben dieses Buches gelernt: selbst wenn manches anders wirkt, bleibt die Essenz doch dieselbe. Denn:

- Menschen wollen Verbindungen zu anderen;
- wollen sich wie etwas Besonderes fühlen und so, als würde man sich um sie kümmern;
- wollen wertgeschätzt werden;
- wollen Lösungen für ihre Probleme.

Und wenn Sie zu den Menschen gehören, die sich um andere sorgen und deren Probleme lösen können, die verstehen, was für sie drin ist, dann gibt es keine Grenzen für das, was Sie erreichen können oder für den Frieden und die Freude in Ihrem eigenen Leben.

LEKTIONEN AUS JOES SABBATICAL

Im Jahr 2021 nahm ich ein Sabbatical. Es bot mir eine Menge Einsichten und verschaffte mir die Zeit, um wirklich über die daraus gezogenen Lehren nachzudenken, von denen ich weiter unten einige mit Ihnen teilen möchte. Wenn Sie die gesamte Liste der über 35 Sabbatical-Lektionen mit tiefergehenden Erklärungen lesen und einen Vortrag hören wollen, den ich über mein Gelerntes hielt, dann gehen Sie bitte zu: **www.JoesSabbatical.com**

- Es gibt keine Regeln für Sabbaticals. Sie tun, was Sie wollen.
- Seien Sie bereit, alles in Ihrem Leben zu eliminieren, das nicht exzellent ist.
- Es verjagt das Glück, wenn man ihm nachjagt.
- Nicht verbrachte Zeit in den sozialen Medien ist gesünder für Ihren Kopf als die inspirierenden Zitate, die Sie dort zu lesen bekommen.
- Es ist schwieriger, etwas zu verlernen, als es zu erlernen.
- Sie wissen erst, was Sie haben, wenn Sie es verlieren; Sie aber wissen auch nicht, wie viel Mist Sie ertragen, bis Sie sich dem eine Weile entziehen können.
- Entscheidungen über Ihr Privatleben lassen sich leichter ohne die Belastung geschäftlicher Entscheidungen treffen.

HILFSMITTEL

Erinnern Sie sich noch an meinen Hinweis zu Beginn des Buches auf eine einfache Methode, der Ihnen Zugang zu den Hilfsmitteln, Tools und Übungen dieses Buches verschaffen würde? Dann richten Sie einfach Ihr Smartphone auf den untenstehenden QR-Code und er wird Sie direkt zur Seite mit allen Ressourcen bringen:

www.WIIFTbook.com/resources

DANKSAGUNG

Das Schreiben dieses Buches war ein langer Prozess, der vor Jahren seinen Anfang nahm, als Reid Tracy, Tucker Max und Scott Hoffman Vorträge vor meiner 100K-Gruppe beim Genius Network hielten. Das war der erste Dominostein. Der Schreibprozess wurde von einer globalen Pandemie unterbrochen, aber dank vieler Menschen beendet.

Danke an das gesamte Hay-House-Team, inklusive Reid Tracy, Patty Gift und meiner Lektorin, Anne Barthel, die im Laufe unserer Zusammenarbeit stets noch sarkastischer und lustiger wurde, obwohl sie versuchte, professionell zu bleiben. Danke an meinen Agenten Scott Hoffman, der sich den ursprünglichen Titel einfallen ließ, der beschreibt, was ich den größten Teil meines Lebens getan habe, und an Dale Carnegie, dessen Buch *Wie man Freunde gewinnt und Menschen beeinflusst* eine der wichtigsten Inspirationsquellen für diesen Prozess war.

Danke an alle, die mir beim Schreiben und den Überarbeitungen mehrerer Rohfassungen dieses Buches in verschiedenen Stadien geholfen haben, inklusive Tucker Max, der am ursprünglichen Buchvorschlag mitarbeitete, und Hal Clifford, der stundenlange Interviews mit mir führte, um zu Beginn einen ersten Entwurf zu Papier zu bringen.

Danke an JR, der bei der zweiten Rohfassung geholfen und so viel aus meinem eigenen Leben und meiner Story eingefügt hat.

Danke an Dean Jackson, den Co-Moderator meines Podcasts *I Love Marketing*.

Dankeschön, Anna David, mit der ich gemeinsam ein Buch über Drogenentzug, als Teil von Hal Elrods Reihe *The Miracle Morning*, geschrieben habe und dafür, dass sie mich mit Ryan Aliapoulios bekannt machte. Das führte zu einer großartigen Zusammenarbeit, die zur finalen Rohfassung und schließlich zu einem fertigen Buch führte. Ich hätte es nicht allein beenden können ohne all die Hilfe und harte Arbeit, so wie ich aktuell diesen Part mit Ryan und Eunice Miller, meiner wunderbaren Assistentin seit 27 Jahren, zusammen schreibe. Bis zum letzten Absatz habt ihr beide mir geholfen, das Projekt über die Ziellinie zu tragen. Hoffentlich ist es nun an mühelos, lukrativ und lustig!

Danke an Ben Hardy für deine spitze Feder und dein Können als Lektor; und dafür, dass du allem den letzten Schliff gegeben hast, um es noch lesbarer zu machen. Du bist wahrlich ein Schatz! Danke auch an das Kreativteam bei Gaping Void Culture Design Group für ihre Arbeit am Cover.

Ich will noch einmal dir, Eunice Miller, danken, auch wenn sich das wie ein absolutes Understatement anhört. Deinen Beitrag zu meinem Leben und meinem Unternehmen und dem Leben und dem Business so vieler unserer Klienten der letzten 27 Jahre kann ich gar nicht in Worte fassen. Es würde ein eigenes, neues Buch erfordern, all das in Worte zu fassen. Du hast mir auf jeder Stufe dieses Prozesses geholfen und bist schon so lange die wichtigste Person meines Unternehmens und Lebens.

Danke an mein aktuelles Team bei Piranha Marketing und dem Genius Network, für die Hilfe bei der Leitung meines Unternehmens während meines Sabbaticals und für all die bedeutende Arbeit, die wir jeden Tag gemeinsam vollbringen; inklusive Gina DeLong, Rahkeem Kearney, Chelsea Lucero, Kevin Vanda, Denise McIntyre, Lauren Cortes und Lauren Cannon. Danke auch an Timothy Paulson – wir haben 20 Jahre zusammengearbeitet und auch wenn du behauptet hast, dich gerade zur Ruhe gesetzt zu haben, so glaube ich dir das doch nicht!

Danke an Dan Sullivan und Babs Smith für die Gründung von Strategic Coach. Ich bin dort seit 1997 Kunde und ihr seid zu zwei meiner besten Freunde geworden. Gemeinsam haben wir das Leben hunderttausender

Menschen beeinflusst und ich kann mir nicht vorstellen, wie die nächsten zehn Jahre aussehen werden.

Danke an all die Personen, die weiteren Input und Inspiration (in einigen Fällen die Erlaubnis) mit ihren Konzepten, Storys und Einsichten gegeben haben (nahezu alle sind sehr enge Freunde und viele selbst Bestsellerautoren), oder die anderweitig eine bedeutende Rolle für den Erfolg dieses Buches spielten. Dazu gehören Summer Mulder, Annie Lalla, Harvey Mackay, Gary Chapman, Jennifer Hudye, Dr. Edward Hallowell, Cheri Ong, Michael Fishman und Elaine Glass, Robert B. Cialdini und Bobette Gorden, Steve Sims, Chris Voss, BJ Fogg, Neil Strauss, Ken Wells und David Bach.

Danke an alle, die frühe Fassungen dieses Buches gelesen haben und mich ermunterten weiterzumachen – dazu gehören einige der bereits Genannten, aber auch Victoria Labalme, B. Jeffrey Madoff, Steven Pressfield, Roland Frasier, Paul Johnson, Lee Benson, Craig Clemens, Mike Koenigs, Dave Asprey, Jason Fladlien, Verne Harnish, Craig Forte, Tony Rose, Ray Kurzweil, Garrett Gunderson, Laura Catella, Brian Kurtz, Jim Dew, Jim Kwik, Jay Abraham, Steve Ozanich, Greg Ragland, Michael Fishman, Tracy Childers, Lisa Wagner, Guy Daigneault, Cameron Herold, Wesley Kress, Anand Dugar und Mark Tarbell.

Danke an die 100K-Gruppe und alle Mitglieder des Genius Network. Jedes Problem dieser Welt kann gelöst werden, wenn man das richtige Genius Network hat; gemeinsam haben wir Tausende davon in den letzten zehn Jahren gelöst – aber es liegen noch viele weitere vor uns.

Ich will auch mein GeniusX-Team erwähnen, inklusive Nick Janicki, Lyle Maxson, Gisele Wyne, Mike Dudley und Lee Benson. Vielleicht werden wir den gesamten in diesem Buch beschriebenen Prozess eines Tages in VR übertragen.

Ein besonderer Dank an all die Menschen, die mit mir zusammenarbeiten und zu Genius Recovery und Artists for Addicts beigetragen haben, unter anderen Akira Chan und Renee Airya, Andre Norman, Mimi Dew, Gabor Maté, Bill Phillips, Jon und Missy Butcher, Leila Parnian, Tony und Mary Miller, Josh Bezoni, Susan Potje, Joe Woodford, Erin Matlock, Nic Peterson, Ken Wells und Brett Kaufman. Ein weiteres Danke an die vielen inspirierenden Lehrmeister des Drogenentzugs und der anschließenden Genesung, inklusive Bill W. und Dr. Bob, Dr. Patrick Carnes, Tommy Rosen, Tim Ringgold, Deanne Adamson, Dr. Dan Engle, Dr. Martin Polanco, Morgan Langan und Puma St. Angel.

Danke an meine Mitarbeiter in der 16 Hektar großen Geisterstadt in Arizona, die wir Cleator genannt haben: Jason Campbell, Mike Leoni und Ben Hudye. Das ist auf jeden Fall ein Abenteuer und die Arbeit wartet bereits auf uns!

Danke an alle meine Freunde und die Autoren, die ich nicht bereits erwähnt habe, die mir aber geholfen haben, meine Philosophie eines ELF-Lebens und -Unternehmens zu verwirklichen, inklusive Dr. Ramani Durvasula, Devang Patel, Ken Glickman, Brian Tracy, Robert Ringer, Paul Ross, Craig Ballantyne, Tony Policci, Skyler Allen Parr, Bob Burg, John Sarno, Dr. Daniel Amen, Whitney Jones, Ari Meisel, Dr. Sachin Patel, David Berg, Bob Markowitz, Janet Attwood, Gino Wickman, Alex Mandossian, Les Brown, Keith Cunningham, Brian Kay, Joe Stumpf, Derek Sivers, W. Brett Wilson, Ishan Goel, Martin Howey, Gary Bencivenga, Tim Larkin, Parris Lampropoulos, Ben Altadonna, Chip Wilson, Brian Scudamore, Patrick Gentempo, Jeff Hays, Robin Robins, Marie Forleo, Wally Wang, Patti Mara, Barbara Hemphill, Jeff Smith, Dan Kennedy, Peter Diamandis, Eben Pagan, Joel Weldon, John Carlton, Terri Lonier, Nick Nanton, Evan Carmichael, JP Sears, Nick Sonnenberg, Alejandra Leibovich, John Raymonds und Annie Hyman Pratt. Ich sollte noch andere erwähnen – aber es sind so viele, dass dieses Buch um ein ganzes weiteres Kapitel verlängert werden müsste! Dennoch will ich wenigstens erwähnen, dass ich allen dankbar bin, die einen Einfluss auf mich hatten – ich hoffe, ihr wisst, an wen ich dabei denke. Ich werde noch weitere Namen unter www.WIIFTBook.com/acknowledgments auflisten.

Ich will auch all diesen Freunden danken, die mich auf dieser Reise begleitet haben und die ich auf diesem Weg verloren habe, wie Gary Halbert, Dave Kekich, Mark Schneider, Joe Sugarman, Dr. Nathaniel Branden, Dr. Janice Dorn, Dr. Sean Stephenson und meiner Mom und meinem Dad. Ihr hattet alle einen so wichtigen Einfluss nicht nur auf mein Leben, sondern auch auf die Welt.

Ein großes Danke an all die Geber dieser Welt und ein weniger großes an all die Nehmer – wir alle haben einen Zweck auf dieser Erde, selbst wenn er nur darin besteht, zeitweilig als schlechtes Beispiel zu dienen. Ich tue mein Bestes, in allem eine Lektion zu sehen.

Und schließlich ein großes Danke an alle, die so freundlich und nett zu mir waren, obwohl ich mich ihnen gegenüber wie ein Idiot benommen habe. Wir neigen dazu, uns selbst anhand unserer Absichten, aber andere anhand ihrer Handlungen zu bewerten, daher Danke, dass ihr es andersherum gehandhabt habt!

Ich verspreche, dass ich mein Bestes geben will, um den Worten in diesem Buch gerecht zu werden, anderen zu helfen, ein ELF-Leben und ELF-Unternehmen aufzubauen, und mir weiterhin die Frage zu stellen: »Was ist für sie drin?«

LOBENDE STIMMEN FÜR *WAS IST FÜR SIE DRIN?*

In einer Welt, in der Einsamkeit und der Verlust zwischenmenschlicher Bindungen zu einer Epidemie wurden, zeigt uns Joe Polish kristallklare und zeitlos gültige Methoden, um authentische Beziehungen zu schaffen, die Ihnen und der Welt nutzen. Diese Lektionen stammen von einem Meister seines Fachs in unserer Zeit, der Networking mithilfe echter und tiefer Freundschaften betreibt. Lesen Sie dieses Buch, um die Welt zu einem besseren Ort zu machen.

Dave Asprey, Gründer von Bulletproof Coffee und Autor von vier Titeln auf der *New-York-Times*-Bestsellerliste

Joe Polish schreibt weiter an seinem Schlachtplan für Erfolg und geistigen Frieden, den alle durch das radikale Konzept der Großzügigkeit übernehmen können. Er zeigt Ihnen, wie man die Welt zu einem besseren Ort macht und wohlhabend wird, ohne die eigene Seele zu opfern.

Chris Voss, ehemaliger Verhandlungsexperte für Geiselnahmen beim FBI und Gründer von The Black Swan Group sowie Autor von *Kompromisslos verhandeln: Die Strategien und Methoden des Verhandlungsführers des FBI*

Es irritiert mich, dass es Ratgeber von Autoren gibt, die nicht deutlich machen, wieso man auf ihren Rat hören sollte. Joe Polishs *Was ist für sie drin?* ist das exakte Gegenteil … er ist ein absoluter Meister darin, Beziehungen zu den Menschen aufzubauen, mit denen er Geschäfte macht … Das ist tatsächlich das entscheidende Element – abgesehen davon, ein großartiges Produkt zu haben und zu wissen, wie man es vermarktet – für den Erfolg des eigenen Unternehmens. Und es macht Spaß!

Steven Pressfield, Bestsellerautor von *The War of Art* und *Turning Pro*

Eine von Joes größten Gaben ist die Verbindung zu anderen: seine fast schon unheimliche Fähigkeit, uns mit neuen Ideen, Chancen, Menschen und, am wichtigsten, mit uns selbst in Verbindung zu bringen. Dieses Buch ist eine Schatztruhe an Weisheiten und praktisch umsetzbaren Strategien, die Ihnen und denjenigen, denen Sie einen Dienst erweisen wollen, noch jahrelang von Nutzen sein wird.

Marie Forleo, Autor von *Everything is Figureoutable*, das den 1. Platz der *New-York-Times*-Bestsellerliste erreichte

Was ist für sie drin? modernisiert auf brillante Weise das meisterhafte Netzwerken und bietet Unterhaltung, Erbauung sowie eine unverfälschte Ehrlichkeit, die oft verloren geht, wenn Autoren bei niemandem anecken, aber allen ein bisschen was bieten wollen. Joes Buch liefert unbezahlbare, umsetzbare Strategien in einzelnen Schritten, mit denen Sie sofort bessere

Beziehungen aufbauen, besser leben und positiv auf diese Welt einwirken können.

Roland Frasier, Mitgründer und/oder Geschäftsinhaber von fünf verschiedenen Unternehmen, die auf der Liste der am schnellsten wachsenden Unternehmen des *Inc. Magazine* standen

Alle wissen, dass man lieber innerhalb gefestigter Beziehungen Geschäfte macht. Die unbeantwortete Frage war stets, wie man diese Beziehungen tatsächlich aufbaut. Sie wurde hier beantwortet. Dieses geniale Buch zeigt uns präzise, wann und wie man das macht. Das macht dessen Brillanz aus … und macht es zu einer unentbehrlichen Lektüre.

Robert B. Cialdini, Autor von *Influence* und *Pre-Suasion*

Joe Polish ist der erstaunlichste Marketingexperte, den ich je getroffen habe, denn er ist ein wunderbarer Mensch, der andere wunderbare Menschen dazu motiviert, das Beste, was sie für andere tun können, noch zu vervielfachen. Er betrachtet alles stets zuerst aus der Perspektive des anderen … Joe war dabei immer besser als andere. Und nun vermittelt er uns – denjenigen, die ihr ganzes Leben im Marketingbereich gearbeitet haben – auf einfache Weise, wie wir es ebenfalls besser machen können.

Dan Sullivan, Mitgründer sowie Präsident von Strategic Coach® und Autor von *Frag nicht wie – frag wer!* und *Das GAP-and-GAIN-Konzept*

In *Was ist für sie drin?* schöpft Joe Polish aus seinem massiven Erfolg in Geschäftsbeziehungen und führt den Leser auf einen Pfad in eine bessere Zukunft … Sie werden erfahren, wie er enorme Widrigkeiten überwand, aber auch gleichzeitig Anleitung erhalten, wie Sie dasselbe tun können. Sie werden sehen, wie er das einflussreichste Marketingnetzwerk der Welt aufbaute, aber auch Übungen vorfinden, mit denen Sie Ihre eigenen Beziehungen optimieren können. Das ist jedoch noch nicht alles, denn Joe erzählt auch von seinen Erfahrungen und lässt uns an der Weisheit vieler erfolgreicher Menschen teilhaben, denen er ein Mentor war oder mit denen er jahrelang zusammenarbeitete. Dieses Buch ist ein Gamechanger für Leser, die sich Joes Einsichten zu eigen machen und die von ihm erläuterten praktischen Schritte umsetzen.

Dr. phil. B. J. Fogg, Verhaltensforscher an der Stanford University und *New-York-Times*-Bestsellerautor von *Die Tiny Habits®-Methode: Kleine Schritte, große Wirkung*

Ob Sie mit einem Prominenten in Kontakt treten wollen oder mit einem Industrietitanen: Ich kann persönlich bestätigen, dass Joes Methoden Ihnen nicht nur ein Meeting ermöglichen, sondern oft auch noch eine unerwartete Freundschaft mit sich bringen werden.

Craig Clemens, Copywriter, Markenstratege und Mitgründer von Golden Hippo

Ich war sofort fasziniert, als ich von Joe Polish und dem Genius Network erfuhr. Nach meinem ersten Genius-Network-Meeting erschien es ganz natürlich, auch Teil der 100.000-Dollar-Gruppe (100K) zu werden. Mein Leben hat sich für immer geändert. Joe hat mich mit zahllosen Menschen in Verbindung gebracht, die mein Leben und mein Unternehmen verändert haben. Am wichtigsten aber war, dass mich Joe auch weiterhin lehrt, wie ich einen besseren Zugang zu mir selbst, zu meiner Heilung und Transformation finde. Es wird Sie überraschen, welch eine enorme Tiefenwirkung dieses Buch entfaltet. Es zeigt ausführlich, wie und warum man Verbindungen zu anderen eingeht – und es wird Sie überraschen.

Dr. Benjamin Hardy, Autor von *Be Your Future Self Now*

Ich habe im Laufe meiner Karriere bereits Hunderte außergewöhnlich erfolgreiche Entrepreneure, Redner, Autoren, Prominente und Geschäftsleute getroffen, aber noch niemanden, der es so meisterlich beherrscht, ehrliche, aufrichtige und bedeutende Beziehungen aufzubauen wie Joe … Wenn Sie nur einige seiner Strategien umsetzen, wird Ihr Leben – und das Leben der Menschen um Sie herum – in vielerlei Hinsicht gesegnet werden.

Craig Forte, Präsident von Forte Communications Inc.

Die höchste Form der Weisheit ist die Fähigkeit, konventionelle Weisheiten auf den Kopf zu stellen. Und genau das macht Joe mit *Was ist für sie drin?*

Nic Peterson, Scale-up-Experte und Autor von *Bumpers*

Ich glaube, wie wir unser Leben leben, kann lehrreich für andere sein. Beim Lesen von Joes Geschichte wird Ihnen ersichtlich, was ihn auf so einzigartige Weise zum Schreiben dieses genialen Buches befähigt. Hinter jedem Prinzip steckt ein Versprechen. Jede Geschichte illustriert eine Strategie. Jede Offenbarung bringt eine Belohnung mit sich. Unsere Welt ist mit ihm ein besserer, freundlicherer Ort, und ich bin dankbar, dass er seinen besonderen Witz, seine Wärme und Weisheit in dieses Werk einfließen ließ.

Jim Kwik, *New-York-Times*-Bestsellerautor von *Limitless: Wie du schneller lernst und dein Potenzial befreist*

Ich weiß vielleicht nichts über Entrepreneurship, aber als Arzt und Autor weiß ich etwas über Menschen und Bücher. *Was ist für sie drin?* ist wie sein Autor Joe Polish. Es ist authentisch, es dreht sich vor allem um Kommunikation und Beziehungen; es ist direkt und auf den Punkt; es ist wortgewandt, einsichtig, ehrlich, lebhaft, weise und lustig. Es wird vielen Menschen behilflich sein.

Dr. Gabor Maté, Autor von *Vom Mythos des Normalen: Wie unsere Gesellschaft uns krank macht und traumatisiert – Neue Wege zur Heilung*

Was ist für sie drin? ist eine gedankenvolle Betrachtung über die Entwicklung richtiger Beziehungen. Joes leicht zu lesender und erhellender Leitfaden über Aufbau und Pflege von Beziehungen ist nahezu genauso gut, als wäre man mit dem gesamten Genius Network in einem Raum. Sie müssen Joe nicht persönlich treffen, um ihn kennenzulernen und von der Weisheit zu profitieren, die durch seine Erfolge sowie Bewährungsproben und Schwierigkeiten zu Lektionen geschmiedet wurden, für all jene, die bereichernde Beziehungen führen wollen.

Tony Rose, Gründungspartner von Rose, Snyder & Jacob und Co-Autor von *Beautiful Grief*

Ich kenne Joe seit 20 Jahren und habe gesehen, wie meisterhaft er sich mit dem ROI bei Beziehungen auskennt. Das Beste daran, er lehrt Sie, es ihm gleichzutun – nehmen Sie diese Gelegenheit wahr!

Steve Sims, Autor, Coach und kreativer Disruptor bei SteveDSims.com

Eines der einsichtsvollsten und nützlichsten Bücher dieses Jahrhunderts. Joe Polish erläutert detailliert, wie man eine authentische Verbindung zu Menschen herstellt – wie man echte Freunde statt nur Geschäftspartner gewinnt. Es gibt keine wichtigere Fähigkeit, die Sie für ein glückliches und erfülltes Leben kultivieren sollten.

Verne Harnish, Gründer von Entrepreneurs' Organization (EO) und Autor von *Scaling Up, Skalieren auch Sie!*

Ich drücke allen, die ich mag, *Was ist für sie drin?* in die Hand. Und das sage ich nicht einfach so. Ich kenne Joe Polish seit 1997, war ein frühes Mitglied des Genius Networks und sehe ihn als echten Freund an. Ich habe mich immer gefragt: ›Wieso gibt Joe so viel und verlangt nichts zurück?‹ Die Antwort auf diese Frage findet sich in diesem sensationellen Buch, und es stellt sich dabei heraus, dass es das Geheimnis ist, wieso er vielleicht die am besten vernetzte Person auf diesem Planeten ist (und von allen gemocht wird, die ihn kennen) … Wir alle können mehr Verbindungen und mehr Liebe erfahren und mit anderen teilen, und dieses Buch kann dabei unser Leitfaden sein.

David Back, zehnfacher *New-York-Times*-Bestsellerautor
und Mitgründer von AE Wealth Management

Jahrelang habe ich mich gefragt, wie Joe Polish es geschafft hat, so eine beeindruckende Kartei der einflussreichsten Führungspersönlichkeiten der Welt aufzubauen. In *Was ist für sie drin?* enthüllt er all seine Geheimnisse … Ich empfehle dieses Buch nachdrücklich allen Entrepreneuren, die eine neue, authentische Art des Netzwerkens erlernen wollen; bedeutungsvoll und auf langfristige Ergebnisse ausgelegt.

Jennifer Hudye, Gründerin von
Conscious Copy & Co.

Authentische Beziehungen sind das Herzstück eines erfüllten Lebens und einer erfolgreichen Karriere. Wenn es darum geht, uns beizubringen, wie man eine echte Verbindung zu Menschen in unserem persönlichen und beruflichen Umfeld aufbaut, sticht vor allem ein Mensch als Bester auf seinem Gebiet heraus: der Autor Joe Polish. Dieses Buch ist Pflichtlektüre für alle, die tiefere, bedeutungsvollere Beziehungen aufbauen wollen, indem sie zuerst anderen verpflichtet sind und dadurch zu Menschen werden, bei denen alle gern ans Telefon gehen, wenn es klingelt.

Ryan Levesque, als CEO fünfmal auf der Liste der Inc. 5000 und mit seinen Büchern *Ask* und *Choose* landesweit auf dem 1. Platz der Bestsellerlisten

Joe Polish ist anders als alle anderen Menschen, die ich kenne. Ein echter Netzwerker, spaßiger Zeitgenosse, gewitzter Geschäftsmann und loyaler Freund. In *Was ist für sie drin?* schildert er bestimmte Ansätze, Ideen, Einsichten und gibt Tipps weiter, die ihm dabei geholfen haben, vom Drogenabhängigen am Boden zum sehr erfolgreichen Entrepreneur zu werden. Sie werden vielleicht einiges davon lesen und sich denken: ›Jupp, das wusste ich. Okay, das ist offensichtlich. Oh, das ist was Neues!‹, aber diese einfachen Wahrheiten sind wie ›Dominosteine‹, sagt Joe und jeder davon baut auf dem vorherigen auf … Und wenn Sie dieses Prinzip auf die zukünftigen Interaktionen in Ihrem Leben anwenden, werden dessen positive Auswirkungen all Ihre Erwartungen übertreffen.

Victoria Labalme, Bestsellerautorin des *Wall Street Journal*, Gründerin von Risk Forward® und Rock The Room®

Joe hat … einen integrativen Schnellkurs für rasche Ergebnisse über die Bedeutung des Geschäfts- und Privatlebens geschrieben, der sich jeder Kategorie entzieht. [Er] hat es geschafft, auf bemerkenswerte Weise anzusprechen, zu erklären und zu illustrieren (durch dutzende und aberdutzende fesselnde Fallbeispiele), wie man sich eine unvergleichlich tiefgehende Dimension an Bedeutung, Sinn und Bereicherung für das ganze weitere Leben und die Karriere erschließt, erreicht und lebt … Wahrlich ein Gamechanger fürs ganze Leben.

Jay Abraham, Gründer und CEO
von The Abraham Group

Wir verbessern mithilfe von Technologie menschliche Beziehungen in exponentieller Geschwindigkeit. Dabei treten jedoch noch Wachstumsschmerzen auf. In *Was ist für sie drin?* zeigt uns Joe Polish dank seiner transformativen Ideen für eine schnelllebige Welt, wie wir diese vermeiden können.

Ray Kurzweil, Erfinder, Autor und Zukunftsforscher

Weil Joe Polish stets dieselbe authentische Version seiner selbst gegenüber Klienten und Freunden war und nie peinliche, auf einer Agenda basierende Alter Egos angenommen hat, ist er der perfekte Leader, um auf positive Weise die Businessratgeber der letzten 100 Jahre zu disruptieren, indem er auf etwas hinweist, das fast überall übersehen wurde: Die Art, wie man eine Karriere und ein Unternehmen aufbaut, ähnelt erstaunlicherweise dem Prozess, wie man zu einem besseren Menschen wird … *Was ist für sie drin?* erringt sofort seinen wohlverdienten Platz unter den beliebtesten und angesehensten Klassikern der Businessratgeber.

Michael Fishman, Berater und Gründer
von Consumer Health Summit

24 Stunden nachdem ich *Was ist für sie drin?* gelesen hatte, nutzte ich eine von Joes Strategien für eine tiefere Verbindung zu einigen außergewöhnlichen Menschen [und erhielt] unglaubliche, sofortige und nahezu mühelose Resultate. Es wäre eine grobe Vereinfachung dessen, was Joe uns so gekonnt in *Was ist für sie drin?* beibringt, wenn ich es einfach als ›Strategie‹ bezeichnen würde. Dabei handelt es sich in Wahrheit nicht um soziale ›Strategien‹, ›Taktiken‹, ›Hacks‹ oder etwas Ähnliches, sondern Joe bietet uns Methoden an, die uns mit unserem eigenen wahren Selbst in Verbindung bringen. Er gestattet es uns, diese innerste Essenz für richtig, ausreichend und wundervoll zu verstehen … Er bringt uns Authentizität ohne Schwäche bei. Er lehrt uns, wie wir anderen von einem Standpunkt der Erhabenheit aus statt als Fußabtreter einen Dienst erweisen können. Eine unterhaltende, fesselnde und zum Nachdenken anregende Lektüre, die ich mir wieder und wieder vornehmen werde.

Laura Catella, Gründerin von Diamond Day

Wenn Sie einen Selbsthilferatgeber in die Hand nehmen, wirkt er zumeist wie eine Vitaminkautablette: etwas süß, aber ohne viel bleibenden Nutzen. *Was ist für sie drin?* ist eher eine Runderneuerungskur … Joe verwebt eine wilde Mischung aus Tragödien, Triumphen, lustigen Geschichten, bekannten Namen, anonymem Trashtalk, Marketinglektionen und Einsichten über Schmerz und Heilung zu einem wirkungsvollen Ratgeber, der einem zu grundlegenden Veränderungen des eigenen Lebens verhilft … wenn Sie sich dazu entschließen. Jedes Kapitel fasst elegant und hilfreich die Ideen zusammen, um stärkere Verbindungen zu anderen und zu sich selbst aufzubauen. Die Fragen, die man sich in jedem Kapitel stellt, reichen tief, gehen manchmal an die Nieren. Dieses Buch … wird man mehr als einmal lesen und weiterempfehlen.

Lisa Wagner, Gründerin von RugChick.com

Eines der wichtigsten Bücher darüber … wie man ein robustes Netzwerk in dieser modernen, an Technologie überbordenden Ära aufbaut.

Wesley Kress, CEO von Breakthrough Performance and Rehab

WOW – Joes neues Buch hat mich von den Socken gehauen … Er lässt uns alle an seinem tiefen Verständnis für andere teilhaben, sowie seinem Wissen darüber, wie man bedeutende, wirkungsvolle und profitable Beziehungen aufbaut, und das nicht nur leicht verständlich, sondern auch umsetzbar.

Cameron Herold, Gründer von COO Alliance und Autor von *Vivid Vision*

Das beste Buch über Beziehungen und Netzwerken, das ich JEMALS gelesen habe … Wir haben stets darüber gestaunt, wie [Joe] ein nicht nur weitreichendes, sondern auch tiefgehendes Netzwerk an Beziehungen aufgebaut hat. In seinem neuen Buch erläutert [er] die von ihm genutzten umsetzbaren Schritte und Strategien, mit denen er zu einem der bestvernetzten Entrepreneure der Welt wurde. Joe mischt Verletzlichkeit mit Humor, um uns zu helfen, ELF-Beziehungen (einfach, lukrativ und fröhlich) aufzubauen, die Reichtum, Freiheit und Bedeutung in unserem Leben steigern. Das macht Joes Genie aus und Sie können es sich ebenfalls zu eigen machen.

Jim und Mimi Dew, Co-Gründer von Dew Wealth Management und Autoren von *Beyond a Million: The Entrepreneur's Playbook for Expanding Wealth, Freedom and Time*

Was ist für sie drin? ist … die ultimative Landkarte für ein Leben voller Zwecks, Befriedigung und Glück … Das ist (zum Glück) eindeutig kein Buch über traditionelles Netzwerken; stattdessen handelt es sich um eine Anleitung dafür, wie man tiefgehende, gut vernetzte Beziehungen aufbaut, indem man zuerst anderen etwas bietet … und dann mithilfe eines Prozesses, der keinem festen Drehbuch folgt (aber geführt ist), eine Verbindung herstellt, zu der Vertrauen und Rapport gehören und bei der sich jeder wohlfühlt; das Ganze kompromisslos konsequent und stets auf langfristige Ergebnisse bedacht. Dieses Buch ist die Definition eines gelungenen Lebens – nicht nur Joes, sondern das eines jeden Menschen, den er innerlich berührt hat und noch berühren wird.

Brian Kurtz, Titans Marketing, Autor von *Overdeliver* und *The Advertising Solution*

Ich war früher der stereotype ›Künstler‹ und ›Kreative‹, der allergisch auf Marketing und Business reagierte – bis ich Joe Polish traf. Das liegt einfach daran, dass Joe, der als legendärer

Marketingexperte bekannt ist, selbst Künstler ist. Er hat die Gabe, Beziehungen, Business und das Leben von einem kreativen Standpunkt aus anzugehen, der sich nicht sehr von einem genialen Künstler unterscheidet … An die Menschen wie mich, die die Welt von Business und Marketing nie für einen Ort hielten, an dem Transformation, Verbindung und Kreativität ihren Platz haben: Sie haben soeben ein Buch gefunden, das Ihre Meinung darüber auf bestmögliche Art und Weise verändern wird!

Akira Chan, Filmemacher und Regisseur von *Black Star*

In diesem Buch schildert Joe kluge und praktisch umsetzbare Methoden, bei denen man Aspekte wie Wertschätzung, Verbindungen, Dankbarkeit und vieles mehr einsetzt, um dadurch Ihr Leben und das vieler anderer Menschen deutlich zum Besseren zu bewegen.

Lee Benson, CEO und Gründer von ETW

ÜBER DEN AUTOR

Joe Polish ist der Gründer des Genius Networks, einer der weltweit exklusivsten Gruppen für Unternehmer. Er kuratiert zudem das Annual Genius Network Event und die 100K-Gruppe (100.000 US-Dollar). Genius Network und 100K versammeln einige der erfolgreichsten Unternehmer unserer Zeit.

Joe hat zudem mitgeholfen, Tausende von Unternehmen aufzubauen, hat Hunderte Millionen Dollar für seine Klienten gemacht und es wurde über ihn unter anderem in *Inc.*, *Fortune*, *Forbes*, *Success* und im *U.S. News & World Report* sowie in *20/20* auf *ABC* berichtet. Er hat einen Vortrag an der Stanford University gehalten und überdies drei der beliebtesten Podcasts über Business und Marketing auf iTunes moderiert, *I Love Marketing*, *10xTalk* und *Genius Network*.

Zu seinen neuesten Projekten gehört GeniusX, ein von ihm mitgegründetes Unternehmen, mit dem hilfreiche und weiterbildende Lernprogramme in Virtual Reality umgesetzt werden sollen. Er hat außerdem eine 16 Hektar große Geisterstadt namens Cleator in Arizona gekauft, um dort ein Projekt umzusetzen, dem man unter www.WhatsYourCleator.com folgen kann.

Die Dokumentation über ihn, *Connected: The Joe Polish Story*, hatte im historischen TCL Chinese Theater in Los Angeles Premiere und sein Dokumentarfilm *Black Star* gewann beim Sedona Film Festival den Audience Choice Award.

Joes Mission bei seiner Arbeit mit Unternehmern und dem Genius Network ist es, »einen besseren Unternehmer zu erschaffen«, und die bei Genius Recovery, »weltweit die Sicht auf und Behandlung von Süchtigen zu verändern, von einer Verurteilung hin zu Mitgefühl, sowie die effektivsten Behandlungsformen und eine Zugänglichkeit für alle«.

Joe hat fünf weitere Bücher geschrieben, inklusive *Life Gives to the Giver*, das man unter www.JoesFreeBook.com herunterladen kann.

INDEX